생물과 독

생물과 독

초판1쇄 발행 2018년 3월 21일
초판3쇄 발행 2021년 2월 5일

지 은 이 김인선
펴 낸 이 신일희
펴 낸 곳 계명대학교 출판부
출판등록 제347-1998-1호(1970. 9. 1)
주 소 대구광역시 달서구 달구벌대로 1095
대표전화 053-580-6233
팩 스 053-580-6235
홈페이지 www.kmupress.com

ISBN 978-89-7585-817-8 93480 정가 19,000원

이 도서의 국립중앙도서관 출판예정도서목록(CIP)은 서지정보유통지원시스템 홈페이지(http://seoji.nl.go.kr)와 국가자료공동목록시스템(http://www.nl.go.kr/kolisnet)에서 이용하실 수 있습니다.(CIP제어번호: CIP2018008052)

생물과 독

김인선 지음

계명대학교 출판부

머리말 Preface

독이란 소량으로도 사람을 해치는 물질로 독이 무엇인지는 대체로 알고 있다. 어떻게 보면 독은 우리의 생활에서 떼려야 뗄 수 없는 관계를 지닌 물질이다. 생명과 건강을 위협하는 독은 맹독에서 미독에 이르기까지 다양하고, 외부 이물질이 몸에 유입되어 생체리듬과 항상성을 깨뜨리는 독성의 척도, 인체조직, 경로도 세분화된다. 이런 여러 요인과 기준에 의해 많은 종류의 독들이 구분되나, 초점을 어디에 두는가에 따라 독의 구분방법도 다르다. 본 '생물과 독'에서는 특히 다양한 생물종들이 만들어내는 독성분에 초점을 두고 있다.

예부터 인류는 독을 다양하게 활용하거나 약으로 써왔다. 일반적으로 독은 죽음까지 불러 올 수 있기에 위험하고 해로운 물질이나 약은 안전하고 이롭다는 생각을 한다. 하지만 과학적으로는 둘 다 생물활성에 영향을 미치는 본질적으로 분자구조가 똑같은 화학물질이다. 단지 양에 따라 독이 되기도 하고 약이 되기도 하는 양면성을 지닌다. 적당량으로는 약이 되지만 지나치면 독으로 돌변하는 경우가 허다하다.

첨단의 바이오테크놀로지 발달로 독이 약이 되는 경우가 더 늘고 있다. 독성분 활용으로 독에 대한 해독제를 만들거나 독의 특성을 이용해 이전에는 치료하기 어려웠던 암, 알츠하이머, 파킨슨병, 나병 등 각종 질병에 대한 치료제로 응용하는 기술이 급속히 발달하고 있기 때문! 생물독의 활성 효과는 20C 들어서 연구되기 시작했고, 끊임없는 연구로 독성분의 유용성 물질로의 개발도 주목을 받고 있다. 독과 약은 생물활성물질로 생체 내에서 변화를 일으키는 공통점이 있으나, 사용 환경, 타 물질과 연관성, 대상에 따라 유해 여부가 결정된다. 독 ⇄ 약도 되는 물질은 천연성분은 물론 합성된 화학물질의 형태로 모두 우리 주변에 흔하게 있다. '생물과 독'에서는 이러한 예들도 함께 살펴본다. 많은 신약들이 독성분에서 개발되는데, 실제 약으로 쓰이는 경우들도 자주 알려지고 있다. 이에 책의 뒷부분에서는 고부가가치의 잠재성을 지닌 물질로 개발된 사례 등이 소개된다.

일반적으로 독성학은 화학물질들이 생체에 미치는 영향을 과학적으로 밝히는 학문이라고 말한다. 독에 대한 모든 것을 다루는 독성학은 사실 복합적인 학문으로 기본적으로는 의·약학, 생물학 및 화학은 물론 넓게는 공중보건학, 심리학, 사회학 그 이상까지도 포함시킬 수 있는 복합적인 학문 영역이라고 할 수 있다. 생물학적으로 더 세분하여 들어가 보면 크게는 각 개체는 물론 조직 및 세포, 더 나아가 초미세의 분자적 수준(세포막/생체막, 이온채널, 단백질/펩티드..)에 이르기까지 관련된 분야 간의 협동이 필요한 종합과학 분야이다.

'생물과 독'에서는 일부를 제외하고는 대부분의 주제를 펼쳐 나갈 때 생물독을 전문적이고 복합적인 학문으로서의 독성학적 관점에서보다는 되도록 쉽게 풀어 설명하여 읽는 이들로 하여금 내용을 쉽게 이해하게끔 많은 노력을 기울이며 전개하였다.

'생물과 독'은 크게 3부분으로 나누어져 저술이 된다. 먼저, 제5장까지의 앞부분에서는 독에 대해 기본적으로 다루어야 하는 주제들이 전개되고, 이후 제11장까지는 동·식물 및 미생물 등 종에 따른 대표적 생물체 유래 독들의 특성이 다루어진다. 그리고 끝부분에서는 독-약의 관계 및 21C 생물독의 비전 등이 언급된다. 먼저 첫 번째 부분에서는 1장: 독의 세계, 2장: 인간과 독, 3장: 독의 과학, 4장: 독의 메커니즘, 5장: 인체와 독성발현과 관련된 내용을 다룬다. 여기서는 '독이란 무엇인가' 정의에서부터 시작하여 생물독, 독의 역사, 인간과의 관계, 생체분자와 생물활성작용, 인체 주요 기관의 독성, 해독과 세포기능 등에 대한 내용이 이해하기 쉽게 풀어서 설명된다. 두 번째 부분에서는 6장: 맹독성 동물독, 7장: 살인의 해양생물독, 8장: 무서운 곤충독, 9장: 치명적인 식물독, 10장: 죽음을 부르는 버섯독, 11장: 최강의 세균독 & 곰팡이독 순서로 대표적인 생물 유래 독들을 다룬다. 세 번째 부분에서는 독과 약의 모순적인 양면성, 그리고 급변하는 21C 그 어느 때보다도 중요한 생물독의 비전과 나아가야 할 방향을 제시한다.

지구상의 거의 모든 생물들은 치열한 경쟁을 통해 생존에 사투를 건다. 특히, 식물-동물, 동물-동물 등은 독을 매개로 전쟁을 벌이고 있다고 해도 틀린 말이 아니다. 지구상에는 아직 알려지지 않은 생물 신종들이 많이 있고, 미지의 극한환경 속에 사는 생물들은 어떤 독을 가지고 있는지 미처 알지도 못 한다. 현재 많은 나라에서 여러 종류의 독성물질을 가지고 해독제나 항암제 등 각종 치료제 개발에 힘쓰고 있다. 치사량이 초극미량인 독일지라도 어떤 특정 질환에는 약이 될 수 있다. 독 자체는 두렵지만 피하지 말고 잘 다루어 약이라는 친구로 만들어야 할 것이다. 이것이 바로 생물에서 유래하는 생리활성물질이 그 어느 때보다도 중요한 21세기 생물독의 비전이자 나아가야 할 방향이라 할 수 있겠다.

차례 Contents

독의 세계:
독이란 무엇인가?

Chapter
1

Chapter 01

독의 세계: 독이란 무엇인가?

독이란 무엇인가?

독의 정의와 유래 What is a toxin?

인류가 제일 먼저 독을 인식한 것은 아마도 주위에 있는 가축이나 동물 또는 식물을 먹어도 되는지 여부를 따져 먹거리로 이용하려고 했을 때부터로 추정된다. 또한 벌이나 지네 등 독성의 곤충으로부터 공격받아 피해를 입었거나 독을 지닌 뱀에 물렸을 때 독에 대한 인식이 뚜렷하게 형성되었을 것으로 생각된다. 인류는 이러한 과정을 거치며 독을 지닌 동·식물에 의한 중독이나 찔리거나 물린 피해로부터 독성의 생물들을 식별하는 지식과 이용하는 지혜를 얻게 되었을 것이다. 이러한 가르침은 이후 독을 잘 이용하면 의약품이나 사냥을 수월하게 할 수 있는 사냥용

화살독으로도 사용할 수 있도록 발전하게 되었을 것이다.

인체는 이질적인 성분이 몸속으로 유입되어 생체 반응 메커니즘에서 해롭게 작용할 때 그 물질을 독으로 인식하게 된다. 독은 '인간의 생명과 건강을 위협하는 해로운 물질'이라고 정의내릴 수 있다. 하지만 독은 그 종류에 따라 미미한 독에서 치명적인 맹독에 이르기까지 인체에 해로움을 끼치는 정도가 천차만별이다. 예를 들어 청산칼리, 비소, 복어의 독에는 몸으로 들어오는 순간 죽음을 맞이할 정도로 치명적인 독성분이 들어있다.

독의 어원을 간단히 살펴보면, 독을 의미하는 라틴어 '*toxicum*'은 희랍어 'toxicon'에서 기원했다. Toxicon은 본래 '활'이라는 의미를 가지고 있는데, 옛날부터 동물을 잡거나 사냥을 쉽게 하기 위해 화살 끝부분에 독을 묻히거나 바르던 데서 유래한 것으로 전해진다. 여기서 오늘날 우리가 독의 의미로 사용하는 'toxin독' 이란 단어가 나온 것이다. 그리고 또 다른 용어로 생활 속에서 흔히 쓰이는 독을 의미하는 'poison'은 라틴어'*potio*'에서 유래한 '한 번 먹는 약' 이라는 뜻을 지니고 있다고 한다. 이를 풀어보면 한 번 먹으면 다시는 먹을 수 없는 약, 즉 먹으면 죽음에 이르는 독이라고 그 의미를 해석할 수 있다.

그렇다면 독은 맨 처음 왜 생겨난 것일까? 아마도 자연에서 생물들이 본능적으로 살아남기 위해 생존수단의 한 방법으로 만들었을 것이다. 특히 다음과 같은 목적을 갖고 생물체 내부 또는 외부에 만들어 놓고 필요시 사용하였을 것이라 생각된다.

① 생물이 긴급한 상황에서 자신을 보호하려는 경우
② 동물이 먹잇감을 구하거나 포획하려는 경우
③ 동물이 싸울 때 무기로 사용하려는 경우

독, 인체에 해를 주다!

생활 속 우리의 주변에는 독성분이 생각보다 흔하게 존재한다. 복어, 투구꽃, 광대버섯, 비소, 수은 등 듣기만 해도 오싹한 전형적인 독에서부터 감자의 싹, 봄나물, 비늘돔, 땜질용 납처럼 예상치도 못한 물질이 독인 경우도 많다. 예로 비늘돔, 두엄먹물버섯, 땜납을 들어보자. 생선회로 인기 있는 비늘돔은 평상시에는 아무런 문제가 생기지 않지만 일부 조개류처럼 계절이 바뀌면 그에 따라 독을 품을 때가 있다. 색다르게는 두엄먹물버섯의 경우, 건강한 사람이 올바른 방법으로 식용하면 대개 아무렇지도 않지만 술 등 알코올 성분과 함께 먹으면 심하게 고생하다 목숨을 잃을 수 있는 치명적인 상태까지도 갈 수 있다고 한다. 예전의 땜납에는 유해 납 성분이 특히 많이 들어 있어 납중독 문제가 의심되곤 하였다. 이에 최근에는 납을 대신하여 땜질에 비스무트bismuth 사용을 권장하지만, 비스무트의 독성 또한 지적되기도 한다. 이들 외에도 생활 속에서 흔히 들어볼 수 있는 다양한 독 사례 몇 가지를 들어보자.

- **투구꽃:** 예전부터 이용된 식물독으로 일명, 초오부자, 한방의 약재로도 쓰임. 봄철 산나물로 오인하여 캐다가 잘못 먹어 생명을 잃는 일이 종종 발생한다.
- **독버섯:** 목숨을 빼앗는 치명적인 맹독성 광대버섯 독버섯에서부터 약한 독성으로 환상 증상 정도의 각성효과만 있는 환각버섯 버섯류가 있다.
- **복어:** 알, 내장, 혈액 등에 강한 독성분이 있고, 특히 간장, 난소 부위가 맹독성이다. 계절에도 영향을 받는다.
- **독사:** 클레오파트라 목숨을 빼앗은 일화로 유명한 코브라, 살무사 등 그 종류가 다양하다. 독이 없는 것으로 알려진 유혈목이 종류에서도 독이 발견된다고 보고된 바 있다.

- **청산칼리**KCN: 일명 시안화칼륨potassium cyanide. 결정성 무색가루겉보기에 설탕과 비슷. 독일군이 WW II 제2차 세계대전에서 사용한 독가스(KCN → 시안화수소가스 개발)로 유명함.

- **비소**: 암살/독살에 자주 쓰이는 광물성 독 예: 나폴레옹 암살설에도 관련 추정. 1998년 일본 와카야마현 비소카레 사건

우리 주변의 독

아래에서는 우리 주변에 더 흔히 접할 수 있는 독성분을 살펴보도록 하자. 〈표1〉 독성순위표에 표기되어 있는 독은 극히 일부분에 지나지 않고, 실제로 주변에 있는 독의 종류는 맹독에서부터 미독까지 아주 다양하다. 독을 분류하는 방법 또한 여러 가지로 먼저, 기원에 따라 독을 분류하는 방법을 들 수 있다. 예를 들어, 투구꽃처럼 식물에서 유래한 독, 독사에서와 같이 동물에서 유래한 독, 세균이나 바이러스처럼 미생물에서 유래한 독, 납이나 수은 등 광물에 들어 있는 독이 있다. 이처럼 식물독, 동물독, 미생물독, 광물독 등 다양한 종류의 독은 우리 생활과 매우 밀접한 곳에 자리 잡고 있다. 그리고 이처럼 자연계에 존재하는 천연독이 있는가 하면, 비소나 청산칼리처럼 인공적으로 합성한 독도 있다. 어떤 경우에는 평소 독이라 생각지도 못할 독이 예상외로 위험한 종류도 있고(담배-니코틴, 체온계-수은, 혼합세제..), 또 어떤 독은 특정한 목적에 있어서는 의외로 인간에게 이익을 가져다주기도 한다(예: 제초제 → 잔디, 살충제 → 관엽식물의 관계는 잡초나 해충 퇴치 목적에는 이로운 약이나 잘못하여 인체에 들어가면 독극물이 된다).

- **담배 – 니코틴:** 청산칼리에 맞먹는 맹독
- **체온계 – 수은:** 수은중독
- **세제 혼합:** 화장실용 세제+부엌용 세제 혼합 시 → 맹독성/폐-치명적 황화수소 발생

우리가 감기 걸려 몸이 아플 때 먹는 감기약 약병에는 약 성분과 1회 복용량이 적혀 있다. 또한, 라벨에는 정해진 양을 초과하면 부작용이 생길 수 있음도 표기되어 있다. 적혀진 대로 복용량을 지키면 해열이나 통증 완화를 가져오는 백의천사가 되지만, 적정량을 넘기면 인체에 고통을 주는 독으로 변한다. 이처럼 독은 아무렇지 않은 친숙한 얼굴로 우리 곁에 존재한다.

언제라도 손에 닿을 수 있는 거리에 있는 담배가 친숙한 예이다. 니코틴은 독성이 매우 강해 궐련cigarette 3대만 있으면 사람을 죽일 수 있다는 옛말이 있다. 궐련 3대를 씹어 먹는다면 죽는다는 것일까? *Of course not!* 문제는 담배의 잎이 아니라 담배에 포함된 '니코틴'이 위험하기 때문이다. 胃위에 들어간 담뱃잎에서 니코틴이 추출되었을 때가 제일 위험한 순간이다. 실과 바늘처럼 담배가 있는 곳에는 재떨이가 따라다닌다. 만일 재떨이에 담배꽁초가 오래 들어 있어 성분이 녹아나온 물을 모르고 마신다면...? 당연히 즉시 토하게 한 후 곧바로 응급실로 가야한다. 그 이유는 물에 녹은 다량의 니코틴이 몸속으로 고스란히 흡수되기 때문이다. 이처럼 약이나 니코틴은 우리 주변에서 아무렇지도 않은 듯이 순진한 얼굴을 하고 있어 조금이라도 관리에 소홀하거나 잘못 사용하면 언제라도 독으로 바뀔 수 있다. 이외에는 우리의 생명유지에 한시도 없어서는 안 되는 물과 산소도 독이 될 수 있다면 이를 믿을 수 있겠는가?

지나친 H_2O, 이상 농도의 O_2 → 해롭다!

독은 생명을 위협하거나 목숨을 빼앗는데, 우리의 생명에 유해한 물질들은 주위에 한두 가지가 아니다. 생명유지에 필수적인 산소나 우리 몸의 70% 정도를 차지하는 물도 지나치면 몸에 해롭다는 것을 알고 있는가?

① 물 : 수분중독 증상으로 사망한 경우

2007년 1월, 미국에서 3시간동안 15분마다 물마시고 소변참기 대회에서 총 7.5l를 마셔 준우승한 여성에게 생긴 불상사이다. 이 여성이 귀가 후 급격히 몸 상태가 나빠지면서 결국 수분중독으로 의심되는 증상으로 사망에 이른 사건이다. 이처럼 아주 짧은 시간에 大量 물 → 인체 유입 → 소변 양↑↑↑↑ → 체내 이온균형 상실의 위험한 상태에 이른다. 생존에 필수적인 물도 몸이 받아들여 처리할 수 있는 양을 훨씬 초과하면 체액의 농도에 이상이 생겨 자칫 독으로 돌변할 수도 있음을 알려주는 일화이다.

② 산소 : 높거나 낮은 농도, 위험하다!

유기호흡을 하는 우리의 몸은 잠시도 산소 없이는 생명유지가 힘든 때래야 뗄 수없는 관계에 있다. 하지만 이러한 산소도 때로는 독이 될 수 있음을 알아야 한다. 공기 중에 산소가 낮아도 고산병 문제가 생기지만 높은 농도 또한 위험하다. 만약 인체가 산소농도 100% 하에서 장시간이나 24시간 있으면 구토, 부종, 흉부통증 등이 나타나고, 하루 또는 그 이상 지나면 호흡곤란, 심부전 등이 발생하여 위험해진다. (예: 미숙아 망막증)

※ 미숙아 망막증: 산소중독의 일종, 인큐베이터 내 고농도의 산소 공급을 받는 미숙아의 망막에 나타나는 혈관 발달상의 이상 현상

양이 독을 만든다!

물이나 음식, 알코올 등 몸에 들어가는 것들을 적당량 섭취하면 심신에 도움이 되지만, 양이 지나치게 많아지면 이면에 있던 다른 얼굴을 드러낸다. '양이 독을 만든다!'는 옛말이 있다. 이는 '독이 되는 것은 물질의 성질보다는 量양 그 자체로 대량으로 섭취하면 무엇이든 독이 된다.'는 뜻이다. 이러한 예는 앞의 고농도의 산소, 수분중독 사례에서 이미 언급된 바 있다. 그러나 일반적으로 우리가 독이라 부르는 것은 소량으로 사람을 해치는 물질로 우리 주위 이곳저곳에 조용히 머물러 있다.

어떻게 보면 독은 우리의 생활에서 떼려야 뗄 수 없는 관계를 지닌 물질이라고도 할 수 있다. 우리는 독에 둘러싸여 있으며, 위험한 독을 묘하게 피해가며 생활하고 있다. 인간이 이런 지혜를 얻게 된 것은 수많은 사람이 오랜 시간에 걸쳐 독으로 고통 받고, 독 때문에 목숨을 잃었던 경험이 있었기 때문이다. 독이 되는 물질을 멀리하고 주위에서 독을 치워야 한다는 사실은 모두 잘 알고 있다. 하지만 아이러니하게 인간은 이러한 경험들을 잘 살려 독을 잘 다루고 길들여서 벗으로 삶기도 하였다. 비교적 많은 독성분이 '약'이라는 이름의 고마운 존재로 우리에게 다가와 있다(예: 통증-진통제, 고열-해열제..). 몸이 괴롭거나 고통을 받을 때 이들 약이 없었다면 우리의 일상은 어떠했을까? 이렇듯 인체의 생리활동에 변화를 불러오게 만드는 약은 인류의 역사를 바꿀 정도로 그 의미가 깊다.

독이 무엇인지는 누구나 알고 있다. 독은 '몸에 해로운 것, 나쁜 것'이다. 보통 사람들은 몸에 좋은 것은 약, 몸에 나쁜 것은 독이라고 말한다. 하지만 독이라는 말은 우리 생활 속에서도 흔히 쓰인다. 흔한 속담으로 '아침에 먹는 사과는 약, 저녁에 먹는 사과는 독'에도 전혀 거부감 없이 쓰이고 있다. 몇 백 년 전, 중세의 화학자 파라셀수스(1493~1541/독성학-toxicology 창시자)가 남긴 유명한 말이 있다. "모든 물질은 독이며, 독이 아닌 물질은 없다. 다만 독과 약을 구별하는 것은 올바른 용량뿐이다." 어떤 물질이라도 지나치게 많은 용량은 독이 되고, 독이라도 아주 작은 양을 섭취하면 약이 될 수 있다는 두 얼굴을 기억해야 한다. 생존에 절대적인 요소인 산소, 물, 햇빛, 염분 등도 사람에 따라, 농도에 따라 독이 되기도 한다. 생명유지에 꼭 필요한 요소들이지만 질병을 가진 사람에게는 견딜 수 없는 독이 될 수 있음을 알아야 한다.

일반적으로 독은 해롭고 위험하나 약은 이롭고 안전하다는 이미지를 지녀 독과 약은 서로 대립되는 존재처럼 보인다. 하지만 독과 약은 과학적으로 큰 차이가 없다. 독과 약은 둘 다 본질적으로 몸에 변화를 일으키는 물질로 생물활성에 영향을 미친다는 점에서는 공통적인 특성을 지닌다. 다만 얼마나, 어디에, 무엇과 함께 사용하느냐에 따라 독이 되거나 약이 되는 것이다. 약도 많이 먹으면 독이 된다는 사실을 대부분의 우리는 알고 있다. 똑같은 화학물질이 어떨 때는 약이 되고, 어떨 때는 독이 되는 것은 먹는 양의 차이에서 온다. 잠을 잘 못잘 때 도움을 받는 약인 수면제를 예로 들어보자. 밤에 누워도 뒤척이며 잠이 오지 않을 때 정해진 약을 소량 복용하면 수면효과를 볼 수 있으나 수십 개 먹으면 약의 효능을 기대할 수 없음은 물론 심각한 지경에 이른다. 물도 지나치게 많이 마시면 water intoxication 수분중독으로 목숨을 잃을 수 있다.

독과 약은 위에 설명하였듯이 화학적인 분자구조가 같을 수 있다. 조금 복용하면 약이지만 과용하면 독으로 변하고 만다. 맹독물질이라도 양을 줄이거나 덜함으로써 약이 되고, 반대로 약으로 쓰이는 물질도 일정량을 초과하면 생명을 위협하는 독이 된다. 독도 되고 약도 되는 물질은 천연성분은 물론 합성된 화학물질에 이르기까지 모두 우리 주변에서 흔하다. 대표적으로 두 얼굴을 지닌 투구꽃과 탈리도마이드를 그 예로 들어보자.

① 투구꽃

독성식물 투구꽃의 괴근 덩이뿌리를 건조시킨 것이 한방의 '부자'로 강심제나 이뇨제 원료가 된다. 그러나 잘못 조제하여 그 양이 넘치면, 구토나 입술마비를 일으키고 종국엔 죽음에 이르는 무서운 독이 된다. 맹독으로 돌변하는 이유는 투구꽃에 들어있는 아코니틴 때문이며, 적당량을 넘어 과잉 섭취하면 지각신경마비, 호흡곤란 등으로 결국 질식사한다. 독과 약을 넘나드는 또 나른 식물성 독은 '큐라레'이다. 남미의 원주민들이 동물 사냥용 또는 살상용 화살촉에 사용했던 큐라레 독성분도 역으로 이용하여 오늘날에는 수술용 마취제로 이용된다.

② 탈리도마이드thalidomide

처음에는 뛰어난 효과의 수면제 신약으로 소개되어 여러 나라에서 입덧 심한 임산부들이 복용하였다. 하지만 몇 년 되지 않아 태아 팔다리에 기형증후군을 야기하는 물질로 밝혀져 사회적으로 엄청난 물의를 일으킨 바 있다. 아이러니하게 지금은 항암제나 한센씨병 나병에 치료제로 활용되고 있다.

※ 키노포름chiniform 사례: 장 기능 조절약 정장제로 사용된 바 있으나 스몬병SMON/아급성 척추시신경장애 원인물질로 많은 사람에게 불행을 안겨준 바 있다. 예상 밖의 결과로 지금은 알츠하이머 특효약으로 재평가되고 있다.

이처럼 약은 언제라도 독으로 변신할 기회를 노리고 있으며, 독은 약이 되어 재평가되기를 바랄 수도 있다. 약은 안심할 수 있고, 독은 두려워 할 존재라 생각할 필요 없이 독과 약에 대한 정확한 지식을 가져야 할 것이다.

독성의 순위

독에는 극소량으로도 맹독성을 발휘하는 독이 있고, 많은 양을 써야 독성이 나타나는 독이 있다. 아래의 독성순위표는 알려진 독극물의 독성 강도를 나타낸 것으로 순서대로 그 치사량이 표기되어 있다. 치사량이 적을수록 강한 독으로 표1 위쪽이 치사량이 적다. 독의 기준은 일반적으로 청산칼리(시안화칼륨/potassium cyanide)를 기준으로 하는데 독성순위 TOP 10 이내의 대부분은 천연독이다. 19위 청산칼리가 18위/담배 니코틴보다도 독성이 적은 것은 다소 의외이나, 청산칼리의 독성이 약하다기보다는 니코틴의 독성이 높다고 봐야한다. 요즘 담배는 예전에 비해 니코틴과 타르의 양이 적어졌지만 주성분인 니코틴은 여전히 강한 독성분이다.

독성순위표에서는 무엇보다도 세균 미생물이 만들어내는 최강의 독성 정도를 알 수 있다. 자연계의 독 중에서 가장 강한 5대 독은 ①보툴리늄톡신, ②테타노스톡신, ③리신, ④팰리톡신, ⑤바트라코톡신! 1위 보툴리늄톡신(botulinum toxin), 2위 테타노스톡신(tetanus toxin)은 각각 세균인 보툴리누스균과 파상풍균이 만들어내는 독이다. 이들의 독성은 다른 독과는 비교할 수 없을 정도로 극소량으로도 엄청난 피해를 불러온다. 최강의 맹독인 보툴리늄톡신은 타의 추종을 불허하는 독이라 할 수 있다. (LD50=1~3ng/kg, 복어알 독성의 ~10,000배↑)

※ 1ng = 10^{-6}mg = 1/1,000000mg

표 1. 독성순위표

독성 순위			
순위	독 명칭	치사량 LD50(μg/kg)	유래
1	보톨리눔톡신	0.0003	미생물(세균보톨리누스균)
2	테타노스톡신	0.002	미생물(세균파상풍균)
3	리신	0.1	식물(피마자)
4	팰리톡신	0.5	동물(말미잘/어류)
5	바트라코톡신	2	동물(독화살개구리)
6	테트로도톡신(TTX)	10	동물(복어), 미생물

7	VX	15	화학합성
8	다이옥신	22	화학합성
9	d-투보쿠라린(d-Tc)	30	식물(쿠라레)
10	바다뱀독	100	동물(바다뱀)
11	아코니틴	120	식물(투구꽃/바꽃)
12	아마니틴	400	버섯(바귀광대비섯)
13	사린	420	화학합성
14	코브라독	500	동물(코브라)
15	피조스티그민	640	식물(칼라바르콩)
16	스토리키닌	960	식물(마전)
17	비소(As_2O_3)	1,430	광물
18	니코틴	7,000	식물(담배)
19	시안화칼륨	10,000	청산칼리(청산가리/KCN)
20	승홍(염화수은)	29,000 (LD0)	광물(Hg_2Cl_2)
21	초산탈륨	35,200	광물(CH_3CO_2Tl)

(출처: 이정은 역, 2009)

다음으로 강력한 독성 3~5위를 간단히 알아보자. 세계 5대 독소 중 세균이 내뿜는 독소가 1, 2위 맹독인 것으로 보아 세균독이 얼마나 무서운지 이미 알 수 있었다. 그렇다면 다음의 리신, 팰리톡신, 바트라코톡신은 어떤 특징의 무서운 독일까?

독성 3위인 리신(ricin)은 식물이 만드는 독으로 피마자(아주까리/*Ricinus communis*) 종자에서 채취하는 흥미로운 독이다. 리신은 피마자 종자에 있는 일종의 독성단백질로 치사 독인자와 혈구 응집인자를 가지며 극소량으로도 사망에 이르게 한다. 가루나 결정체, 액체 상태의 리신을 섭취나 흡입 또는 주사할 경우 몇 시간 이내 열, 구토, 기침 등의 증세를 보인다. 이후 간, 폐, 신장, 면역계 등의 기능 저하로 3일 이내 사망에 이르게 된다. 용이한 독성분 추출/정제 및 원료 접근성, 맹독성, 즉사하지 않는 특성으로 요인 암살에 사용되곤 한다.(예-1978년 마르코프 암살사건) 독성순위표에서 식물 독은 3위 리신, 9위 투보쿠라린(tubocurarine), 11위 아코니틴(aconitine)이 있다. 남미 원주민이 독화살에 사용했던 투보쿠라린, 투구꽃 독인 아코니틴도 널리 알려진 식물성 독이다. 이들과 관련해서는 제9장 '무서운 식물독'에서 자세히 다룰 것이다.

이들 만큼 강한 독의 미생물이 만들어내는 독으로 주로 어류에서 발견되는 독성순위 4위의 팰리톡신(palytoxin)이 있다. 산호초에 숨어 사는 물고기는 일부 조개류처럼 일정한 기간에만 독을 내뿜는데, 이는 미생물이 만든 독을 조개류나 어류가 섭취하여 체내에 쌓아둔 산물이다. 복어 또한 먹이에 있는 독을 체내 특정부위에 농축시켰다가 자신의 독으로 전환시킨다. 5위 바트라코톡신(batrachotoxin)은 남미에 서식하는 화려한 색의 2~3㎝ 작은 개구리가 만들어내는 독이나 독성은 테트로도톡신(tetradotoxin/복어독) 5배 이상이다. 최근 이와 비슷한 독이 있는 피조휘 새 종류가 발견되었다.

이외 벌/지네/전갈..곤충류와 살무사/코브라/바다뱀.. 파충류에도 독이 들어있다. 극히 일부의 오리너구리/슬로로리스원숭이.. 포유류 또한 독을 갖는다. 인간은 체내에 독을 만들어 축적하는 동물은 아니나 독성분을 화학합성하여 유해한 독성물질을 만들어낸다. 7위 맹독/신경가스 VX, 8위/환경호르몬 다이옥신, 13위 맹독/신경가스 사린 등은 자연계에 존재하지 않는 독으로 인간이 만든 강력한 유독물질이다.

광물에도 독성이 강한 물질이 많은데, 유독물질인 납, 수은, 카드뮴 등 특히 비중이 큰 중금속에 많다. 17위 비소는 예전부터 잘 알려진 유명한 독으로 병원체를 옮기는 등 보건위생에 골치 아픈 rat 쥐를 잡는 약의 원료가 된다(비소+아비산성분). 20위/염화수은II 승홍은 무색 결정의 유독한 수은화합물로 사체의 방부제, 살균제 등에 원료로 쓰인다. 21위/thallium 탈륨은 회색의 무른 금속으로 독성이 강해 쥐약, 살충제 등에 쓰이나 암 유발물질로 알려져 있어 사용 제한이나 금지되어 있다. 승홍과 추리소설에 등장하는 독극물 탈륨은 범죄에 악용되기도 하는 독극물이다. 위 독성순위표에 표기된 20여종의 독뿐만 아니라 실제로는 더 많은 독이 존재한다.

독의 영어표현: poison, toxin, venom

우리말로는 독을 모두 '독'이라고 부르지만, 영어로는 세 가지로 표현된다: 포이즌(poison), 톡신(toxin), 베놈(venom). 포이즌은 천연의 독과 화학적으로 합성한 인공독을 모두 포함하며, 톡신은 동식물이나 세균 등 생물체에서 유래한 독소를 의미한다.(∴독성학=톡시콜로지toxicology) 그리고 베놈은 동물 독 중 특히 독샘을 가진 독사/전갈/벌..생물이 분비한 독을 가리킨다. 예를 들어보자. '보툴리눔톡신'(botulninum toxin)은 말 그대로 보툴리누스균이 만들어내는 독소라는 뜻이다. 여기서 '톡신'은 독소로 poison 중에서도 특히 생물체가 만들어내는 독을 가리킨다. 보툴리눔 톡신은 toxin이자 poison 이지만, 니코틴이나 청산칼리는 톡신이 아니고 단지 poison에만 해당된다.

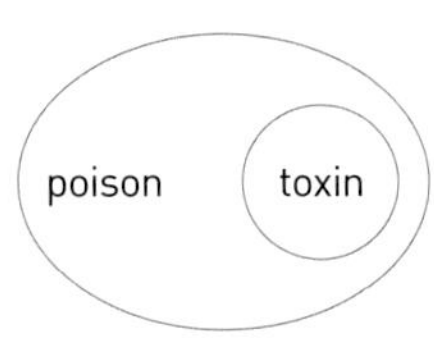

톡신 = 생물체 유래의 독성분

지상에서 가장 강한 독

독과 약에도 자연산과 인위적으로 합성된 결과물이 있다. 약은 합성한 약 가운데 효능이 뛰어난 것이 있는 반면, 독은 어류에서처럼 자연산의 효능이 더 뛰어나다. 독성순위표에서 살펴보았듯이 맹독의 TOP 6

를 천연독이 차지하고 있으며, 지구상 가장 강한 독은 세균류가 만들어내는 천연독이다.

천연독은 물론 합성독 또한 위해하다. 독은 인체에만 해가 있는 것이 아니고 농업에서 해충 제거에 쓰이는 살충제, 잡초 제거용 제초제, 농산물에 병해를 일으키는 세균을 죽이는 화학물질도 독이다. 독과 관련된 연구는 사회에 적잖이 공헌하고 있다. 새로운 독극물과 관련된 연구개발이 전 세계적으로 진행되고 있고, 결과물들은 화학무기 응용분야에서도 중요한 부분이 되고 있다. 신경독가스인 사린, VX, 소만 등 현재 주를 이루는 화학무기는 그 구조가 매우 비슷한데, 이는 신경정보전달을 혼란시키는 신경독에만 있는 고유의 구조이다.

독성의 강도, 어떻게 표시되는가?

독성의 강도 또는 그 정도를 나타내려면 독성분이 몸에 몇 그램 또는 어느 정도 들어갔을 때 인체에 치명적인지를 나타내는 치사량 양을 산출하여야 한다. 독성순위표에서 청산칼리 LD50=10㎎이다.(체중 50kg 인체의 치사량 → 이론적으로 500㎎ 필요함) 체중 1kg당 복용량이므로 체중 50kg인 사람은 표의 양에 50을 곱해야 한다. 이 수치는 실험쥐에서 수행된 결과로 사람에게는 그 보다 낮은 수치로 알려진 대로 ~200㎎ 정도를 치사량으로 예상한다. 청산칼리 치사량은 평균 200㎎ 정도로 이를 체중 50kg으로 나누면 실제는 대략 4㎎! 가히 강력한 독성분이라고 하겠다.

독성물질은 일반적으로 급성독성의 강도에 따라 6그룹으로 나눌 수 있다. 구강으로 유입되는 물질의 양에 따라 인체에 영향을 미치는 독성의 강도와 구분 기준이 체중 1kg당 유입되는 복용량으로 산출되는 것이다. 이영순 외(2003) 자료에 의하면 그 양이 킬로그램당 15g보다 많아도 어떤 영향을 미치지 않을 때 → 무독으로 구분하였다. 몸속으로 5~15g 들어가 해로운 증상이 나타날 때 → 약한 독, 0.5~5g → 비교적 강한 독, 50~500mg → 강력한 독, 5~50mg → 맹독, 5mg보다 적은 양 → 초맹독이라고 분류되었다.

독의 강도, 치사량으로 표시!

독성의 강도는 이와 같이 독의 양과 서로 밀접한 관련이 있다. 크게 독의 양이 너무 적어 효과가 없는 경우무효량 vs. 효과가 나타나는 양중독량/효과량으로 대별하거나 독성이 강한 맹독과 약한 미독으로 나눈다. 그러나 검체 생물시료의 가변적인 상태에 좌우되지 않고 독성의 정도를 합리적으로 나타내기 위해 고안된 것이 반수치사량(LD50)이다. LD50은 독의 양과 효과의 관련성을 접목시켜 독성의 강도를 나타내는 과학적인 자료이다. LD50은 일정량의 특정 물질을 생체에 주입했을 때 전체 실험군 대상에서 50%가 사망하는 양을 표시한 지표다. 앞의 독성순위표에 게시된 수치가 바로 LD50 값이며, 표 위로 갈수록 그 값이 작아지는 맹독의 성분들이다.

아래의 그래프는 유입되는 독의 양에 따라 사망한 검체의 비율을 나타내었다. 그래프 vertical axis 가로축은 섭취한 독의 양, horizontal axis 세로축은 복용량에 따라 사망한 검체의 비율을 나타낸다. 학계 및 전문가는 물론 일반인들도 쉽게 이해하는 1927년부터 사용 LD50 값을 가장 신뢰하는 이유는 다음과 같이 알려져 있다.

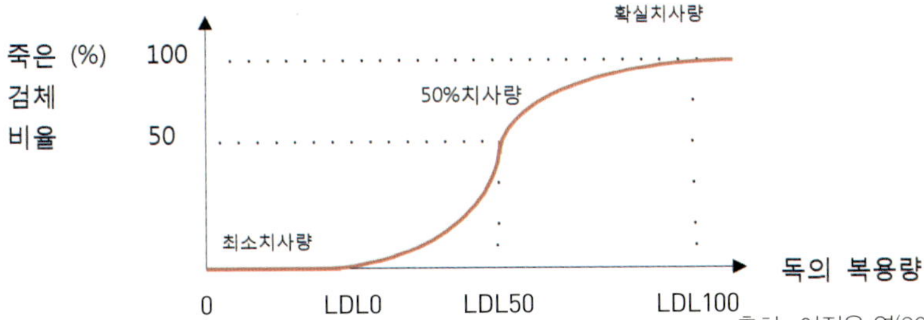

출처: 이정은 역(2009)

실험대상 검체가 쥐인 경우 LD0, LD50, LD100은 다음을 의미한다.

- **LD0**(최소치사량): 첫 번째 죽은 쥐가 나타났을 때 최소량
  일명, MLD(minimum lethal dose)
- **LD100**(확실치사량): 마지막의 실험 쥐 한 마리가 죽었을 때의 양
- **LD50**(반수치사량): lethal dose 50% = 실험 대상 동물의 50%가 죽을 것으로 예상되는 수치

예를 들어 'LD50 0.1*mg*/kg(iv) mouse'라고 표시된 글이 있다고 가정해 보자. 그 의미는

= 체중 1킬로그램(kg)당 0.1밀리그램(*mg*) 독이 든 intravenous/iv 정맥주사를 쥐 20마리한테 놓자 10마리(50%, 반수)가 죽는다는 의미

= LD50 값이 작으면 강한 독성, 크면 독성이 약하다는 의미독성순위표 참고

검사 대상 실험동물 가운데 유난히 튼튼한 쥐들이 섞여있다면 LD0 값은 매우 크게 산출되고, 평균 이하로 약한 쥐들이 있다면 LD100 값은 매우 작아진다. 그 반대의 경우도 있을 수 있다. 이처럼 LD0과 LD100 값은 검사 대상 실험동물 상태에 따라 가변성을 지니고 비교적 쉽게 좌우될 수 있다. 그러므로 양쪽 극단에 있는 LD0과 LD100 값은 믿을 수 있는

과학적인 수치라고는 할 수 없기 때문에 LD50 값을 더 신뢰한다. 그러나 같은 포유류 척추동물이라 하더라도 실험동물인 쥐와 인체는 엄연히 다르기 때문에 체중 1kg당으로 표기하는 방식의 조건을 달아둔다. 하지만 치사량 산출에도 오차가 있을 수 있으므로 최종 LD50 값을 사용할 때는 다음의 사항들을 명심하여야 한다.

① 치사량에 오차가 있을 수 있어 치사량은 기준량에 불과하다.

이를 감안해야 하는 이유는 실험대상 동물과 사람이 생체 내에 독과 반응하는 정도가 다를 수 있기 때문이다. 동물에게는 독으로 작용하나 인체에는 해가 없을 수 있고, 그 반대의 경우도 일어날 수 있다.

※ 사례: 1995년 일본 토쿄지하철 사린가스 무차별 살포한 옴 진리교 사건으로 연구시설 조사 시 경찰은 선두에 카나리아 새장을 들고 행진하였다고 전해진다(∵ 사람보다 냄새에 더 민감하다고 알려진 카나리아에 이상이 생기면 사린 독가스가 있다는 것을 알리는 것 일 수도....).

② 치사량 측정은 실험조건에 따라 차이가 있을 수 있다.

같은 실험동물이라도 각 생체의 건강 상태에 따라 과정에 대응하는 방법이나 경과 및 실험결과가 다를 수 있음을 유념해야 한다. 이처럼 치사량은 어디까지나 기준수치이다. 그렇다고 최소치사량 LD0까지는 섭취해도 괜찮다는 의미는 절대 아님을 알아야 한다.

이와 같이 독성의 강도는 신뢰성 있는 반수치사량(LD50)으로 나타낼 수 있지만, 투여 방법이나 실험동물에 따라 독의 작용 및 발현 메커니즘이 다르므로 함부로 단순한 비교를 해서는 안 된다. 또한 반수치사량을 기준으로 한 비교는 급성 독성에는 적합하지만, 발암성/최기형성.. 만성 독성에는 적합하지 않다고 알려져 있다. 하지만 생물이 만들어 낸 천연독이 대체로 화학물질이나 인공적으로 만든 독성분보다 독의 강도가 강하게 나타난다.

앞에서 언급한 독성순위표에 있는 독소를 포함하여 그 외의 독소들의 반수치사량을 다시 비교해보자. 일부 독의 반수치사량은 독성순위표의 수치와 다소 차이가 있으나 모두 오차범위 내에 있음을 유념하기 바란다. 최강의 천연독인 보툴리늄과 파상풍 독소에 이어 적리균/O-157 베로독소(LD50=0.001mg/kg 이하 LD=50, mg/kg 생략)가 그 뒤를 잇는다. 해양생물의 독 중 최강의 독은 조류 먹는 어류 내장에서 검출 마이토톡신(0.00017)이다. 같은 해양생물 독-팰리톡신(0.0005)도 맹독에 속한다. 남미의 독화살개구리 독-바트라코톡신(0.002) 역시 극소량으로 목숨을 빼앗을 수 있다. 마비성 조개독-삭시톡신(LD50=0.003), 복어독-테트로도톡신(0.01), 피마자 단백질 독-리신(0.0001), 투구꽃 알칼로이드-아코니틴(0.15) 역시 맹독이다.

인공적으로 화학합성된 독으로는 VX가스(0.02)가 독성이 가장 강하고, 사린(0.4) 독성은 VX보다는 약하다. 곰팡이독-아플라톡신(0.3) 독성도 사린에 맞먹는다. 암살이나 범죄에 주로 이용되는 맹독은 무미무취 아비산(2.0)과 청산칼리(10)! 하지만, 독성순위 1위 보툴리늄(0.0000003) 독성에 비하면 독하다고 할 수도 없을 지경이다. 담배 속 니코틴(7.0) 독성도 청산칼리보다 높다. 비교된 치사량은 연구기관이나 연구자에 따라 분석법이 상이하여 독성순위표에 나타난 수치보다 다소 차이가 있을 수 있다.

그러나 이들을 비교할 때 주의해야 할 점이 있다. 낮은 수치의 반수치사량이 인체에 위협이 된다는 이분법적 적용은 오류의 소지가 있다는 것! 환경오염 물질로 악명 높은 다이옥신(dioxin) 예를 들어 설명해보자. 어느 연구결과에 의하면 모르모트 실험동물에서 다이옥신 LD50=~0.02mg/kg으로 나온 바 있다. 이 수치의 다이옥신은 VX와 맞먹을 정도의 독성이 된다. 하지만 ~95% 대부분의 다이옥신이 음식물을 통해 몸으로 들어온다는 점을 감안한다면, 사람이 다이옥신의 급성 독성으로 죽는 일은 없다고 계산되었다. 그 이유는 인체의 급성 독성사를 유발하려면 다이옥신을 (820년) 300,000일 분의 식사를 한꺼번에 먹어야 하기 때문이라 한다. 알려진 알코올의 LD50=8000mg/kg으로 이 수치는 60kg 체중의 성인이 맥주 large 7

병, 위스키 1병 정도를 마시면 단숨에 넘어가는 값이다. 물론 개인차가 있겠지만, 이만큼의 알코올을 단시간에 마시면 급성 알코올중독으로 사망할 위험이 있다.

독과 독성, 그리고 인체

독에 노출되어 생명이 위급한 사람이나 경제적 이윤을 창출하는 가축이나 동물에 대한 독의 피해를 줄이는데 지속적으로 관심이 쏠리고 있다. 이에 독을 바라보는 관점은 대부분 인간을 비롯한 중요 포유류에 미치는 독성에 집중되고 있다. 이후 자세히 설명되겠지만, 독이 모든 생물에게 동일하게 적용되는 것은 아니다. 예를 들어 arsenic 비소는 오래전부터 사람들이 독약으로 사용해왔다. 과거 많은 황실에서 정적을 독살하거나 특권 지배계층을 제거하는데 자주 사용되어 '왕의 독약', 혹은 '독약의 왕' 이라는 별칭도 가지고 있다. 우리나라에서도 임금이 내렸던 극약 사약에도 물론 비소가 들어있었다. 하지만 어떤 비소박테리아 미생물들은 비소가 있는 곳에서도 잘 살아간다는 연구가 발표돼 있다. 결과에 대한 논란이 있으나 이런 환경에 적응한 GFAJ-1세균 미생물들이 비소를 대사물질로 사용해 에너지를 얻기도 하니 비소라는 독극물이 모든 생물에게 똑같이 독이 되는 것은 아니라는 말이 틀리지 않는 것 같다.

같은 독이라도 생물종에 따라 서로 다른 영향을 나타내지만, 독성분이 인간에 미치는 영향의 중요성에 비추어 볼 때 인체의 기준에서 독성을 측정할 지표가 필요한 것은 사실이다. 특히, 식재료에 남아있는 잔류 농약이나 공기 중 유해성분들이 좋은 예이다. 이런 독들을 완전히 제거한다는 것은 거의 불가능하다. 하지만, 우리 몸속에 유입된다면 어느 정도가 안전한 농도인지는 알고 있을 필요가 있다. 독의 영향력으로 독성을 나타내는 가장 일반적인 지표는 기 설명한 50% lethal dose/반수치사량 LD50이다.

인체를 대신하여 실험되는 대표적 포유동물인 쥐에서의 LD50을 살펴보면, 우리에게 친숙한 여러 물질들은 쥐 몸무게 1kg당 다음의 수치를 보인다고 한다. 물의 경우 → 90g↑, 소금 → 3g, 비타민C → 11.9g, 카페인 → 0.193g, 니코틴 → 0.0005g 정도이다. 이것을 사람에게 동일하게 적용할 수는 없겠지만, 70kg 성인 남자라 가정 하에 LD50을 계산하면 각각 다음과 같이 산출된다: 물 → 6.3*l*, 소금 → 210g, 비타민 → 833g, 카페인 → 13.44g, 니코틴 → 0.035g. 다시 말해, 한꺼번에 각각의 양을 주입하면 사람 100명 중 50명이 사망한다는 의미이다.

위 데이터를 본 장의 앞부분에서 언급하였던 수분중독의 사례와 연계하면 '물도 독이 될 수 있다'는 말을 좀 더 이해하기 쉬울 것이다. 물마시기 대회에서 3시간동안 소변참고 총 7.5*l* 물을 마신 여성이 귀가 후 사망한 이유를....

※ 마우스유닛: 평균 몸무게 20g인 실험쥐를 30분 이내에 죽음에 이르게 하는데 얼마나 많은 양의 해당 물질이 필요한지를 계산해 나타내는 지표

이외의 지표로 LD50 대신 mouse unit 마우스유닛을 쓰기도 한다. LD50, 마우스유닛 등의 지표들은 독의 대략적인 독성을 알려준다는 유용성이 장점이지만 단점도 있다. 대부분 몸체가 작은 실험쥐를 이용하기 때문에 연구에서 도출되는 결과 값을 인체에 동일하게 적용하기에는 어려운 점들이 많다. 쥐들 간에도 종류별, ♀♂성별, 연령별 상당한 차이를 보이기 때문이다. 복잡하고 다양한 독성분을 인체와 실험쥐를 대상으로 한 대략적인 독성반응과 치사율에 초점을 두고 단순화시키는 오류를 범할 수 있어 그 해석에는 세심한 주의가 따라야 한다.

보툴리늄 독소는 또 어떠한가? 보툴리늄균은 독으로 시작해서 만능으로 유명해진 Botox 보톡스의 원료가 되는 치명적인 독소를 생산한다. 보툴리늄 독소는 불과 0.3~07μg 만으로도 성인이 사망에 이를 수 있기 때문에 '자연계의 가장 치명적인 독' 이란 말도 듣는다. 하지만 이 치명적인 독

작용이 모든 생물들에게 똑같이 적용되지는 않는다. 부패한 동물을 먹을 수 있는 동물들은 보툴리늄 독소에 저항성이 있어 그러한 청소부 역할이 가능하다. 그 이유는 썩어가는 동물들에서 보툴리늄 독소가 나타나 저항성을 가지고 적응한 경우가 많기 때문! 이처럼 독과 독성의 관계는 각각의 생물종과 그 생물의 진화적 측면에서 살펴볼 필요가 있다. 이런 독의 영향과 생체에 미치는 특성 등을 주요 대상으로 하는 학문을 toxicology 독성학이라 한다. 오늘날의 독성학은 체외 이물질에 대한 부작용을 비롯한 생체 내외의 다양한 기작을 다루는 연구 분야로 정의할 수 있다.

독성물질 독에 대한 과학계의 정의에 의하면 "여러 가지 경로를 통해 소량이 체내로 들어와 생체조직에 기능적, 형태적 장해를 주거나 치사작용을 일으키는 물질"이라 할 수 있다. 즉 외부 이물질이 우리 몸에 들어와 생체의 리듬과 항상성의 균형을 무너뜨려 치명적인 상태에 이르게 할 수 있는 물질이 '독'이 된다. 그리고 그 독이 특정 생물종 혹은 생체 조직에 유입됐을 때 어느 정도 해를 입히고 영향을 주는가에 따라 독성의 정도를 나타낼 수 있다. 유입되는 경로 또한 중요한데, 경구 섭취인가 피부를 통한 것인가, 아니면 호흡인가, 단기간 혹은 장기간 누적인가 등 그 경로는 다양하게 구분된다. 또한 영향을 끼치는 생체조직도 부위에 따라 혈액/신경/뇌/폐/간/심장/신장/눈/피부.. 내·외부 장기로 세분화된다. 이러한 여러 가지 콤비네이션을 통해 독 종류는 구분되나, 독을 다루는 사람의 관심사가 어디에 있느냐에 따라 독을 구분하는 방법은 매우 다양해진다. 제 2장 이후 관련된 내용들이 주제에 따라 체계적으로 전개될 것이다.

인간과 독:
생물독 & 독의 역사

Chapter
2

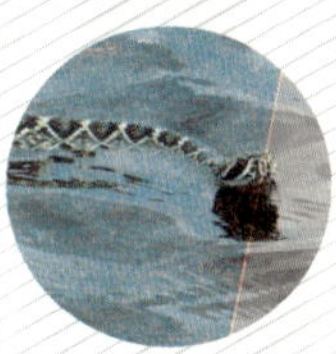

Chapter 02

인간과 독: 생물독 & 독의 역사

I. 인간과 동물, 그리고 생물독

독이 약이 된다!

독에 대한 연구는 약과 함께 발전해왔다고 해도 과언이 아니다. 중세 화학자 파라셀수스의 영향 아래 사용량이 곧 독과 약을 결정한다고 생각하고 용량에 따른 신체의 반응을 조사하는 연구방식이 일반적이었기 때문이다. 독의 사용량을 잘 조절하면 약이 될 수 있음을 그 과정 중에 알아냈고, 과학적인 연구법이 접목되면서 생물독에 대한 연구는 20세기에 빠르게 전개되었다. 이러한 흐름에 힘입어 독과 약은 동전의 양면 같은 존재로 확실히 인식되는 계기가 되었다.

독을 다른 측면에서 보아 '자연이 마련해 놓은 구급상자'라고 말하는 사람들도 있다. 수많은 미지의 약이 되는 재료들이 약상자 안에 들어 있는데 우리가 제대로 알지 못하고 있다고 볼 수 있다. 인류가 독을 약으로 쓸 수 있다는 사실을 통해 약품을 개발하기 시작한 것은 그리 오래되지 않는 불과 수십 년의 일이다. 하지만, 자연은 먼 옛날부터 진화의 과정을 통해 이런 물질들을 준비해왔다. 과학자들은 그동안 독을 지닌 생물에 있는 잠재적인 신약대상 물질을 연구하여 수십만 종에 달하는 정보를 축적하고 있다. 약 1,200여 종류의 신약물질이 지난 수십여 년 동안 등장했고, 다양한 생물의 독성분으로부터 보고되어 있다. 일부 동물로부터 알려진 후보 활성물질의 정보는 다음과 같이 방대한 양에 달한다.

- **뱀 :** ~2,200종 → 90,000종의 펩티드와 단백질 단백질도 일종의 펩티드
- **거미 :** ~42,000종 → 1,000만종
- **지네 :** ~3,300종 → 300,000종
- **전갈 :** ~1,750종 → 100,000종의 펩티드
- **도마뱀 :** ~200종 → 8,000종
- **청자고둥 :** ~700종 → 100,000종 이상의 펩티드

동물들의 독 활용

앞에서는 인간이 지금까지 독을 어떻게 사용해 왔는가에 대한 사람과 독의 관계를 간략히 살펴보았다. 하지만 인간만 독을 약으로 쓰는 것이 아니고, 실제는 다양한 생물들이 독을 약으로 이용해 자가 치료를 하는 행동을 보인다. 예로 항생물질 분비하는 푸른 곰팡이, 개미의 공생, 독있는 딱정벌레 가뢰를 먹는 들칠면조 느시 등이 있다. 침팬지도 비슷한 행동을 하는 것으로 알려져 있다.

동물들은 독을 직접 섭취함은 물론 간접적으로도 활용한다. 많은 조

류들은 곤충에 유해한 독성물질을 분비하는 나뭇가지로 새집을 짓는다. 나뭇가지에서 나온 독성물질은 둥지에 기생할 수 있는 이/벼룩/진드기.. 해충에 충분한 효과가 있어 저항력이 약한 어린 새끼들이 외부 기생충에 시달리는 것을 막아준다. 독으로 둥지 만드는 고릴라나 코끼리는 무리에서 발생한 사체를 나무와 흙으로 덮어 부패를 촉진시키고 감염성 질환이 퍼지는 것을 막기도 한다. 이런 동물 행태를 인류의 매장문화와 비슷한 맥락으로 보는 학자들도 있다. 어떤 원숭이들은 잡은 지네에서 나오는 독을 자신의 털에 발라서 체외 기생충을 막기도 한다. (우리가 모기/곤충 기피제를 바르는 것과 비슷한 원리)

더 놀라운 결과가 브라질 원숭이 조사 연구에서 발표되었는데, 원숭이들이 먹이를 바꾸어 가며 번식가능 기간을 조정한다는 것이다. (주변에 먹이가 가장 풍성할 때 새끼 낳을 수 있게 피임하는 것) 독초를 먹어 배란이나 착상을 막는 방식인데, 이는 인간이 피임약을 복용하여 임신을 조절하는 방식과 비슷한 것이다. 비교적 지능 높은 침팬지나 코끼리, 단순해 보이는 곤충들까지도 자신만의 활용 방법이 있다고 한다. 초파리와 개미 등의 곤충에서 알려진 독 활용사례를 살펴보도록 하자.

① 초파리의 경우

많은 주목을 끌었던 2012년 발표 초파리 행동의 하나는 기생벌이 주변에 있을 때는 에탄올이 풍부한 먹이 위에 알을 낳는 것이었다. 이는 알코올 농도가 높을수록 기생벌에 감염될 확률이 줄어들기 때문이다. 과거 로마의 '생명의 물' 알코올은 사람에게는 긴장을 이완시키는 물질이고, 고농도에서는 높은 독성을 보인다. 높은 알코올 농도는 곤충의 활동을 저해하고, 심할 경우 죽음에 이르게 할 수 있다.

② 개미의 경우

개미들의 둥지에는 때때로 이들을 감염시키는 기생성 곰팡이가 안팎에서 들어온다. 이럴 때 개미들은 곰팡이를 막기 위해 항생효과 있는 나무의 분비물을 둥지에 발라 감염을 예방한다. 어떤 경우에는 애초 몸 위에 예방효과를 보이는 곰팡이를 키우기도 한다고 전해진다.

이렇듯 동물들의 약용성분 활용은 우리에게 많은 도움이 되는 자료를 제공한다. 인간만이 쓰는 것으로 여겨졌던 약용성분들이 다른 동물들도 비슷하게 사용하는 예들이 폭넓게 관찰된다. 특히, 영장류의 약용성분 활용법 역시 많은 궁금증을 낳는데, 이들의 성분 활용법은 개개의 집단을 넘어 서로 다른 종, 서로 다른 지역에서도 공통적인 특성을 보인다. 동물들도 유용한 성분을 찾아내는 공통된 행동양식이 존재한다는 추측을 할 수 있다. 이들 동물의 행동양식을 거꾸로 이용하면 새로운 물질을 찾아내고 개발하는데 또 다른 방향을 제시해 줄 수도 있다는 의미가 된다. 그러나 이들의 행동을 과신하지 말고, 동물들의 지혜보다는 수백~수천만 년에 걸친 적응과 진화의 산물로 보는 것이 옳다는 견해가 지배적이다.

II. 독의 역사

독은 오래 전 원시시대부터 인류와 떼래야 뗄 수 없는 깊은 관계를 맺어 오고 있다. *Conium maculatum* 독미나리로 만든 독배를 마시고 죽은 그리스/철학자 소크라테스나 독사에게 가슴을 물게 하여 죽음을 맞이한 이집트 여왕 클레오파트라의 일화는 지금도 역사적으로 유명하다. 우리나라에서도 임금이 내린 사약을 마시고 죽임을 당하는 사건들은 왕조실록에도 수차례 기록되어 있다. 우리나라뿐만 아니라 전 세계 어느 나라, 어느 때, 어느 곳을 둘러보아도 독과 관계된 이야기들을 어렵지 않게 찾을 수 있다. 독과 얽힌 죽음으로 유명한 클레오파트라, 소크라테스, 동·서양 황제들의 이야기를 조금 더 알아보자.

클레오파트라의 죽음과 독

기록에 의하면 클레오파트라는 독사에게 가슴을 물려 죽었다고 한다. 추측컨대 물리면 아세틸콜린 신경전달물질이 근육으로 정보를 전달할 수 없어 호흡곤란으로 거의 즉사하는 신경독 코브라독에 의했을 것으로 보고 있다. 왜냐하면 살무사에게 물리면 혈액독 크게 붓고 다량의 출혈과 함께 피부의 괴사가 일어나고, 이내 부기와 통증이 전신으로 퍼져 구토와 입술마비 등을 일으키다 죽기 때문이다. 이 경우에는 운이 좋아 살아나도 근육괴사로 후유증이나 장애가 남을 수 있다.

클레오파트라

※ 클레오파트라 : 로마황제 시저와 삼두정치의 우두머리 안토니우스를 좌지우지한 이집트 여왕. 독과 약에 대한 지식이 많아 독극물 연구소를 주관했고, 노예를 이용하여 인체실험도 했다고 전해진다. ∴ 독극물 연구소를 주관했던 클레오파트라가 독사 종류의 특징을 몰랐을 리 없으므로 코브라를 사용했을 것으로 추측하고 있다.

소크라테스의 죽음과 독

소크라테스는 아테네 원로원으로부터 자살을 명령받은 후 코닌 독성분을 지닌 독미나리 추출액이 든 독배를 마시고 죽음을 맞이했다. 제자 플라톤은 소크라테스가 독배를 마시고 이리저리 걷다가 힘을 잃으며 누웠다고 하였다. 몸을 누이고 감각을 잃어가면서 심장이 멈췄다고 하는 죽어가는 과정을 기록하여 남겼다고 한다.

황제의 광기와 독

1 로마황제 네로나 칼리굴라는 상식을 벗어난 행동을 많이 했다고 역사가 전하고 있다. 네로와 칼리굴라도 황제로 등극했을 초기에는 총명했었다는 데 그렇게 변한 이유는 과연 무엇일까? 대부분 중금속 중독을 그 원인으로 들고 있다.

유럽의 물은 대체로 고농도의 Ca/Mg 경수여서 마시기에 부적합해 로마에선 물보다 와인을 즐겼다고 한다. 오늘날의 와인은 오랫동안 개량한 특별한 양조법으로 만든다. 하지만 당시 로마 와인은 질이 낮았고, 산미가 매우 강했다고 전해진다. 황제들이 이런 시큼한 와인을 좋아했을 리가 없다. 양조법 미숙으로 발효까지 일어나 산미가 강한 주석산을 달게 바꾸는 것이 관건이었을 것이다. 와인을 시게 만든 원인물질 주석산을 제거하고 와인을 달게 하는 방법을 찾아 시도했다. 와인을 납 냄비에 넣고 데우면 와인 內 주석산 → 납과 반응 → 단맛물질 주석산연으로 바뀐다. 이렇게 단맛으로 변화된 부드럽고 맛있게 된 와인을 황제는 즐겼고, 그 결과는 심각한 납중독으로 이어졌다. 납 중독은 결국 신경계에 침투하여 악영향을 끼쳤고, 이것이 로마황제의 성격을 이상하게 변화시킨 원인이라 추측한다.

2 중국 황제들도 황제가 되어 점차 인격이 변한 것은 비슷하다고 한다. 많은 황제가 제위에 올라 몇 년 지나지 않아 변하면서 피부-거침/목소리-변화/감정표현-이상.. 결국 폭력성을 드러내고 죽음에 이르렀다고 한다. 청나라-태종/현종/무종..+당나라-21명 황제가운데 6명이 이런 죽음을 맞이했다고 전해진다!

이들 황제들의 死因사인은 불로불사약 단약 때문이라나...! 아이러니하게 단약을 마시고 심신에 이상이 생겨 목숨이 단축된 것이라고 한다. 약초 등이 배합된 생약과 달리 단약은 광물질로 만들어진다. 현존하는 당시의 처방전에는 초산염과 황화수은/초산나트륨.. 금속화합물이 들어가 있었다. 현대의 화학으로 치면 의약품 처방전이 아니라 아주 위험한 불꽃/폭약.. 처방전이나 다름없는 것이다.

이런 丹藥 단약 주성분은 다름이 아닌 바로 독극물 수은! 나름대로 해석을 해보면 다음과 같이 추측할 수 있다. 먼저 황화수은 → 400℃ 가열 → 아름다운 은색 수은금속 분리 → 더욱 가열 → 붉은 산화수은 → 계속 가열 → 분해 → 다시 금속수은이 된다. 즉, 신비롭게 반짝임 금속수은 ⇄ 빛 잃음 황화수은 상태를 왔다 갔다 하여 수은이 변하는 모습이 그 시대엔 마치 불사조가 부활하는 것처럼 보였을 수도 있다. 아마도 이런 불사조를 몸속에 넣으면 자신도 不死鳥 불사조가 된다고 생각했던 것이 아닐까 생각되고 있다.

다음 제 3장에서 독의 종류를 자세하게 다루기 전에 본 절에서는 역사적으로 관련 있는 일부 사건들을 소개하고자 한다. 유럽의 맥각독 중독사건을 시작으로 산업재해 독 유출사건 및 니코틴, 알코올 등 즐기는 독에 이르기까지 언급된다.

1. 천연독

맥각독 중독

맥각은 밀/보리/호밀.. 곡류에서 자라나는 기생곰팡이로 곡물을 먹으며 자라는 과정에서 강력한 독소를 만들어낸다. 가열해도 잘 파괴되지 않는 독성분이기 때문에, 맥각 오염 곡물로 만든 빵을 먹으면 심각한 중독증상이 나타난다. 994년~995년경 프랑스 남부에서 맥각이 곡물을 휩쓸어 당시 지역인구 ~50% 2만여 명이 사망했다는 기록이 있다. 당시 호밀이 主食주식이었고, 특히 지역의 기후가 시원하고 습도가 높아 맥각 성장에 적합하였기 때문에 엄청난 맥각 피해를 입곤 했다. 1800년대 맥각이 심각한 식중독 사망사고의 원인이라는 것이 밝혀진 이래 곡물수확 후의 탈곡기술과 세척방법이 발달하면서 맥각 중독사건은 점차 줄어들었다. 그러나 1950년대까지 200명 이상이 한꺼번에 맥각에 중독되는 사건들도 종종 보고됨 맥각의 독은 일부는 신경독으로 작용해 환각이나 통증, 경련을 일으키고, 일부는 혈액독으로 작용해 혈관을 수축시키고 혈류 흐름을 방해한다. 심한 경우 손가락/발가락.. 말단부위에 피가 안 통해 괴사로 신체 말단부위를 잃기도 한다. 또한, 맥각의 신경계 작용으로 인한 기인한 행동으로 환각/피부에 무엇이 기어 다니는 느낌/현기증/두통/구토/경련.. 사람들로부터 자주 오해를 받았다고 한다.

※ 참고: 17세기경 사회적으로 마녀사냥이 극도에 달했을 때 맥각 증상을 보이는 사람에게 마녀가 마법을 건 것으로 오해하기도 했다. 셰익스피어의 작품에서 맥각이 '마녀의 비약'으로 등장한 것도 이런 이유 때문인 것으로 추측하고 있다.

오늘날에도 맥각에서 추출한 성분은 마약류 중 가장 강력한 환각제인 Lysergic acid diethylamide LSD로 쓰이고 있다. 1943년 맥각독을 연구하던 스위스 학자가 화학적으로 합성한 후 우연히 섭취했다 강력한 환각작용을 일으킨다는 사실을 알아낸 바 있다. 1950년대까지 놀라운 효능이 있는 정신과 약물로 취급되어 정신과 환자들에게 치료약으로 처방되었다. LSD는 하나의 감각이 동시에 다른 영역의 감각을 불러일으키는 감각 공감각에서 유체이탈/시간왜곡.. 다양한 증상을 경험하게 하기 때문에 잠재의식을 확장시킨다고 믿었던 학자들과 문화·예술가들이 애용하면서 한때 크게 사회적 물의를 일으키기도 했다. 맥각독은 본래 곰팡이에게는 보호독의 성분이지만 인간의 몸속에 들어와서는 환각작용을 일으키는 독성분이 된다.

뱀독 중독

뱀독은 생물독 중 가장 많은 재료가 들어간 일종의 '칵테일'로 볼 수 있다. 일반적으로 여러 종류의 뱀독에는 약 100여 가지 다른 재료들이 들어가 있다고 본다. 뱀독은 하나의 단일 독으로 보기 보다는 서로 다른 독성분들의 혼합으로 보는 것이 맞을 것이다. 심지어 뱀독은 種종마다도 차이가 크고, 같은 종에서도 지리적 분포, 계절, 연령별에 따라서도 성분

들이 다른 구성을 보인다. (가을 뱀에 독이 더 있다는 민간속설은 실제로 과학적인 근거가 있음)

인간이 뱀독의 다양한 단백질 성분과 약품으로서의 가능성을 알기 오래전부터 뱀은 의술의 상징으로 쓰였다. 뱀 가운데 독이 있는 종류는 320여 종이고, 이 중 200여 종만이 물렸을 때 심각한 손상·사망에 이르는 독성을 지닌다. 2008년, 뱀에 의한 피해규모가 집계되었는데 연간 피해자 421,000명과 사망자 20,000여 명 발생하는 것으로 추정하고 있다. (미보고 수치를 포함하면 1,841,000명/년 피해, 94,000명 사망/년)

뱀에 물렸을 때 물린 상처부위를 째거나 입으로 빨아내는 것은 위험한 일이다. 빨아내는 사람도 위궤양/위에 상처가 있으면 독이 그대로 흡수되어 위험해진다! 중독될 수 있기 때문에 절대 피해야 한다. 이런 행위는 물린 사람의 조직이 이미 세포독소의 영향으로 괴사되고 있어 조직 손상은 물론 2차 감염의 위험도가 높아진다. 뱀독에는 항응고제가 포함된 경우가 있어 상처부위를 더 벌렸다가는 엉뚱하게 출혈과다로 위험에 빠질 수 있다. 또한, 지혈대로 물린 부위주변을 압박하는 것은 피해야 하는데, 이는 물린 곳의 혈액공급을 차단해 조직괴사를 촉진시켜 예후를 더 악화시키는 요인이 된다. 어떤 뱀들은 머리가 잘린 후에도 독니를 건드리면 독을 주입할 수 있는 종류도 있어 만지지 않도록 조심해야 한다.

※ 참고: 뱀에 물렸을 때 가장 위험한 증상은 공포! 겁에 질려 부적절한 응급처치를 할 수 있고, 심장박동이 빨라져 독이 더 빨리 확산될 수 있다. 이때 가장 중요한 것은 환자의 전문가들의 권고사항 안정인데, 대부분 뱀에 물리면 공포상황에 놓이기 때문이다. 그 다음에 물린 자리에 손을 대려하지 말고, 부목 등을 이용해 물린 부위를 고정해둔다. 이송과정에서 물린 부위를 움직이면 독이 더 빨리 퍼질 수 있으므로, 차량/들것으로 움직임을 최소화한다.

뱀독에는 혈액응고를 방해하는 항응고제가 있어 물린 자리에서 피가 멈추지 않아 과다출혈로 사망하거나 신장이 기능을 멈추는 것도 자주 발생하는 증상이다. 독성분이 체내를 돌다 신장에서 배출되는 과정 중에 조직 손상을 일으키고, 결국 무리한 신장이 기능을 멈추면서 사망에 이르는 경우다. 뱀독의 가장 중요한 기능 중 하나인 신경독소도 여러 증상을 일으킨다. 진정제와 비슷한 기능을 하는 독 때문에 근육 이완 → 폐 수축 불가능 → 질식사에 이른다. 신경독이 있는 뱀에 물린 사람은 힘이 빠지거나 몽롱한 상태가 되기도 한다.

코브라 중에는 침을 뱉어내는 종류도 있는데, 눈/코 점막에 묻으면 심각한 시력손상을 일으킬 수 있다. 점막이 손상되면서 세균에 의한 2차 감염이 일어나기 쉬워 적절한 치료가 없으면 시력상실에 도달한다. 사실 킹코브라에 물린 후 몇 분 만에 사망했다거나 살무사에 물린 후 수십일 후에 죽었다는 사람이 있을 정도로 뱀에 따라 중독 후 사망까지 걸린 시간의 편차는 상당히 큰 편이다.

뱀에 물리면 종류에 따라서 증상이 더 빨리 나타나기도 하나 보통 2~4시간 후 붓기 시작하고, 2~3일 지나면서 더 심해진다. 일부 경우에는 전신 어지럼증/구토.. 중독증상이 몇 분 만에 일어나기도 한다. 일반적으로 물린 후 사망까지 코브라는 수 시간, 바다뱀은 12~24시간, 살무사는 수일 걸린다고 한다. 신경독 작용으로 근육수축이 불가능해지는 데는 몇 시간 걸리고, 초기에 해독제 투여치 못하면 장기간 후유증이 남을 수 있다. (물린 부위의 근육/조직괴사/2차감염으로 수개월 후까지 후유증) 연구에 의하면 방울뱀에 물린 경우 해독제 투여 없으면 사망률 74%였으나, 투여 후 12%로 낮아졌고, 살무사는 치료 전 20%, 치료 후 3%로 나타나 해독제 치료의 중요성이 강조된다.

※ 참고: 뱀독은 단백질의 일종이므로 단백질과 성질이 같다. 가열하면 변성으로 독성을 잃으며 알코올에 넣어도 변성한다. (위궤양/위에 상처가 있으면 독이 그대로 흡수되어 위험해질 수도 있음) 지금까지 뱀을 쫓을 수 있는 물질은 명확히 밝혀지지 않고 있지만, 대부분의 살충제나프탈렌, DDT 등은 뱀에 치명적인 것으로 알려져 있다.

2. 중금속 독

비소 중독

비소는 피부의 멜라닌 색소 생성을 억제해 피부를 하얗게 하는 작용이 있다. 이로 인해 옛날부터 누구를 독살하고자 할 때 화장품을 사용했다는 기록들이 종종 남아 있다. 빅토리아 시대 영국에서는 지금은 사람에게 쓰기 부적합할 정도의 높은 독성을 지닌 물질들도 약으로 널리 사용되었고, 독과 약의 구분이 비교적 애매모호했던 시절 이였기에 독살사건이 종종 일어났다고 한다.

※ 비소 중독증상: 구토, 설사, 위장염, 결막염, 소화관 출혈, 현기증, 피부발진, 신경통, 빈혈, 마비, 경련, 혼수

납 중독

영국은 예부터 born china 본 차이나 도자기산업이 유명한데, 19세기 말엽 도자기에 들어있는 납이 사회적으로 문제된 바 있다. 장기간 누적된 납 중독은 당시 영국에서 심각한 사회문제 중 하나로 도자기를 통해 인체에 누적된 납이 문제를 일으켰던 것이다. 로마에서도 납에 의한 위협적인 상황이 벌어졌는데 피부를 더 하얗게 보이게 만들려고 화장품에 납을 넣어 사용했기 때문이다. 누적된 납중독이 역사적으로 로마의 쇠락과 멸망을 가속시켰다는 주장도 있다

20세기 중반에는 엔진 손상을 막아준다는 이유로 1920년대~1970년대까지 납이 들어간 leaded gasoline 유연휘발유가 차량 주유 시 널리 선호되었다. 납이 해롭다는 인식은 1960년대 학자들이 극지방 만년설에서도 납이 발견되면서 시작되었다. 더욱이 이것이 유연휘발유 때문임을 밝혀내자 그 사용에 대한 반대론이 거세지기 시작했다.(유연휘발유 → 납 성분 공기로 분산 → 임산부+아이들 인체 쉽게 누적 → 성장 발달에 악영향) 이후 장기간 노출되면 인체와 주변 환경에 심각한 결과를 초래한다는 사실이 밝혀지면서 판매 금지되었다.(미국-1986년/한국-1993년부터 판매금지)

※ 납 중독증상: 빈혈, 식욕부진, 체중감소, 복부 불쾌감/통증, 변비, 팔/다리 마비, 무기력, 어지러움, 관절통증

3. 인공독

인간이 만든 재해

독을 대량으로 합성하는 기술이나 정제기술이 없었을 때에는 독에 의한 피해는 주로 개인적으로 사용하는 수준이나 유독 생명체에 물리는 정도에서 일어났다. 이후 화학물질의 대량 합성기술 발달에 힘입어 20세기 후반에 들어가면서 사람들이 집단적으로 독에 노출되는 경우가 증가하였다. 특히, 독성물질을 재료로 유용한 물질을 생산하는 산업화 공정에서 또는 그 과정 중 부산물로 강한 독성물질들이 폐기물로 생산되기도 한다. 이로 인한 독성물질의 누출로 많은 사람들이 피해를 입는 대형의 사고들이 발생하기 시작했다.

- **우리나라 사례:** 2012년 9월 한국 구미 – 불산불화수소(HF)/수용액/휘발성/반도체산업에 필수물질/유독한 무색+투명한 액체 가스 누출사고로 독성물질이 대량으로 누출되어 인명 피해가 있는 사고가 있었다. 5명 사망 & 12,000여 명이 간접 피해를 입었다. 불산은 분자가 가볍기 때문에 빠르게 확산되고, 체내에 오래 잔류하기 때문에 위험한 독성물질이다.
- **외국 사례:** 1984년 인도, 보팔 참사 – 인재에 의한 최악의 산업재해, 보팔지역의 살충제 공장에서 유독가스 누출로 발생했다 (미국 유니언카바이드사/보팔-인구 밀집지역/살충제 제조공장에서 독성의 원료물질 정제). 가스탱크 일부 배관에서 수 톤의 가스누출 → 가

스방출로 수백 명 사망 → 그날 밤 약 3,500명 사망 & 이후 20,000여 명이 후유증으로 사망한 것으로 추정 정확한 통계 없음! 실제로는 인근 지역을 포함하여 약 50만 명이 독성가스에 누출된 것으로 추측되며, 약 10만 명이 지금도 고통 받는 것으로 알려져 있다.(암/호흡곤란/피부질환..) 독성물질의 산업화, 안전 체계의 부재 등이 독으로 인한 사고에서 얼마나 심각한 결과를 불러올 수 있는지를 적나라하게 보여준 대표적 사례이다.

즐기는 독 1: 니코틴

담배

사람들이 에탄올이나 니코틴을 가장 널리 쓰는 독 중 하나라고 한다면 믿겠는가? 답은 yes! 많은 나라에서 합법적으로 소비할 수 있는 독이자 사람들이 가장 좋아하는 독 중 하나다. 특히, 니코틴은 담배를 통해 전 세계에서 가장 많이 소비되는 독성물질 중 하나다.(니코틴: 독성순위표 17위) 니코틴은 담배식물의 뿌리에서 합성되어 잎에 축적되는 강력한 신경독소이다. 담배는 해충으로부터 자신을 보호하기 위해 강력한 활성물질인 니코틴을 만들었다. 곤충에서는 낮은 농도에서도 강한 신경독 작용을 하기 때문에 과거에는 살충제로도 널리 사용되었다. 니코틴은 사람에게는 낮은 농도에서 높은 각성효과를 나타내지만, 농도가 올라가면 독성을 나타낼 수 있다. 중독효과도 커서 니코틴 중독은 인간에게 있어 가장 심각하거나 끊기 어려운 중독 중 하나로 유명세를 탄다.

※ 참고: 도시의 일부 새들 중에는 담배꽁초를 주워 둥지에 집어넣기도 하는데, 이는 독이 있는 물질을 둥지에 넣어 체외 기생충으로부터 자신을 보호하는 행동일 것으로 보고 있다.

독을 즐겨 **피운다? - 니코틴은** Jean Nicot/1550년 담배를 처음 프랑스에 소개 장 니코의 이름을 따온 담배의 *Nicotiana tabacum* 학명에서 유래했다. 사람들은 아주 오래전부터 담배를 각성제로 이용해 왔지만, 니코틴만 따로 추출된 것은 1828년이다. 니코틴의 분리와 합성 이후 체내에서 어떤 영향을 미치는지가 본격적으로 연구되기 시작했다. 주성분인 니코틴은 식물성 알칼로이드로 엷은 황색을 띤 액상의 화합물이다. 중추 및 말초신경-흥분작용, 뇌-신경각성효과, 초조 시-진정효과가 있다. 특히, 강한 중독성으로 끊기 어렵고, 독성이 강하다. 니코틴은 혈관을 통해 급속히 전신으로 확산되고 뇌에도 도달한다. 신경계와 접촉하면 아드레날린.. 흥분성 호르몬 분비 → 각성효과를 불러온다. 또 뇌에서는 도파민 분비가 증가하여 기분이 좋아지는 듯한 느낌을 얻는다. 마약과 비슷한 효과를 내어 그 의존성이 문제가 된다.

- **니코틴 중독:** 담배를 오래 피우면 니코틴의 영향으로 인해 금연이 쉽지 않게 된다. 담배를 끊으면 도파민 분비 감소로 행복감을 쉽게 느끼지 못하기 때문! 장기간 다량 흡연한 경우, 니코틴 자체의 독성도 무시할 수 없다. 니코틴은 휘발성이 강해 흡연 중에는 대부분 공기 중으로 흩어지지만, 직접 섭취를 하게 되면 사람에 따라 담배 2~3개에 있는 니코틴으로도 인해 인체가 위험해 질 수 있다.

니코틴의 주된 생체작용은 시냅스에 작용하여 아세틸콜린 활동을 방해하는 것이다. 이로 인한 근육이완, 횡격막/호흡근 마비로 호흡장애가 일어나고, 자율신경/중추신경에 영향을 미친다. 중독 단계에서는 거친 호흡, 현기증, 혈압상승, 시청각장애 등이 올 수 있고, 더 진행되면 혈압저하, 호흡곤란, 경련 등이 일어날 수 있다. 성인 남자의 니코틴 치사량은 담배 20개비 분량 20~30mg! 같은 양의 담배를 먹었을 경우에는 죽음에 이를 수

있다.(유아: 2개비 먹으면 치명적)

※ 참고: 담배에는 니코틴 외에 유해성분인 타르가 있다. 타르는 발암물질인 benzopyrene 벤조피렌을 비롯한 여러 가지 화학물질로 구성되며, 연기와 함께 인후와 기관지 점막으로 흡수된다. 또한 담배연기의 CO 일산화탄소는 혈액 內 산소부족을 일으켜 순환기에 부담을 준다.

니코틴은 동물이나 사람에 이르기까지 오랫동안 약용으로 사용되어 왔다. 담배는 곤충류에서 강력한 신경독으로 작용하기 때문에 과거에는 민간요법에서 기생충에 구충제로 쓰였다. 담배 잎에 사는 박각시나방 애벌레도 다량의 니코틴을 섭취해 기생충을 억제하는 모습을 보인다. 이 점에 착안해 담배가 인간-기생충 사이에 얼마나 영향을 끼치는지를 조사한 연구도 있다. 연구 결과에서는 놀랍게도 담배를 피우면 장내 기생충감염이 억제된다는 것이 사실일 수 있음을 나타내었다. 니코틴은 강력한 신경독소로 사람, 구충/회충.. 선충류 등에서 비슷한 독성작용을 일으킨다. 현재 쓰이고 있는 레바미솔/테트라하이드로피라미딘.. 기생충약은 모두 기생충의 니코틴 수용체에 작용하는 약이다.

※ 참고: 담뱃잎→분말→증류→황산으로 농축한 황산니코틴은 식물에는 해가 없지만, 동물에게는 강한 독성을 발휘해서 농업용 살충제로 이용해 왔다.

즐기는 독 2: 알코올

독을 즐겨 **마신다?** - 술의 주성분은 에탄올, 로마에서는 그 증류주를 'aqua vitae 생명의 물'이라고도 했다. 에탄올은 오래전부터 사람들이 즐기는 가장 오래된 소위 말하는 '레저용 독'이라 할 수 있다. 특히 당분의 효모 발효로 쉽게 얻을 수 있어 그 주조 방식은 어느 나라에서나 발견된다. 인류 최초의 생명공학실험이 바로

위스키

이런 발효 및 알코올 생산과정이 아닐까? 약 9,000년 전 것으로 추정되는 중국 도기에서 발견된 잔존물 분석 결과에서 알코올 성분이 나와 당시에도 사람들은 술을 만들었음을 알려주었다.

※ 참고: 흔히 취하는 '술=알코올'이라 하지만, 실상 그 정체는 에탄올이다. 에탄올, 즉 alcohol 알코올의 어원은 아랍어"al-khwl"에서 유래했다. 본래 눈썹연필 화장품이나 검은 안료를 가리키는 말로 이후 라틴어로 옮겨지면서 의미가 '와인에서 맛을 내는 물질' 변화되어 현재의 알코올이 되었다.

위에 언급되었듯이 에탄올도 자연계에서 흔히 쓰이는 독 중의 하나! 그 이유는 에탄올이 단백질을 응고시키는 성질이 있어 살균작용을 하기 때문이다. (살균력은 약 70% 농도에서 최대, 80% 이상에서는 소독과 살균작용이 떨어짐)

에탄올은 신경계에 작용하는 독이다. 중추신경계를 억제해 낮은 농도에서는 행복감과 이완작용을 하지만, 높은 농도에서는 운동 및 인지능력이 저하된다. 혈중 알코올 고농도↑→ 중추신경계 억제 → 뇌 혈류↓→ 의식상실로 이어지고, 이 상태를 지나치면 죽을 수 있다. 에탄올 음주로 인한 숙취와 두통은 에탄올 산화로 아세트알데히드 대사산물이 생기기 때문이다.

- **에탄올 중독:** 에탄올 중독의 피해는 전 세계적으로 심각한 사회문제가 된다. 알코올 중독 및 남용은 개인적으로도 건강상 문제를 야기한다. 간질환/영양실조/암.. 장기간 중독은 신경계 손상이나 모든 장기에 영향을 미친다. 특히, 임신 중의 알코올 중독은 태아에게 심각한 영향을 주어 기형을 유발하거나 선천성 질환을 앓게 만든다. 알코올로 인한 음주운전/교통사고/폭력/낙상.. 2차적인 피해까지 감안한다면 상당한 건강상의 위협이 된다.

전 세계 인구사망 원인 중 약 3.8% 이상이 에탄올과 직접 연관이 있다고 한다. 각종 중독성 화학물질에 의한 피해 비교연구에서 코카인/헤로인/엑스타시.. 마약류를 제치고 가장 해로운 중독물질로 꼽힌 것은 바로 72점 에탄올이었다. 그 다음으로는 2위 55점 헤로인, 5위 코카인, 6위 담배였다. 즐기는 독의 가장 큰 문제는 독성이 있음에도 불구하고 사람들은 이를 독이라는 생각을 갖지 않는 것이다. 술 알코올과 담배 니코틴이 해롭다는 것은 알지만, 이들을 먼저 음식이나 기호식품으로 생각하지 독임에도 불구하고 독으로 생각하지는 않는 것 같다.

Q & A : Q 사람들도 독에 적응할 수 있을까? – A yes!

독의 종류에 따라 다르지만 지속적으로 노출되면 어느 정도 적응할 수 있는 능력이 생기는 독들도 있다. 생활 속에서는 복어알에서 경험해 볼 수 있다. 그 알을 하나씩 먹으면 처음에는 혀가 얼얼해질 알싸할 정도지만, 계속해서 먹으면 조금 더 미묘한 맛을 느낄 수 있다고 한다(?) -- 비슷한 맥락으로 볼 수 있다. 그러나 이런 작용은 생물종 전체에서 일어나는 진화 경향으로 보기 보다는 각각의 생체에서 진행된 미묘한 적응으로 보아야 할 것이다. 특히 대표적 맹독인 비소에 인체가 적응하여 진화해 왔다는 것은 좀처럼 믿기 힘든 사실이다. 하지만 이런 예상과는 다르게 비소 독과 인체 적응진화의 사례가 최근 남미에서 알려졌다.

역사학자들은 약 11,000년 전, 인간이 지구상에서 가장 메마른 지역으로 진출했다고 추정한다. 칠레-페루-볼리비아-아르헨티나.. 안데스산맥 끝부분에 위치한 Atacama Desert 아타카마사막은 지구상에서 가장 메마른 사막지역 중 하나이다. 하지만 이 지역에 정착한 사람들은 열악한 사막에서 집 짓고, 고지대에서 가축을 키우며 살아나갔다. 학자들은 지역에 남아 있는 mirra 미라를 연구하여 인류가 어떻게 이처럼 극도의 척박한 환경에서 적응 및 진화해 왔는지를 살펴보고 독과 인체의 적응을 추정하는 계기가 되었다.

※ 아타카마 사막: 일부 지역은 비가 한 방울도 내리지 않았던 것으로 추정되고, 극도로 메마른 이런 환경 때문에 미라를 만들기가 상대적으로 쉬웠을 것으로 생각된다.

과학자들이 7,000년 된 미라를 조사하고 놀란 것은 세계 그 어느 곳에서도 예가 없는 높은 농도의 비소 검출이다. 오늘날에는 비소와 관련된 중독이 비소 함유 제초제나 심각한 환경오염이 없으면 일어나지 않는다. 하지만 아타카마사막은 본래 비소농도가 높은 지역으로 비소로 가득한 화산암석 위에 생긴 삭막한 지역이다. 그리고 이 사막의 물에는 음용 가능한 비소농도 수치보다 20배 이상의 비소가 녹아 있었다. 만약 비소가 몸에 계속 축적되었다면 사람들은 고통 속에 있었을 것이나 인체도 이런 상황에 적응하여 계속 진화해갔다.

학자들은 아타카마사막에 사는 사람들의 체내에서 비소에 높은 저항력을 갖는 방향으로 자연선택을 통해 진화했을 것이라는 것을 밝혀냈다. 인체가 거주지에 퍼져있는 환경독소에 대처하며 생존할 수 있도록 진화해온 놀라운 증거가 발견된 것이다. 학자들이 밝혀낸 증거에 의하면 몸속에서는 먼저 肝간 조직이 몸에 유입된 비소에 C 탄소, H 수소를 추가하여 독성을 낮추었고, 혈관 → 혈류 순환 → 신장여과 → 체외배출이 쉽게 되도록 도와주는 역할을 했다고 한다. 이로 인해 체내의 비소 농도는 오르지 않고 소변으로 계속 배출되었다는 것이다. 1990년대 후반부터 이곳 사람들이 다른 지역의 사람들과 비교할 수 없을 정도로 비소를 해독시킬 수 있는 능력이 있음이 알려지기 시작했다. 그리고 최근의 집단 유전학적 연구에서는 이곳 주민들에서 발견되는 특정유전자가 간에서 효소를 만들어 비소 해독에 기여한다는 사실을 밝혀냈다.

연구에 의해 밝혀진 자연선택의 과정은 다음과 같이 진행되었을 것으로 추정된다.

1 초기에 정착한 주민들 가운데 아마도 이 돌연변이 유전자를 지닌 사

람 몇 명이 있었다. 다른 지역에 살 때는 별다른 능력이 없는 유전자 일지도 모르지만...

2 아카타마사막에서 삶을 시작한 후 선택의 여지 없이 모두 비소 섞인 물을 사용하고 마셔야만 했다.

3 빠른 속도로 자연선택이 일어났고 비소 해독을 조금이라도 빠르게 하는 사람들이 더 빠르고 유리하게 적응하였다.

4 적응에 유리한 이 유전자는 집단 내로 빠르게 퍼져 나가 주민 대부분이 이 특정 돌연변이 유전자를 갖게 되었다.

5 적응한 사람들 사이에서 태어난 자손들은 이 유전자가 원래 있는 정상의 유전자처럼 기능 발현을 한다.

이런 진화상의 자연선택 사례는 인류의 역사에서 매우 드물게 알려져 있다. 그 사례는 아프리카 원주민들이 말라리아 저항성을 갖게 된 경우, 유럽 북부에서 사람들이 어른이 된 후 우유 소화 가능한(락토오스 유당 분해효소인 락티아제) 유전자를 지니게 된 경우에서 볼 수 있다. 이는 환경독소들 또한 다른 질병/식습관.. 요인들과 마찬가지로 생물 진화에 영향을 주는 중요 요인이 될 수 있음을 알려준 흥미로운 사례가 되었다.

독개구리

투구꽃

뱀독니

바다뱀

독의 과학: 독의 종류, 세계 3대 독

Chapter

3

Chapter 03

독의 과학:
독의 종류, 세계 3대 독

I. 독의 종류

다양한 독 - 실제로 존재하는 독의 종류는 매우 다양하며, 독을 분류하는 방법 또한 다양하다. 이러한 독을 연구하는 방법이나 방향은 어떤 독을 다루느냐에 따라 많이 달라진다. 구분하는 방법이 여러 가지 있겠으나 간단하면서 이해하기 쉽게 기원에 따르거나 작용방식에 따른 분류로 나누어 설명하겠다.

1. 기원에 따른 독 분류

자연계에 존재하는 자연독과 비소나 청산칼리처럼 인위적으로 합성하여 생산된 인공독으로 나누기도 하고, 독의 출처가 생물인가 광물인가로 나누기도 한다. 이 중에서 생물독은 다시 동물독과 식물독, 미생물독으로 세분된다.

① 자연독

일명, 천연독으로 크게 생물들이 생산해내는 생물독과 광물에서 추출하는 광물독으로 대별되고, 생물독은 다시 어떤 생물이 생산하느냐에 따라 동물독, 식물독, 미생물독으로 나뉜다.

② 인공독

자연 상태에서는 발견되지 않지만, 인간이 합성물질을 만드는 과정에서 생기거나 그 결과물로 생성되는 독이다. 월남전 고엽제 다이옥신, VX, 도쿄지하철 독가스 사린가스 등이 해당된다.

2. 작용방식에 따른 독 분류

독을 구분하는 또 다른 방법은 독이 다른 생물이나 생물체 내에서 어떤 작용을 하는가의 방식에 따라 분류하는 것이다. 신경계에 작용하는 신경독, 혈액에 작용하는 혈액독, 세포독, 면역독, 피부독, 근육독 등으로 세분된다. 체내 작용부위에 따른 독의 종류로 가장 대표적인 것은 신경독, 혈액독, 세포독을 들 수 있다. 그러나 이와 같은 분류는 학자들이 편의상 임의적으로 구분한 것에 불과하며, 한 종류의 독성물질이 신경독과 혈액독 모두에 해당하는 경우도 적지 않다. 예-납

① 신경독

생체에 유입된 후 주로 신경계에 작용하여 장애를 일으키는 독이다. 대

마초의 THC, 헤로인, LSD, 복어독 테트로도톡신, 독가스 사린, 알코올, 니코틴 등이 해당된다. 신경독에 중독되면 호흡곤란이나 심부전, 경련 등의 증상이 나타나고, 특히 중추신경계에 작용하는 경우는 심각한 문제가 발생한다. 중추신경계, 특히 뇌의 중요 특성은 ①뇌와 혈액 사이 blood brain barrier/BBB 혈액뇌관문 장벽으로 외부물질의 유입 차단 가능, ②엄청난 에너지소모 기관, ③지방이 많은 조직이라는 점이다. 따라서 뇌에 작용하는 독성분들은 혈액뇌관문을 통과할 수 있는 특별한 장치를 가지고 있거나, 지방에 잘 녹거나, 산소나 영양공급을 차단할 수 있는 물질이어야 한다.

※ 일산화탄소 중독: 심각한 뇌손상이 오는 것은 뇌에 산소 공급이 차단되기 때문이다. 뇌는 많은 에너지를 소모하기 때문에 잠시라도 산소나 에너지가 공급되지 않으면 쉽게 손상된다.

※ 수은 중독: 수은은 중추신경계에 작용하는 독이고, 특히 유기수은은 지방에 잘 녹기 때문에 지방이 많은 뇌에 쉽게 축적된다. 1956년 일본, 미나마타현 주민들의 유기수은 중독사건은 전 세계적인 이목을 끌었다. 이상행동과 경련, 심한 경우 사망 등 수은중독 피해는 심각하였으며, 역학조사로 수은 섞인 공장의 폐수가 문제라는 사실이 판명되었다. 이후 수은중독으로 인한 신경계 증상 → '미나마타병'으로 명명하는 계기가 되었다.

② 혈액독 출혈독

생체에 흡수된 후 혈액 내 적혈구, 백혈구, 혈소판에 작용하는 독으로 적혈구 파괴 또는 모세혈관벽 파괴 작용을 한다. 일부 뱀독이 대표적인 혈액독으로 살무사나 반시뱀에 물리면 뱀독 → 조직/혈관 파괴 → 피하출혈 → 심각한 통증/구역질/부종.. 증상이 나타난다. 뱀독 내에도 신경독과 혈액독 등 다양한 독들이 있지만, 혈액독은 특히 적혈구와 혈소판에 작용한다. 적혈구 파괴로 빈혈을 일으키거나 혈소판 작용을 막아 혈액응고를 방해하기도 한다. 이를 기반으로 최근 혈액 구성성분을 걸러내는 spleen/가장 큰 림프기관/혈구세포 생성과 제거에 관여 비장이나 적혈구 생성에 관여 골수에 작용하는 독들도 연구되고 있다.

※ 연탄가스 중독: 일산화탄소(CO)는 혈액독으로 연탄이 불완전 연소되면서 발생한다. CO는 산소보다 ~200배 정도 강력하게 헤모글로빈과 결합하기 때문에 CO에 중독되면 체내에 산소가 제대로 운반되지 않는다. 결국 일산화탄소를 지나치게 많이 들이마신 사람은 질식사(死)한다.

③ 세포독

세포막을 파괴하거나 독소를 퍼뜨려 에너지대사나 단백질합성 방해 또는 DNA 유전정보에 이상을 일으킨다. 발암성 물질이나 기형을 일으키는 최기형성 물질이 탈리도마이드.. 세포독에 해당한다.

- **유전독성:** DNA 손상 또는 염색체 구조에 영향을 주어 돌연변이나 염색체 이상을 일으키는 독이다. 돌연변이는 진화의 중요한 원동력 가운데 하나지만, 개체 수준에서는 해로운 경우가 많다. 대표적 유전독성 유발물질로는 벤조피렌이 있다.

※ 벤조피렌: 화석연료의 불완전 연소과정에서 생성되며, 일상생활 속에서는 숯불구이의 검게 탄 부분에서 쉽게 발견된다. WHO에서는 벤조피렌을 주요 발암물질로 규정하고 있다.

- **최기형 독성:** 태아에게 기형을 일으키는 독이다. 19세기 이전에는 태아 기형은 외부환경에서 유래한 독 때문에 일어나기 보다는 태반과 자궁이 방어벽이 되어주기 때문에 신체에 가해지는 충격 등 물리적인 원인으로 일어난다고 생각했다. 임산부의 방사능 노출, 바이러스 감염 등이 중추신경계 손상 있는 태아 출산과 관련 있다고 보고되고 있다. 가장 잘 알려진 최기형 독 사건은 탈리도마이드 참사다.

※ 최기형독(teratoxin): 괴물을 의미하는 그리스어 'teratos'에서 유래. 이는 옛날부터 기형아 출산은 인간-신, 혹은 인간-괴물 사이에서 태어난다고 믿었기 때문이다. 최기형성이란 태아기에 작용하여 장기 형성에 영향을 주어 기형이 되게 하는 성질을 말한다.

※ 탈리도마이드 사건('콘테르간' 스캔들): 1957년 10월 독일 Grünenthal 제약회사에서 만든 의사처방 없이 구입할 수 있는 진정제/수면제 시판됨(제품명–Contergan). 입덧 완화효과가 있어 임산부들이 복용하였는데, 약을 복용한 산모에게서 사지가 없거나 팔다리가 짧은 기형의 신생아들이 태어났다(병명–phocomelia 일명–콘티키즈/콘테르간 키즈/탈리도마이드 베이비). 거의 5년간 시판되어 12,000여명의 신생아가 피해를 입었다. 현대의학 역사상 최악의 사건 중 하나로 기록된다!

1953년 개발 진정효과가 있는 탈리도마이드는 임산부 5~8주 입덧에 특효가 있음이 확인되면서 전 세계적으로 1957년부터 널리 판매되었다. 초기 각종 동물실험에서 장기간 노출되어도 부작용이 거의 보고되지 않아 부작용이 없는 기적의 신약으로 불렸다.(일명-'자살할 수 없는 수면제'). 하지만 팔다리 기형인 태아가 크게 늘었다는 이야기가 1960년/독일 나오기 시작했고, 1961년 탈리도마이드 복용 산모에서 태아 기형 유발이 확인된 직후 판매 금지되었다. 1962년 8월 이후 기형질환이 사라졌지만, 48개국 12,000여명의 태아가 기형인 채로 태어났다.

영국, 독일, 캐나다, 일본 등에서는 피해가 심각했으나 미국에서는 별 피해가 없었다. 제약사가 판매허가 과정에서 임상실험 결과를 첨부하지 않았고, 약품에 아무런 부작용이 없다는 점을 수상히 여긴 식품의약국 FDA 담당자가 판매승인을 거부한 덕분에 미국은 별 피해 없이 지나갈 수 있었다. 탈리도마이드 사례는 아무리 훌륭한 약이라도 부작용이 없을 수는 없으며, 약 → 독 & 독 → 약 되기도 한다는 사실을 잘 보여주고 있다.

④ 그 외

간과 신장에 영향을 주는 독 – 간과 신장은 체내 장기 중 독에 가장 많이 노출되는 곳으로 다른 어떤 장기보다도 많은 혈액이 순환한다. 이들 기관은 여러 독성물질을 농축하고 배출하기 때문에 특히 독성분에 자주 손상된다. 무색의 투명한 액체인 chloroform 클로로포름은 용매나 실험용 시약으로 사용된다. 환경에 해로운 물질로 알려진 클로로포름은 간과 신장을 동시에 손상시키는 대표적인 독성 화합물이다. 하지만 초기의 클로로포름은 전신마취제로 1847년 수술용 마취제로 최초 사용 외과수술의 신기원을 열었다고 봐도 되는 물질이었다. 이후 간의 대사과정에서 반응성이 높아져 간과 신장에 무리를 줄 수 있음이 밝혀져 다른 마취제로 대체되었다. 특이한 것은 쥐에서 ♀♂ 모두 간독성이 나타나지만, 신장독성은 ♂에서만 나타나는 것으로 알려져 있다. 실험상 수컷 쥐를 거세하면 신장독성도 함께 줄어든다고 하니 흥미로운 일이 아닐 수 없다. 체내 호르몬 영향인 것으로 추정!

피부에 영향을 주는 독 – 피부의 표면적은 무려 1.5~2m^2, 무게는 뇌 중량의 2배 이상으로 3.5~10*kg* 정도의 인체에서 가장 큰 기관이다. 땀샘, 신경 및 신경수용체 등이 분포하는 보호막으로 독과 외부물질이 들어오는 것을 막아주는 인체의 1차 방어선 역할도 한다. 1800년대 후반까지 전에는 외부물질이나 독이 피부에 침투할 수 없는 장벽 정도로 여겼지만 이후 연구들을 통해 피부로도 독이 흡수될 수 있다는 사실이 확실해졌다. 대표적인 예는 1차 세계대전 중 화학전에 사용되면서 알려진 겨자탄이다.(mustard gas) 겨자 냄새 나는 수포성 독가스로 피부에 닿으면 심하게 물집이 생기고 몹시 괴로워하며, 세포독성을 지녀 이후 암으로 발전할 수 있는 무서운 화학병기이다.

※ 피부독 사례: 많은 부위에 겨자가스가 노출된 심한 경우가 아니면 죽음에 이르지는 않으나 피부나 눈에 생긴 화상은 엄청난 고통을 유발한다. 1차 세계대전 중 어느 야전병원 간호사가 남긴 기록에는 겨자탄에 대해 다음과 같이 적어 놓았다고 한다. "겨자탄에 노출된 병사들에게는 붕대를 감아주거나 만질 수도 없었다. 위에 천막을 쳐 간신히 덮어줄 수 있을 뿐이었다. 겨자가스는 다른 어떤 것보다도 고통스러워 보였는데, 전쟁 중 다친 병사들은 아주 심한 경우라도 보통 도움을 요청하거나 불평하지 않았지만, 겨자가스에 노출된 환자들은 참을 수 없는 고통에 계속해서 울부짖었기 때문이다."(박성웅 외, 2015) 겨자탄은 가히 끔찍한 피부독이 아닐 수 없다!

면역계에 작용하는 면역독 – 면역계는 자기 자신과 비자기 외부를 구분하고, 외부 이물질을 제거하거나 중화시켜 인체의 항상성을 유지하는 중요한 역할을 한다. 사람에 따라 다르기는 하나 알레르기는 면역계가 외부물질에 과민반응을 보이면서 나타나는 다양한 증상 중의 하나이다. 새로이 화장품을 구입하여 전과 다른것으로 바꿔 발랐을 때 피부발진이 일어나는 정도는 가벼운 것이지만, 이것도 심해지면 죽음에 이를 수 있다. 가끔 듣는 땅콩 알레르기가 대표적인 면역독이다. 대부분의 사람에게는 땅콩이 위험한 독이 아니지만, 땅콩 알레르기가 있는 사람에게는 다른 어떤 독보다도 위협적인 독극물이 된다.

※ 면역(immunity): 라틴어 *'immunitas'*에서 기원. 고대 로마 원로들이 재직기간 중에는 시민으로서 의무와 기소로부터 면제되는 것을 뜻하는 말에서 유래하였다. 이후 '감염성 질환으로부터의 보호'라는 뜻으로 그 의미가 변화하였다.

II. 독성: 독의 용도와 기준

- **화학물질의 작용:** 학자에 따라 화합물 성분이 효과적인가, 독으로 작용하는가, 치사상태에 이르는가 등으로 구분한다. 이를 토대로 하여 효과적 작용(ED), 독작용(TD), 치사작용(LD)으로 나누어 화학물질을 설명하기도 한다.
- **종 차이 및 개체차:** 동물의 종류에 따라 화학물질에 대한 자극을 감지하는 정도 감수성에는 많은 차이가 있다. LD50으로 비교한 여타의 발표 자료에 의하면 TCDD 다이옥신

감수성은 기니픽이 햄스터보다 1000배 엄청나게 높게 나타난다. 실험쥐에 있어 아플라톡신 B_1에 대한 발암 감수성은 rat 레트가 mouse 마우스에 비해 약 1000배 높게 나온다. 또한, 각각의 개체는 유전적인 표현형이 각각 다르기 때문에 화학물질에 대한 반응성에도 개체차가 있다. 이러한 경향은 특히, 유전적 제어가 없는 wild type 또는 control group 동물종에서 뚜렷한 것으로 알려져 있다. 사람과 독작용의 관계에서 인체의 유해 작용발현 시에는 polymorphism, 같은 종의 생물이나 형태나 고유한 특징이 다양하게 나타나는 성질 다형성이 표출되므로 이를 감안해야 한다.

독의 용도

방어독, 공격독, 경쟁독 - 생물체는 각기 필요한 용도에 따라 서로 다른 종류의 독을 combination 조합할 수 있다. 물론, 그에 따라 독의 강도와 효과도 달라지는 것은 당연한 일이다. 하지만, 생물계에 있는 독들이 진화에서 생존경쟁과 적응을 통해 목적에 맞게 모두 최적화됐다는 것은 아니다. 이런 과정을 거친 생물독에는 크게 방어, 공격, 경쟁의 세 가지 용도가 있다.

1 첫째, 자신을 방어하기 위해서 **방어독**을 만든다.
방어독은 피부를 통해 분비되는 경우가 많은데, 화려한 색깔이나 지독한 냄새를 풍기는 경고성 물질과 함께 나타나기도 한다.

2 둘째, 먹이나 자원을 얻는 과정에서 공격을 하기 위한 **공격독**이다.

공격독은 잘 발달된 독샘에서 생산된 후 저장되었다가 독을 전달하는 데 예-뱀의 독니 특화된 기관을 통해 주입된다.

3 셋째, 다른 개체와의 경쟁에서 지지 않고 앞서 나가기 위한 **경쟁독**이다. 다른 개체와의 경쟁에는 같은 종의 생물도 포함된다.

생물독은 생물이 독이 필요하게 된 이유에 따라 각각의 독들을 서로 다른 작용방식과 효능을 가지게 하는 방향으로 진화되었다. 공격독의 목표는 먹잇감 사냥으로 먹잇감을 가장 빠르게 무력화시키는 것이 제일 중요하다. 독이 서서히 퍼지면 상대동물이 도망칠 수 있기 때문에 몸체가 크거나 방어능력이 강한 동물을 대적하는 생물종에서 공격독이 나타났을 것이다. 많은 공격독은 신경독이나 혈액독, 또는 둘 다 갖추어 함께 작용한다. 특히, 전자는 신경계에 독 투입 → 신경/근육을 향하는 정보전달 차단/통신차단 → 마비 유발 → 혈액/혈류 → 신속 확산 → 최 단시간內 무력화시키는 특징을 가지고 있다.

독의 진화는 예상 밖으로도 일어나 완전히 다른 환경에 사는 각자 다른 방식으로 진화한 생물들이 공통의 목표로 같은 작용을 하는 독을 만들어낸다. 그 예는 뱀과 청자고둥에서 찾아볼 수 있다.(수렴진화) 이들의 독성분들은 화학적으로 그 특성과 구조가 전혀 다른 신경독이나 생체 내 작용기전은 아주 비슷한 특성을 갖는다. 뱀독과 청자고둥의 독은 모두 똑같이 골격근에 있는 신경전달물질 수용체에 작용한다. 독이 유입되면 신경전달물질의 정보가 신경세포-신경세포 사이 시냅스를 건너갈 수 없기 때문에 즉시 마비가 일어난다. 코브라/dendrotoxin 덴드로톡신 신경독은 세포막 Ca^{2+} 이동통로를 막아 신경세포가 제대로 작동하지 못하도록 만든다. 서로 다른 독 구조를 가지고 거미, 전갈, 벌 등에서도 이런 과정으로 같은 공격독 작용을 하는 독들이 발견된다.

※ 예외 긴 지속성의 독이 필요한 기생벌 일종 나나니벌: 다른 곤충의 애벌레를 잡아 독으로 마취시킨 후 미리 파둔 토굴에 숨겨놓고, 마취된 먹잇감 위에 알을 낳는다. 부화한 애벌레는 마취된 먹잇감을 조금씩 파먹으며 성장한다. 따라서 어미 나나니벌은 먹잇감을 굴에 가두고 알이 부화해 먹이를 파먹는 동안 이들을 충분히 오래 마취시킬 필요가 있다. 토굴을 막기 전이나 애벌레 부화 전에 깨어나면 먹잇감이 도망가거나 알이 손상될 위험이 있기 때문이다. (참고: 박성웅 외, 2015)

독성 강도와 노출에 의한 분류

독성물질이 생체에 유해 작용을 나타내기 위해서는 독성표출에 충분한 양의 물질이나 그 대사물이 생체의 특정부위까지 distribution 분포 및 독성발현까지의 시간을 필요로 한다. 독성물질의 노출은 일반적으로 경구(소화관), 폐와 호흡기계(흡입), 경피(국소), 기타 비경구(소화관 이외) 등을 통해서 일어난다. 실험에 의하면 생체에서 독성이 가장 신속하게 나타나는 것은 1정맥투여이고, 그 다음으로는 2흡입 〉 3복강 〉 4피하 〉 5근육 〉 6혈액 〉 7경구 〉 8국소 순서로 독성이 나타나는 것으로 알려져 있다. 독성물질의 독작용 발현에 영향을 주는 요인으로는 독성분에 노출되는 양, 기간, 빈도를 들 수 있다. 경구 노출의 경우에는 위장관으로부터 흡수, 흡입 이후 간과 장에서의 대사 등에 의해 독성의 정도가 좌우된다.

III. 세계 3대 독

1. 지상 최강의 독 - 보툴리눔톡신

보툴리누스균은 포자상태로 토양/해양침전물.. 자연환경에 흔히 존재하나, 흔한 데 비해 중독현상이 드물게 일어나는 이유는 보툴리누스균이 산소를 싫어하는 혐기성 세균이기 때문이다. 하지만 음식물, 상처부위 등이 이 균에 오염되면 보툴리눔 중독을 일으킨다. 그런데 아이러니하게도 통조림 등장 후 이 식중독으로 목숨을 잃는 사람들이 많아졌다. 혐기성 보툴리누스균은 무산소 상태를 선호하여 가열한 살균식품을 내열 플라스틱에 밀봉한 레토르트 식품, 통조림, 병조림 등의 밀폐용기 내부에 쉽게 발생한다. 통조림은 완전 밀봉시켜 식품을 보관하므로 내부로의 공기유입이 없어 혐기성 보툴리누스균에게는 아주 좋은 생육조건이 된다. 아무런 경쟁 없이 내용물을 섭취하며 최대한 자랄 수 있는 최적의 온상이 된다! 통조림이 오히려 치명적 식중독균인 보툴리누스균에게 최적의 서식지를 제공하는 셈이다. 보툴리누스균은 flat sour 밀폐 후 일어나는 통조림식품의 발효작용/통조림외관-변화없음 세균이라 더 치명적이다. 이들은 100℃에서도 죽지 않고 살아남을 수 있고, 121℃↑ 가열해야 죽는 매우 위험한 슈퍼 내열성을 갖고 있다.

보툴리누스균은 O_2 산소가 있는 곳에서는 포자를 만들어 놓았다가 O_2가 없어지면 발아해 증식을 시작한다. 식품 가공 시 보툴리누스균 포자가 남아있는 돼지창자로 소시지를 만들면, 소시지 넣은 창자에서 독소를 생성하므로 섭취한 사람이 식중독을 일으킨다. 보툴리누스 독소는 열에 약해 100°C, 1~2분 가열하면 불활성화 되나 열에 강한 포자를 완전히 없애려면 100°C, 6분↑ 가열해야 한다.

※ 보툴리누스균: Botulinus보툴리누스란 라틴어 '소시지' 라는 뜻. 상온에서는 보툴리누스균은 다른 미생물과 경쟁하므로 상대적으로 취약해지거나 치명적이 되어 성장하기 어렵다. 다른 부패균들은 썩는 냄새 등 악취를 내뿜기 때문에 균의 존재를 쉽게 발견할 수 있다!

식중독 세균의 위력 – 식중독을 일으키는 독소형 세균 중 *Clostridium botulinum* 보툴리누스균은 매우 위험한 세균으로 서양에서는 햄/소시지에 의해 식중독을 일으키는 두려움의 대상이었다. 이 독소는 이론상 1g → 천만 명을 죽일 수 있는 물질로 생물이 만들어 내는 독소 중에서 단연 으뜸의 위력을 지닌다. LD50=0.0003μg/kg 독성의 강도는 일반적인 독의 기준인 청산칼리의 ~3000만 배, 인공합성 맹독 1위의 VX가스보다 ~5만 배 강하다.

알려진 보툴리누스균 독소 A형~G형 7가지 중 사람에게 독성을 나타내는 독소는 4종류로 A, B, 열에 약한 E, F 가 알려져 있다. 특히, LD50=0.003μg/kg A형은 다이옥신의 10만 배 이상 더 강력한 독이다. 보툴리눔톡신은 신경전달과정을 아주 강력하게 차단하는 신경독으로 신경세포에 침투하면 신경전달물질 아세틸콜린의 분비를 막아 신경전달을 막는다. 초기에는 구역질/구토.. 위장장애 → 혀 꼬임/시력장애/음식물 삼키기 어려움.. 신경증상 등이 발현되나, 중증으로 진행되면 팔다리 근육마비 → 호흡곤란으로 죽게 된다. 보툴리눔톡신은 맹독인 만큼 치사율도 높아서 체중 60kg 성인남자의 치사량은 0.6~0.02μg 이라 한다. 독 중에서는 특이하게 분자량이 큰 단백질이다.(분자량-149,320kDa/분자식-$C_{6760}H_{10447}N_{1743}O_{2010}S_{32}$).

※ 보툴리누스 독소 치료법: 항독소에 의한 혈청요법이 있다. 호흡곤란 시 인공호흡이나 기관지 절개가 실시되는 경우가 있다고 한다.

※ 보툴리눔 중독: 1984년 일본 규슈에서 A형 보툴리누스균에 의한 11명 사망한 대형 식중독사고. 캐나다에서 수입한 겨자제품이 든 음식을 먹은 36명에게 보툴리누스 중독을 일으킨 독소는 제품 속에 보툴리누스균 포자가 들어있었다. 이들 포자가 진공 팩 속에서 독소를 만들어 냈던 것!

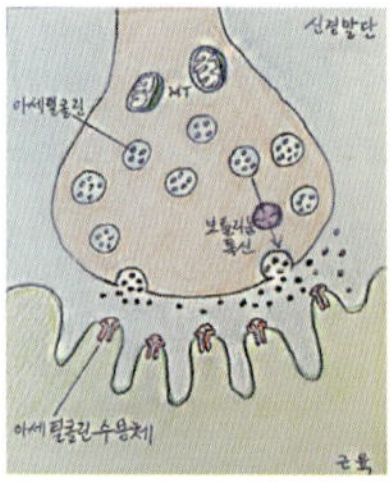

a

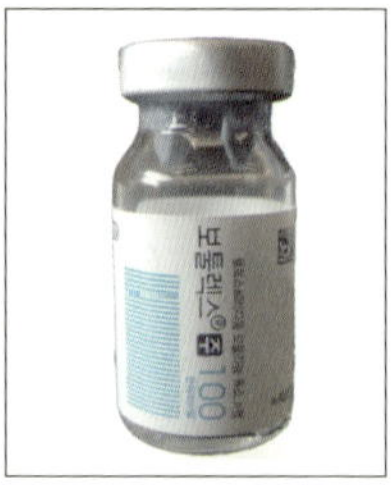

b

(a) Botulin은 신경전달의 아주 강력한 차단제로 10개 분자는 콜린성 시냅스 1개를 억제하기 충분한 것으로 보고되었다. 이는 botulin이 Ca^{2+}에 의한 신경전달물질의 이동을 간섭하여 신경근 연결/시냅스에서 아세틸콜린의 유리를 억제하는 것이다.(참고: 보툴리늄톡신 관련 인터넷 사이트 등)

(b) 보톡스 주사약: 원래는 얼굴 경련/뇌성마비 등의 근육질환이나 신경질환 치료약으로 개발하였으나 현재는 다양하게 사용한다.

2. 신경을 역류하는 테타누스톡신

테타누스 파상풍균은 보통 흙 속에 살고 있는 사람/동물 분변, 먼지에도 흔한 *Clostridium tetani* 세균이다. 보툴리누스균과 마찬가지로 혐기성 세균으로 파상풍균 포자는 가열해도 죽지 않을 정도로 열에 강하다. 파상풍균 포자가 상처를 통해 몸속으로 들어오면 상처 속에서 외독소/파상풍독소 테타누스톡신을 만든다. 테타누스톡신은 보툴리누스균 독소와 맞먹을 정도의 강력한 독으로 인체 LD50=$2x10^{-5}$*mg*!

테타누스톡신은 신경을 역류하는 특이한 성질을 갖고 있다. 즉, 인체에 테타누스톡신이 들어오면 운동신경 말단부에서 중추로 가는 신호 흐름과는 반대로 신경세포의 축색을 지나 척수에 도달하는 것이다. 이어서 척수 도달 테타누스톡신 → 신경세포 흥분 → 몸 경직 & 신경증상을 유발한다. 심한 경련/벌어지지 않는 턱/활처럼 휘어진 채로 있는 목-몸 경련 일으킬 때 가해지는 힘이 엄청 커서 때로는 등뼈가 골절될 정도라고도 한다. 이런 증상 발현은 감염 후 10일 이상 지나야 나타나는데, 테타누스톡신이 축색을 통과하는 속도가 75㎜/day 아주 느려 척수까지 도달하는 데 시간이 걸리기 때문이다.

파상풍에 감염되었을 때는 tetanus toxoid 파상풍톡소이드를 말에 접종시켜 만든 항독소 혈청으로 치료한다. 하지만 테타누스톡신이 척수의 신경세포와 결합한 뒤에는 항독소 혈청도 효과가 없어 문제가 된다. 파상풍 예방에는 테타누스톡신을 포름알데히드로 무독화 시킨 파상풍톡소이드 백신 접종이 효과적이다. 디프테리아-백일해-파상풍 DPT에 대한 정기 예방접종이 보급된 후 파상풍 환자는 많이 감소했다. 파상풍으로 인한 사망자는 점차 줄고 있지만, 개발도상국에서는 신생아 파상풍이 여전히 문제가 되고 있다.

※ 신생아 파상풍: 비위생적 분만환경으로 탯줄이 파상풍균에 감염돼 발생하고, 신생아 파상풍 사망은 연간 20만 명에 달하는 것으로 추정된다. 전체 파상풍 사망자의 ~14% 차지

※ 파상풍독 사례: 2004년 12월 수마트라 해안 대지진 후 재해지역에서 파상풍 환자들이 속출했다. 해일에 맨발로 녹슨 못, 나뭇조각, 바위 등을 밟으면서 상처 입고 그 부위를 통해 파상풍균에 감염된 것으로 추정된다.

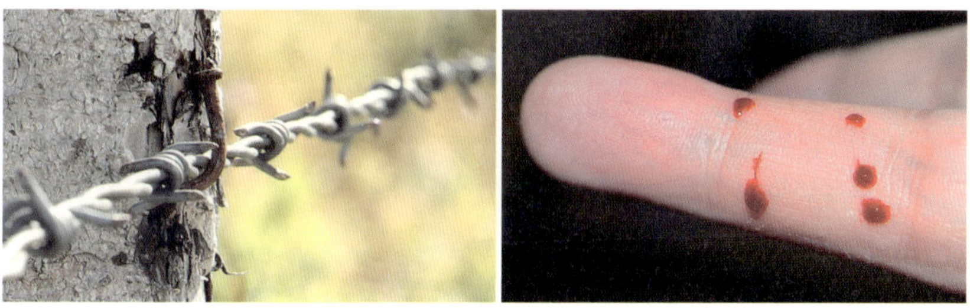

상처부위 균 침입

3. 암살에 쓰인 종자의 독, 리신

리신은 식물의 독으로 피마자 종자에서 발견된다. 일명, 아주까리 피

마자는 주변에서 흔히 볼 수 있는 식물로 기름을 채취하여 사용하는 약용식물이다. 길이~1㎝/타원형/알록달록한 반점무늬 종자에는 피마자유와 리신이 함께 들어있고, 종자 중량의 40~50%는 fat/oil 유지가 차지한다. 유지는 지사제나 윤활유로 사용되는 아주까리기름 피마자유! 공업적으로 유용한 피마자유는 연간 약 100만 톤 생산된다. 리신은 찌꺼기 중 약 5% 들어있으나 기름에는 포함되지 않는 맹독으로 열에는 매우 취약하다. 피마자유를 추출해낼 때는 먼저 가열하는데, 단백질 일종인 리신은 가열 시 파괴되어 독성을 잃는다. 대부분의 리신은 정제하지 않고 그대로 가열하여 소각시킨다.

리신은 단백질 2개가 연결된 구조를 갖는다. 리신 성분이 세포에 접촉하면 한쪽 단백질은 세포막을 메우고, 다른 쪽 단백질은 신장되며 늘어나 세포 속으로 들어가 작용하기 시작한다. 세포 내에서는 단백질합성 소기관 리보솜 RNA의 염기 일부를 절단하여 단백질합성이 방해된다. 해당 세포는 필수단백질을 공급받지 못해 파괴되고, 이 현상이 전신으로 퍼지며 생체는 신진대사 불가능 → 구토/고열.. 이상증상 → 신체무기력 → 죽음에 이른다. 최근에는 이들의 세포파괴 특성을 이용한 항암제로의 연구개발이 진행되고 있다. 그러나 아직까지는 리신에 대한 적절한 해독제가 없고, 리신분자 1개 → 세포 1개를 죽일 수 있는 맹독이므로 가까이하면 안 되는 독임을 명심해야 한다.

7~8개 피마자 종자에 들어있는 리신 0.001g 미만 극소량으로도 사람을 죽게 할 수 있다. 리신은 즉효성이 있는 신경독과는 달리, 체내 유입 후 어느 정도 시간이 흐른 뒤 그 효과가 나타난다. 투여량과 경로에 따라 다르지만, 호흡곤란, 발열, 기침, 구역질, 경직 등의 초기증상이 있고, 혈압강하 등을 거쳐 사망하기까지 36~72시간 정도 걸린다. 리신은 매우 안정된 물질로 밀폐용기에 액화가스+액체/미세분말을 가스압력으로 뿜어냄 에어로졸 형태로 살포할 수 있어 화학병기로 이용될 우려도 있다.

※ 리신 액체/결정체/가루형태 → 복용/공기中 흡입/주사 투약 → 몇 시간 内 열/구토/기침... 독감

증세 → 폐/간/신장/면역체계 무력화 → 죽음

암살사건의 열쇠 – 리신은 구하기 쉬운 독의 하나로 암살용 물질로 유명하다. 특히 1978년 9월 영국 런던교 근처에서 발생한 암살사건으로 인해 널리 알려졌다. 그 사건에 대해 알려진 내막은 다음과 같다. 불가리아출신 망명 작가 마르코프는 BBC 방송국으로 가기 위해 국립극장 옆을 지나고 있을 때 오른쪽 허벅지에 날카로운 통증을 느꼈다고 한다. 이에 뒤를 돌아보니 어떤 남자가 들고 있던 우산의 끝이 그의 다리를 찌른 듯했으며, 그 신사는 정중히 사과하고 가던 길을 갔다. 통증은 점차 사라졌고, 마르코프는 방송국에서 문제없이 일을 마친 후 귀가하였다. 낮에 있었던 일은 그렇게 잊혀 졌으나, 마르코프에게는 그날 밤부터 이상증상과 통증이 나타났고, 다음날 새벽에는 고열로 몹시 괴로운 상황에 이르렀다. 증상은 점점 악화되었고 병원으로 이송됐을 때는 이미 백혈구가 급증한 상태였고, 4일 후 사망하였다고 한다. 갑작스런 죽음이 의심되어 부검실시 사인을 조사해보니 마르코프 대퇴부 "Bulgarian Umbrella" 우산 끝이 닿은 부분에서 직경 1.5㎜ 정도의 백금/이리듐 합금제 금속 탄알이 발견되었다. 탄알에는 작은 구멍이 있었고, 그 속에는 맹독성 단백질인 리신이 들어 있었다고 밝혀졌다.

※ 화학물질 테러: 2003년 가을, 백악관 대통령 앞으로 온 편지에서 백색 파우더 형태의 물질이 검출돼 조사한 결과, 리신이라는 사실이 밝혀진 바 있다.

파마자 식물

파마자 열매

파마자 종자

독의 메커니즘: 생체분자와 생물활성작용

Chapter

4

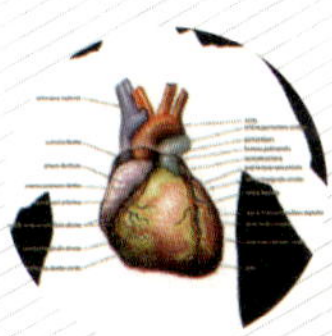

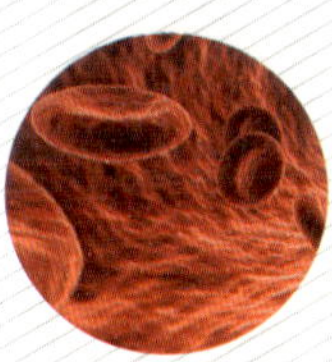

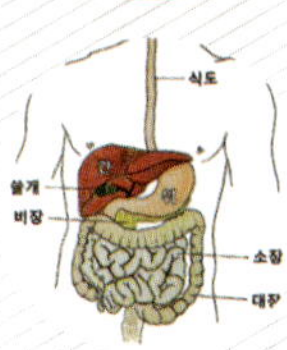

Chapter 04

독의 메커니즘: 생체분자와 생물활성작용

I. 생체분자로서의 독

독 만들기 – 독을 지니는 생물들은 크게 2가지 방법으로 생체분자인 독을 만들어낸다. 다음과 같이 직접 만들거나 다른 생물을 통해 얻어낸다.

1 첫째, 직접 생산하는 방법 – 자신들의 유전자를 이용하여 체내에서 합성한다. 세포 내 DNA 유전정보를 통해 자신에게 필요한 독을 곧바로 생산해내는 방법이다.

2 둘째, 독을 생산하는 다른 생물체를 통해서 얻는 방법 – 이를 위해서 다른 생물에서 얻어낸 물질을 자신의 체내에서 재가공하여 독으로 전

환한다. 또한, 독성물질을 지니고 있는 미생물/식물/동물 생물을 섭취하여 몸속에 농축시키는 방법이 있다. 이로 인해 독성물질을 방출하는 세균/곰팡이.. 미생물과 공생하며 독을 얻는 동물들도 있다.

위 두 방법 중 어느 것이 더 효과적이라고 단정해서 말하기는 어렵다. 다른 생물을 섭취한 후 독 농축의 방법을 택하면 간단하고 저렴한 방법처럼 보이지만, 이를 위해서는 먼저 해당 독성에 대해서 자신에게 내성을 갖게 해야 한다. 독에 저항하지 않으려고 투입하는 에너지는 독의 직접적인 생산만큼이나 많은 에너지를 소모한다고 한다. 먼저 세포수준에서 수용체를 바꾸고, 독 공격에 취약한 요인 제거 후, 들어온 독이 체내로 확산되기 전에 안전하게 분리·격리될 수 있는 구조를 갖추는 게 필수적이다. 또 다른 단점으로 독을 가진 먹잇감을 선별해서 취해야만 독성을 유지할 수 있어 잡아먹는 먹이 종류에 제한이 생기는 것도 문제가 될 수 있다.

생체반응에서 활성을 나타내는 물질이 생물활성물질인데 독은 유해한 활성을 나타내는 생물활성물질이다. 독이 생체에 들어와서 반응메커니즘을 통해 해롭게 작용하면 그 물질은 독으로 인식된다. 그러나 생체의 homeostasis 항상성에 중요한 생물활성물질이 경우에 따라서는 독으로 작용하는 것들도 있다. 호르몬, 비타민, 히스타민, 세로토닌 등 그 예는 적지 않다. 호르몬, 비타민은 체내 항상성유지에 중요한 역할을 하나 외부에서 대량으로 투여되는 경우에는 해롭게 작용한다. 생물계에 널리 분포하는 histamine 히스타민도 대량 섭취하면 해로우나 평상 시 체내에서는 평활근 근육수축, 혈관확장, 분비선 항진 등에서 필수적이다. 일부 쐐기풀/벌독/전갈독.. 생물독에 있는 예 : 5-hydroxytryptamine=serotonine 활성물질은 독으로 작용하지만, 원래는 포유동물의 신경전달물질로 신경계의 정보전달에 매우 중요한 기능을 수행한다.

위와는 다르게 독작용이 생물에 따라 강하거나, 약하거나, 전혀 없는 때가 있다. 이런 경우에는 생체 내 물질대사가 영향을 미치는 것이 많다는 의견이 지배적이다. 독작용 발현에는 다음과 같은 여러 가지 물질대사 요인이 관여한다: 1 대사에 관여하는 효소작용으로 유독물질 → 신속전환 → 체외 배출, 또는 2 원래 무독성 물질 → 물질대사 → 유독성 물질화, 혹은 3 과정 중에 추가 효소 관여 → 독작용 강도 변화 등이 복잡하게 얽혀있다. 예로 살구/매실 종자에 있는 청산배당체인 amygdalin 아미그달린은 그대로는 무독이다. 균이 없는 실험동물에 주면 독성도 없고 다른 어떤 영향도 미치지 않는다. 하지만 실험동물에 주면 점차 시간이 흐르면서 독성이 발현되는 것을 확인할 수 있다. 동물의 몸속에서 장내세균의 β-glucosidase 효소 → amygdalin 분해 → 청산 발생의 과정이 일어나기 때문이다. 이것은 장내세균의 존재가 독성발현에 영향을 주는 사례이다. 독성발현은 일반적으로 간과 장에 있는 효소의 작용에 의해 큰 영향을 받는다.

독의 생물활성작용

독, 인체에 어떤 작용을 하는가?

독은 이와 같이 건강을 해치고 심하면 목숨을 앗아가는 치명적인 활성물질이다. 독은 그 성질에 따라 인체 여러 장기에 영향을 미치는 정도가 다르므로 독이 작용하는 메커니즘도 기관에 따라 달라진다. 일단 체내에 들어온 화합물이 특정 세포에 친화적으로 작용할 때, 그 화합물과 결합하는 부위를 receptor 수용체라고 한다. 아세틸콜린/세로토닌/아드레날린... 신경전달물질과 각종 호르몬에는 수용체가 있고, 독에도 각각 결합하기 쉬운 수용체가 있다.

생물활성의 작용 메커니즘은 독의 종류나 표적이 되는 장기, 조직에 따라 다양하다. 그렇다면 인체에 들어온 독은 어떻게 작용하는 것일까? 다양한 유독 화합물들이 생체에서 특이한 반응을 일으키는 메커니즘은 복잡하여 아직 완전히 규명되지 않았다. 독작용 메커니즘은 아직도 규명되지 않은 것이 훨씬 많지만, 일부는 어느 정도 밝혀져 있다. 잘 밝혀진 예는 콜레라 독작용 세균독과 청산칼리 독작용 인공독에서 찾아 볼 수 있다.

세균독 예 – 콜레라 세균독의 작용 메커니즘은 비교적 쉽게 밝혀진 경우다. 콜레라균이 인체에 들어오면 균은 단백질 독소를 만들기 시작한다. 독소는 세포막 표면 lipid raft 지질뗏목 부위의 당지질에 달라붙은 뒤 endocytosis 세포내섭취 과정을 통해 세포 안으로 들어온다. 이어 독소는 vesicles 소낭의 내용물이 세포질로 배출되도록 유도하는 신호를 만들어 세포 내에서 독성반응을 일으킨다.

단백질 독소는 A, B의 2개 unit 단위로 구성되며, 세포 내 작용기작은 다음과 같다: B unit → 세포표면의 복합지질/세포막 분포/강글리오시드 GM1 당지질을 수용체로 삼아 결합하고, A unit → 세포막 뚫고 → 세포 내 침투 → 세포막內 단백질 인산화효소 활성화 → 인산 활성화 → Na+ 운반돕는 Na^+ 통로의 단백질활동을 방해한다. 그 결과, Na^+ 이온이 세포 속으로 들어가지 못하고 세포는 전해질 농도를 일정하게 삼투압유지 하려고 세포 內 수분 → 세포 밖으로 배출한다. 이 수분이 腸벽에서 점액으로 분비되어 콜레라 특유의 증상인 물 같은 설사를 일으키는 것이다.

인공독 예 – 청산칼리 독성은 호흡작용과 관련 있다. 먼저, 청산칼리/청산나트륨 음용 → 胃위 → 염산과 반응 → 청산가스 발생한다. 청산계열의 독은 모두 이 청산가스에서 비롯되며, 위에 산이 없으면 청산칼리도 독이 되지 않는다. 청산은 강하고 즉효성 있는 독성물질로 휘발하기 쉽다. 이때 생기는 시안화수소는 치명적인 기체! 피부, 점막에서도 쉽게 흡수되나 흡입이 가장 위험하여 200~300ppm으로 즉시 사망한다. 청산은 호흡기에 치명적인 호흡독으로 청산가스가 유독한 이유는 다음의 호흡과정을 살펴보면 이해하기 쉬울 것이다.

세포는 O_2로 세포호흡 등의 화학반응을 하며 생명활동을 유지한다. 폐를 통해 체내로 들어온 O_2 → 세포전달 역할은 적혈구에 있는 Hb 헤모글로빈이 담당한다. Hb은 서로 비슷한 4개 단백질 집합체로 각 단백질에는 O_2 운반하는 heme 헴 분자가 1개씩 들어 있다. 헴은 포르피린 기본구조에 Fe^{2+}이 중심에 놓인 구조이다. 폐 O_2 → 헴 Fe^{2+}과 결합 → 세포로 운반되고, O_2를 전달한 헴은 빈 상태로 폐로 돌아와 다음 O_2를 운반한다. 하지만 Cyanic acid/cyanide 청산이 있으면 청산은 O_2 억제 후 헴과 CNHb 결합해버린다. 일단 청산이 붙으면 헴과 결합한 채로 떨어지지 않아 Hb은 O_2를 세포에 전달할 수 없고, 뇌에도 공급하지 못해 목숨을 잃게 된다. 독작용의 핵심은 청산 → CNHb 생성 → Hb+O_2 결합 저지 → O_2 공급 불가능 → 호흡 저해에 이르는 것이다! 일반적으로 이런 작용의 독이 호흡독이며, 일산화탄소 중독에서도 똑같은 과정이 일어난다.

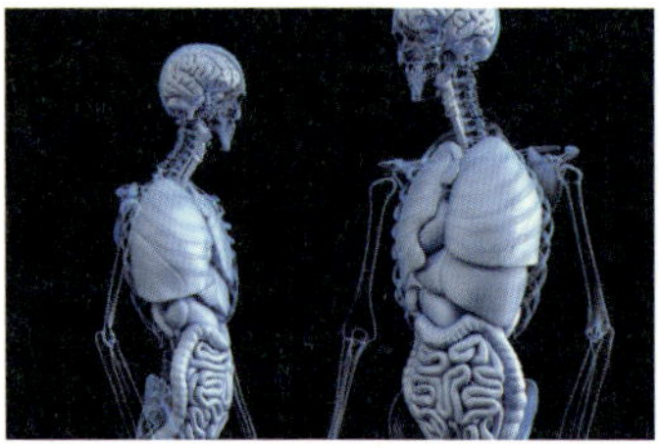

인체

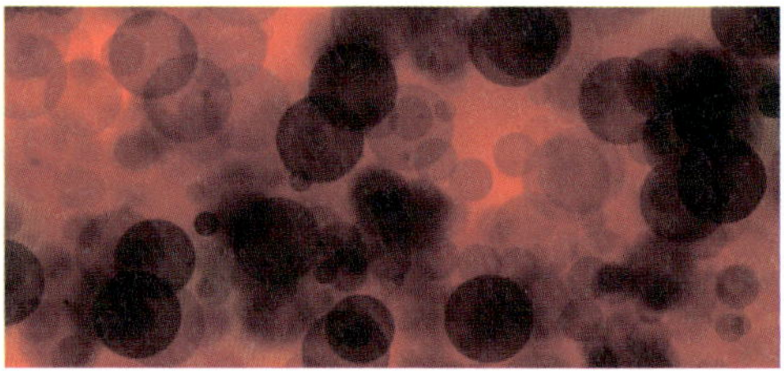

혈액

II. 독소작용 영향인자

독성작용 영향인자

독을 비롯한 활성물질이 생체 내에서 생물활성작용을 일으키는 대사과정에는 여러 가지 방식이 있다. 생체에서의 반응은 어떤 경로를 거치든 외부 화학물질이 흡수되어 작용부위에 운반된 후 수용체와 결합하면서 일어난다. 이런 일련의 반응에 영향을 주는 요인은 다양하지만, 크게 네 영역에서 오는 요인들에 의해 많은 영향을 받는다. 이들 영역은 생물학적, 화학적, 유입경로, 유전적 영향인자 등으로 구분할 수 있다. 아래의 독성작용에 영향을 주는 인자에 대한 내용은 임상독성학(2015)을 참고하였다.

1 생물학적 영향인자:

생물학적으로 영향을 미치는 인자들로는 화학물질의 흡수와 이동, 생체 내 화학물질의 저류와 축적, 동물 종 차이, 성별과 연령, 내성의 정도 등을 들 수 있다.

2 화학적 영향인자:

선택적 화학작용, 표적 조직과 수용체, 화학물질 이동에 영향 미치는 지용성 여부, 합성 및 비합성 기전, 특이적 화학작용, 생체변화기전, 물질의 이온화 정도 등이 화학적으로 영향을 미치는 요소들에 해당된다.

3 유입경로 영향인자:

유입경로에 따라 같은 독작용도 상이하게 나타난다. 경구, 혈관, 근육,

흡입, 피부/피하/점막 등 다양한 유입경로가 독성작용에 크게 영향을 준다.

4 유전적 영향인자:

선천적이든 후천적이든 세포수준에서 일어나는 유전적인 인자들도 독소 발현에 중요하게 작용한다. 돌연변이 유발 화학물질, 유전적 기전, 독소 유도 또는 축적 관련 또는 지속적인 작용에 의한 유전적 요인, 독성 저항 여부 등을 들 수 있다.

독 전달방식에 따른 독성발현의 차이

생물들은 매우 복잡한 방법으로 독성분을 만들고 저장한다. 세상에서 발견할 수 있는 거의 모든 독들이 체내에서 합성되거나 축적되어 공격, 방어, 보호 혹은 경쟁에 사용된다. 지금까지도 어떻게 이러한 독들이 합성되는지 자세하게 밝혀지지 않은 부분들이 많다. 다양한 독들은 무엇으로 & 어떻게 만들어져 있을까? 대부분의 광물독은 독성을 지닌 광물 성분 하나로 이루어져 있기 때문에 그 구성이 단순하다. 하지만, 생물독은 매우 복잡한 성분들로 섞인 단백질 칵테일로 본다. 그 안에는 수백~수천 종류의 효소와 단백질들이 들어있고, 어떤 독들은 총 단백질성분이 건조 중량의 ~90% 정도를 차지하는 것으로 알려져 있다. 또한, 생물독은 종마다 매우 다른 구성을 가지고 있어 생체에 유입되었을 때 대개의 경우 서로 다른 반응을 나타낸다.

독을 전달하는 방식도 독의 작용기작에 중요한 역할을 하여 같은 독이라도 전달되는 방법에 따라 큰 차이를 보인다. 동일한 독성분을 지녔으나 전혀 다른 양상으로 발현하는 복어와 파란고리문어의 예를 들어 보자. 이미 알려진대로 테트로도톡신은 복어, 파란고리문어 등에서 발견되나 독성은 전혀 다르게 발현된다. 복어에서는 별도의 저장 및 전달기관 없이 피부, 난소 및 여러 내부 기관에 독을 저장하고, 다른 생물에 먹힐 때 효과를 나타내는 수동적인 방어용 독이다. 반면, 파란고리문어에서는 독을 침샘에 저장해 두었다가 강력한 이빨로 독을 주입하는 공격용 독이다. 이렇듯 독의 전달방식은 생체 내에서의 독성발현과 밀접한 관련이 있다. 이는 체내로 유입되는 독의 양과 방출 속도에 따라 그 양상이 달라지기 때문이다.

독 전달방식에 따른 독성발현의 차이 사례:

1. 한국 '가습기 살균제 사건'

똑같은 물질이라도 피부를 통해서는 흡수되지 않고 독성도 낮은 물질이 유입경로를 달리하여 호흡기를 통해서 체내로 들어오면 치명적인 결과를 낳을 수 있다는 사실을 보여주는 사건이다.

※ 가습기살균제 사건:

- 세계 최초의 바이오사이드(biocide=생물학적 독극물) 사건
- 세정제 가습기살균제에 의한 임신부/산모/영유아/노약자 등이 사망하거나 폐질환에 걸린 사건
- 폐 손상증후군 증상: 기침, 기도손상, 호흡곤란, 급속한 폐 손상/섬유화
- 2011년 이전까지 가습기살균제 성분들은 다른 살균제에 비해 피부독성이 높지 않은 안전한 살균제로 알려져 있었다. 샴푸/물티슈에도 많이 사용되고 있었고, 가습기살균제로 쓰기 전까지 주로 피부적용 제품에 사용되었기 때문에 호흡기를 통한 독성에 대한 연구는 全無!
- 2011년 4월 급성 호흡부전을 호소하는 임산부들의 입원이 잇따랐고, 5월 원인불명의 폐질환으로 최초의 임산부 사망. 6월까지 임산부 3

명 사망, 8월 질병관리본부 역학조사+동물 흡입실험결과로 가습기살균제가 원인임을 규명

- 2011년 11월 독성확인 → 제품수거 명령+판매중단 → 제조사/유통업체에 과징금 부과(only 5,200만원), 이후 살균제 수거, 이미 2011년 10월까지 78명 사망 어린아이 36명!
- 2012년 2월 동물실험 결과발표: PHMG(폴리헥사메틸렌구아니딘) 인산염, PGH(염화에톡시에틸구아니딘) 독성확인
- 2012년 1월~2013년 민형사 소송: 피해자와 가족모임+환경보건시민센터 ↔ 제조사/판매사
- 정부 차원의 피해자 조사: 1차 조사 - 2013년 7월 ~ ~ 4차 조사 - 2016년 5월
- 2016년 6월: 임산부 어린이 등 142명 폐 섬유화로 사망

※ **가습기살균제:** 1994년~2011년, 20종/연간 60여만개 판매/894만~1087만명 사용했을 것으로 추정

※ **why, only in Korea...?** 한국에서만 유해성 입증된 성분이 가습기살균제로 이용이 허용됐기 때문

다른 나라 - PHMG에 대해 별도의 예외조항을 두어 살균물질을 흡입할 경우, 高독성을 검증할 수 있도록 안정성 검사와 성분 표시를 의무화하고 있다.

2. 살충제 DDT

살충제 DDT를 주사하면 곤충과 다른 동물에서는 비슷한 독성을 나타내지만, 곤충에서는 피부를 통한 흡수율이 월등히 높다. 이 때문에 DDT 살충제가 곤충에서는 치명적인 독성을 나타내는 것이다. 대량 생산으로 DDT 사용이 늘어나자 곤충들이 살충제 내성을 갖게 되었고, 농작물에도 축적되는 결과를 가져왔다. DDT는 물에 녹지 않아서 인체에 들어오면

잘 배출되지 않고 저류하며, 지방과는 잘 결합하는 특성이 있다. 과일/채소/소고기.. 식재료 등을 통해 인체로 들어온 DDT는 지방층에 쌓이면서 만성중독을 일으킨다.

※ **DDT**: 1874년 독일 생화학자 자이들러가 만들어낸 새로운 형태의 Cl 염소 화합물로 DDT 구성 염소원자들의 결합 형태를 따서 DDT로 명명(벤젠고리2개+염소원자3개). 1939년 여러 종류의 살충약 실험 중 DDT 살충효과가 월등함을 확인 → 당시 '스타 살충제'로 탄생

독성발현 양식

독성물질이 생체에 미치는 영향은 여러 가지가 있다. 독성물질 자체의 고체/액체/기체 물리화학적 성질, 일반금속~무기/유기금속 화학적 형태, 생체의 요인 등에 의해 독성발현의 속도, 독성의 종류나 표적 기관들이 다음과 같이 나타난다.

1. 유입 또는 노출 직후 독작용

독성물질의 유입 또는 노출 직후의 작용은 여러 요인에 의해 영향을 받지만 가장 일반적인 경로인 경구 유입이나 노출의 경우 호흡기나 순환기나 위장관 장애 또는 쇼크를 일으킬 수 있다. 예로 신경독가스, 유기인계 살충제에 의한 acetylcholine esterase 효소억제로 야기되는 급성 중독증상은 단기간 내에 나타난다.

※ **예**: 1998년 일본 비소 카레사건, 1995년 동경지하철 사린가스 사건에서의 신경독가스 흡입, 2017년 인도 목화농장 살충제 사망사건

등은 전형적인 급성 중독현상들이다. KCN.. 시안화합물 경우도 생체에 들어가면 급속한 독작용이 나타난다.

2. 지연 독작용

독 유입으로부터 독성발현까지의 기간이 지연되는 것으로 일정한 잠복기간을 거쳐서 독성이 나타나는 것을 말한다. 리신의 독성발현이나 예-neurotoxic esterase 효소억제에 의한 지연성 신경독성발현 등은 노출 후 수일이 지나야 알 수 있는 지연독성의 예이다. 일부 신경장애에서는 축삭+수초 신경의 변성이 뒤따르기도 하나 지연독성에 대해서는 아직 효과적인 해독법이 없는 실정이다.

3. 축적 독작용

독성물질이 생체 내에 들어온 후 축적되어 야기되는 독성으로 critical concentration 임계농도나 target tissue 표적이 되는 장기와 큰 관련이 있다. 이때 독성물질 축적 장기가 곧 target tissue 표적 장기가 되지 않을 수 있음을 알아야 한다.

- **예 1:** 납 → 뼈 축적 & 독성 → soft tissue 연조직 장애 유발
- **예 2:** DDT → 지방조직 축적 & 독성 → 다른 조직에서 발현

또한, 독성물질의 특이성에 따라 표적 장기가 달라지는데 그 예를 살펴보면,

- **납, 벤젠** – 골수 장애
- **메틸 수은** 미나마타병 발병물질 – 중추신경 장애
- **파라쿼트** paraquat/제초제 – 폐 장애
- MPTP 파킨슨병 유발물질 – 중추신경 장애 도파민신경세포 파괴작용

※ 임계농도: 독성물질이 축적되어 특정한 독성발현 시작하는 농도
표적 장기: 독성이 가장 먼저 나타나는 장기

III. 인체 반응과 독, 그리고 세포 기전

1. 인체 반응과 독

면역계

인체에는 세균이나 독성물질 같은 비자기/enemy 외부의 적이 침입하면 스스로 퇴치할 수 있는 면역계가 24시간 가동되고 있다. 면역은 고도의 방위기구로 매우 정교한 체계를 갖추고 있다. 면역계의 핵심 역할은 혈구들이 수행하는데, 혈구는 골수에 있는 줄기세포 조혈모세포로 만들어진다. 여러 종류의 혈구 중 백혈구와 림프구가 면역계를 책임진다. 백혈구도 종류가 다양한데 체내에 적이 침입하면 가장 먼저 최전선에서 역할을 하는 것이 호중구이다. 호중구는 일단 敵적이라고 판단하면 어떤 것이든 처리해버린다. 만약 호중구가 적을 없애지 못하면 대식세포가 등장하여 제거한다. 대식세포도 적을 먹어치우지만 호중구와는 차이가 있어 대식세포는 먹어치운 적의 잔해 항원을 자신의 신체 일부에 붙여서 어떤 적인지 아군에게 보이고 다음 공격 시 참고토록 한다.

비자기에 대해 본격적으로 공격을 개시하는 것은 림프구인 T세포이다. 이 기능에 관여하는 T세포에는 도움 T세포와 살해 T세포 2 종류가 있다. 적을 만난 도움 T세포가 전투 개시 '공격' 명령을 내리면 지시를 받은 살해 T세포는 바로 작동하게 된다. 살해능력은 '킬러'라고 불림 강력해서 敵 항원

은 물론 때에 따라선 아군까지도 처리할 수 있다. 이러한 T세포의 위력은 제한적인 것으로 알려져 있다.

도움 T세포는 또 다른 전사인 림프구 B세포에게 명령을 내려 싸울 수 있는 항체를 만들게 한다. B세포는 항원을 분석하여 맞춤형 무기에 해당 항체를 특수 제작한다. 하지만 항체를 형성하기까지는 1주일정도 시간이 걸리기 때문에 그 사이에는 T세포들이 적들과 싸움을 한다. 엄청난 위력의 항체는 비자기 적군과 싸워 전멸시키기 위한 사투를 벌인다. 적군이 모두 제거되면 이를 확인한 도움 T세포는 싸움이 끝났다고 '전투 종료' 선언을 한다. 그러나 B세포에는 항체를 보존하는 임무가 남아 있어 B세포 → 소위 '기억세포' → 변신 → 해당 항체에 대한 기억을 저장해놓는다. 이 기작은 아나필락시스 과민성쇼크와 연관이 있다.

과민성쇼크(anaphylactic shock, anaphylaxis)

특정한 항원에 접촉한 후 수분~수 시간 내 발생하는 쇼크반응이다. 항원에 의해 면역반응이 일어나면 몸속에는 Immunoglobulin/Ig IgE 항체가 생기게 된다. 이후 면역반응을 일으켰던 항원이 다시 몸속에 들어오게 되면 염증세포의 세포막 표면에 붙어 있던 IgE와 결합하면서 화학물질이 분비된다. 이 화학물질에 의해 쇼크 증세와 같은 심한 전신반응이 일어나는데, 보통 그 시간이 매우 짧아 아주 소량의 알레르겐 항원에 다시 노출되더라도 수분 이내에 증상이 나타난다.

알레르기 반응에 의한 순환장애로 원인물질로는 음식물(복숭아/고등어..), 약품(마취제/항생제..), 곤충(벌독/개미독..), 꽃가루 등이 있다. 증상은 원인에 노출된 후 대개 30분 이내에 급성으로 나타난다. 특히 마취제에 의한 마취 중에 과민성쇼크가 일어나면 심한 경우 사망에 이른다.

※ 과민성쇼크 증상: 불안감, 식은땀, 피부발진, 가려움, 전신 두드러기, 창백해지는 얼굴, 구역질, 구토, 갈증, 불규칙한 호흡, 약하면서 빠른 맥박, 혈압↓, 동공확대, 의식 잃음 등등

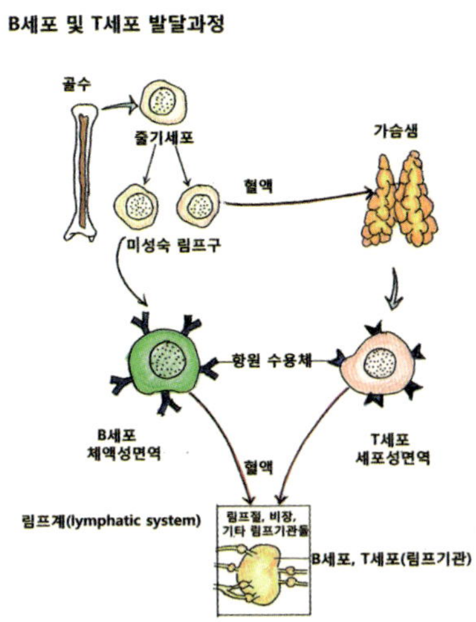

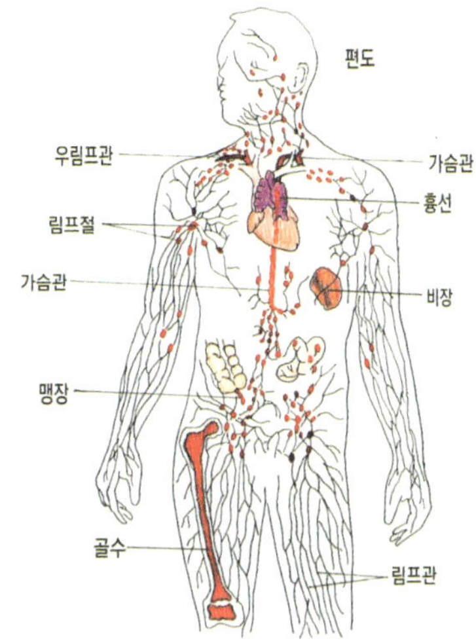

2. 인체 반응과 세포 기전

어떤 독이 유입되어 발생하는 독성작용을 알아내려면 관찰된 독성반응의 특성, 강도, 용량과의 관계 등을 정확히 파악하는 것이 무엇보다 중요하다. 생체에 노출되거나 유입된 독성물질은 적용 부위 → 순환中 혈액 흡수 → 각 조직 분포 → 표적조직 수용체/효소.. 목표분자 도달 → 작용 발현을 한다. 이때 독성의 강약은 표적조직 주위 농도에 따라 결정되는데, 독성물질의 농도가 단시간에 내려가면 작용의 지속성도 낮아진다. 독성물질의 농도와 지속성은 absorption 흡수, distribution 분포, metabolism 대사, excretion 배설 등 체내동태(ADME) 여러 과정의 변동에 의해 좌우된다(이영순 외, 2003). 따라서 어떤 화학물질의 세포막 생체막 투과력은 ADME 전 과정에 걸쳐 매우 중요하게 작용한다. 독성물질의 인체 반응은 세포수준에서의 생체막의 구조와 기능에 절대적인 영향을 받는다. 따라서 독성물질의 인체 내 반응기전을 이해하기 위해서는 세포를 드나드는 물질에 대한 선택적 장벽으로 작용함으로써 세포의 특성을 결정하는 세포막에 대해 자세히 살펴볼 필요가 있다.

생체의 세포막 구조

세포는 생물의 구조와 기능의 최소 단위로 인체는 약 60~100조개 세포로 구성되어 있다. 이들 진핵세포는 약 100Å 두께의 얇은 세포막으로 둘러싸여 있으며, 거의 대부분의 세포내 소기관들도 막으로 둘러싸여 다른 구조들과 완전히 분리되어 있다. 세포막의 기본구조는 지질이중층인데 대부분의 친수성 물질은 이 층을 통과할 수 없다. 이온과 대부분의 생체분자들은 선택적 투과를 담당하는 막단백질을 통해 세포 내외로 이동한다. 또한 세포막에는 세포 간 상호작용을 조절하고 외부로부터의 자극을 전달하는 단백질 및 수용체들도 분포한다. 다시 말해 세포막은 지질이중층과 그 내부를 관통하는 많은 종류의 막단백질로 구성되며, 막단백질과 지질은 지질이중층 내부를 어느 정도 자유롭게 수평방향으로 확산할 수 있다. 세포막에는 지질, 단백질 외에 자극 인식과 정보전달에 중요한 역할을 하는 소량의 당질이 세포 바깥쪽에 존재한다.

세포막 구성 지질분자 중에서 가장 많은 인지질은 amphiphilic 양친매성으로 소수성의 탄화수소 사슬 2개로 된 부분과 친수성의 수산기 부분으로 되어있다. 일반적으로 모든 분자는 지질이중층을 통과하여 농도기울기가 낮은 쪽으로 확산되는데, 그 속도는 분자의 크기가 작을수록 빠르다. 또한, 지용성이 높은 물질일수록 생체막에 쉽게 용해되어 막수송 속도가 빠르다. 그러나 작은 분자라도 전하를 지닌 이온은 생체막 투과가 어려운데, 전하를 띠면 수화도가 높아 이중층 내부의 소수성 영역을 침투할 수 없기 때문이다.

생체막은 이온/당/아미노산/뉴클레오티드... 극성분자를 쉽게 투과시키는데, 특정 수용성 물질만 통과시키는 막수송 단백질이 지질이중층에 있기 때문이다. 막수송 단백질에는 크게 carrier protein 운반단백질과 ion channel 통로단백질 2

종류가 있다. 대부분 막수송 단백질은 폴리펩타이드 사슬이 지질이중층을 여러 번 관통하는 막관통 단백질로서 존재한다. 이들이 특정 분자와 결합하면 자신의 구조를 변화시켜 결합한 물질을 능동적 또는 수동적으로 수송한다. 이온통로에는 지질이중층을 관통하는 친수성의 통로가 있는데 이를 통해 이온이 통과한다. 생체의 세포막 수송에는 크게 수동확산, 여과, 특수수송, 능동수송의 4가지 유형이 있다. 특히, 특수수송은 최근 주목받고 있는 운반단백질에 의한 수송으로 ADME 전 과정에 관여함이 밝혀짐에 따라 활발히 연구되고 있다.

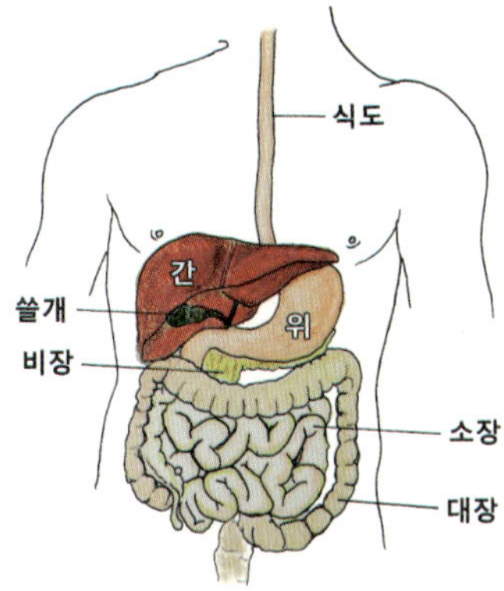

작은 분자의 세포막 투과에는 수송운반체가 관여하지만 단백질/다당류.. 거대분자는 전혀 다른 방식인 endocytosis 세포내섭취로 이동된다. 여기에는 식세포작용(phagocytosis), 음세포작용(pinocytosis), 수용체 매개 세포내섭취 작용이 포함된다. 식세포작용은 대식세포나 백혈구와 같이 탐식능력이 있는 세포에 한하여 일어나지만, 음세포작용은 다양한 세포에서 널리 일어나고 있다. 세포내 물질의 외부로의 방출은 exocyctosis 세포외유출 방식으로 일어난다. 인체의 식세포작용은 주로 2종류의 대식세포/호중구 백혈구에 의해 수행되므로 이들을 professional phagocytes '전문식세포'라고도 한다. 이들은 감염된 조직에서 식세포작용으로 병원체를 제거함으로써 중요한 방어 작용을 한다. 대식세포는 죽거나 노화된 세포도 제거하는데 사람 간과 비장에 있는 대식세포는 늙은 혈구세포를 하루에 10억 개정도 처리하는 초능력을 지닌다고 볼 수 있다..

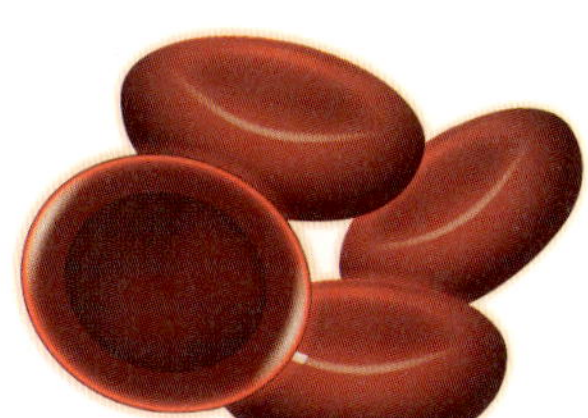
적혈구

외부에서 유입되는 독소는 독성 강도에 따라 생체 면역계의 기능을 단시간에 무력화시켜 치명적인 상태에 빠뜨릴 수 있다. 대상 생물의 면역기능이 회복되면 독성분 → 무독물질로 바꾸는 해독의 과정으로 들어갈 수 있다. Detoxification 해독이란 생물활성이 강한 물질을 생체에서 작용이 적거나 배설되기 쉬운 구조로 바꾸는 일종의 효소에 의한 산화환원/가수분해/합성.. 생화학반응이다.

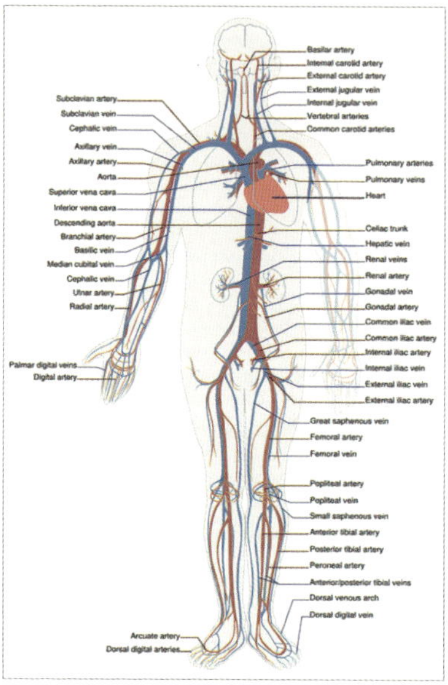

인체 혈관

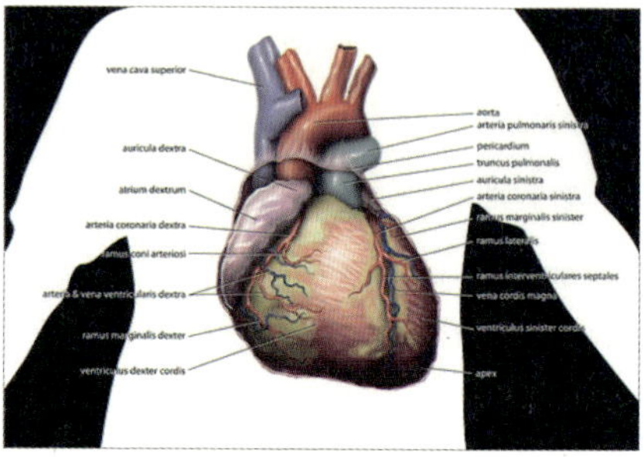

심장

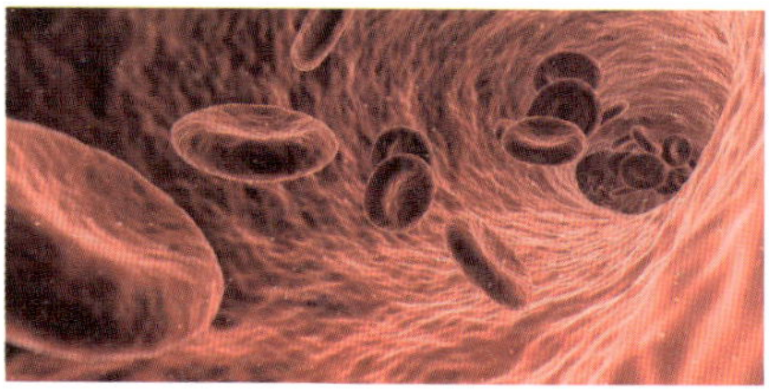

혈류

인체와 독성발현:
주요 기관의 독성,
해독과 세포기능

Chapter

5

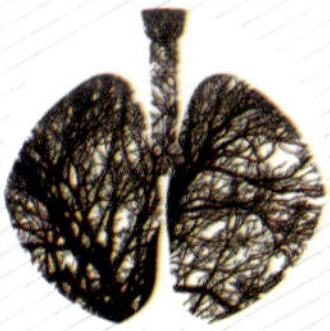

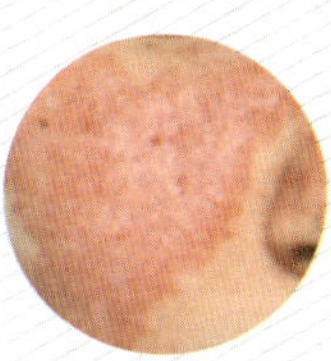

Chapter 05

인체와 독성발현:

주요 기관의 독성, 해독과 세포기능

독성물질의 인체 발현에서 빠르게 나타나는 증상으로는 열과 통증을 들 수 있다. 주요 기관의 특성을 설명하기에 앞서 열과 통증 등에 대해 간단히 살펴보자.

- **열** 몸의 이상경고 – 몸의 이상을 감지하는 病感 병감 중에서 가장 뚜렷한 것이 열이다. 열은 생체가 보내는 경고로 '몸의 어디에서 어떤 일이 일어나는지' 알고 대처할 때 중요하다. 비정상적인 열 발생은 체온의 비정상적 상태를 의미하며, 병원체나 독소 유입 등 여러 요인에 대한 면역계 활동과 치유력에 따라 발생한다. 기능 장애로부터 회복 여부는 비정상적인 열을 어떻게 정상적으로 되돌려 유지시키는가에 달려 있다.

체온조절중추는 뇌에 있으며, 발열에 대한 해결책은 예-해열제 ①체온조절

중추에 작용하는 것과 ②피부혈관 확대/발한중추 자극 → 땀 방출/열 발산 → 체온 내림 등 2 종류로 나눌 수 있다. 열은 나타나는 증상에 불과하므로 열≠병 열이 나면 열을 내리는 것보다 열 발생의 원인을 밝혀내야 한다. 그 원인은 다양하나, 가장 쉽게는 병원체의 체내 침입으로 번식이 시작되면 열이 난다. 이럴 경우 원인균 또는 균독소를 가려내어 가장 적합한 항생물질이나 해독제를 사용하면 효과가 있다.

- **통증** 경고사이렌 – 아픔은 몸이 보내는 경계경보로 이것이 울리면 즉각 물리칠 태세를 갖추어야 한다. 뱀독/곤충독.. 조직 손상에 의한 통증이라면 상처부위의 감염방지 방법과 함께 해결책을 강구해야 한다. 이외의 통증이 있으면 먼저 아픈 원인을 찾아 원인을 알아낸 후 약을 사용해야 한다.

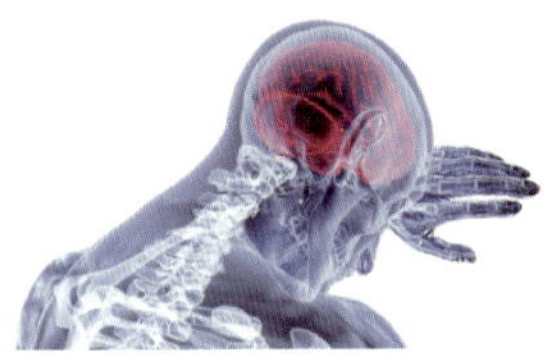

두통

독성의 가역성

독성물질로부터의 노출이 중단된 후, 독소에 의해 각종 장기에 나타난 독작용의 회복 여부는 해독 및 세포기능의 회복에 중요한 문제이다. 재생능력이 높은 간과 장에서의 독성은 거의 가역적이지만 중추신경계 장애는 불가역적이다. 또한 화학물질에 의한 최기형성, 발암성, 생식발생에서의 독성은 불가역적인 독성이다.

I. 주요 기관의 독성

신경계와 독

신경계는 뇌+척수 중추신경계와 운동신경/지각신경/교감신경/부교감신경 말초신경계로 구성된다. 중추신경계는 아주 복잡한 정보를 처리할 수 있는 기관으로 중추신경계의 명령 → 신체 각 부위로 전달하는 반면, 감각을 통해 들어온 정보를 중추신경계로 전달하는 네트워크는 말초신경계이다. 뇌와 척수는 수많은 뉴런 신경세포로 이루어져 있고, 신경세포 간 정보교환으로 신체 안팎에서 오는 여러 정보들을 처리한다. 신경세포에는 축색 신경섬유가 뻗어 있고, 그 끝은 다른 세포의 수상돌기 신경섬유와 연결되어 있다. 근육에 자극을 가하거나 뇌 → 근육에 명령을 내리면, 신경섬유 속에서 활동전위 전기신호가 전해지면서 일련의 반응들이 나타난다.

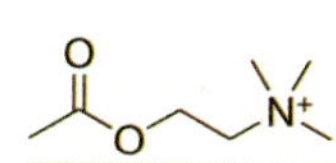
아세틸콜린

※ 신경섬유의 전기신호 작용기작: 보통 신경세포의 축색 내부는 K^{+} 농도가 세포 바깥쪽보다 높고, Na^{+} 농도는 안쪽보다 바깥쪽이 훨씬 높다. 자극이 가해지면 축색 세포막의 Na^{+} 통로가 열리면서 바깥쪽 Na^{+}는 안쪽으로 들어와 그 지점의 전위가 높아져 활동전위가 발생한다. 인접한 Na^{+} 통로들은 변화된 전위들을 연속적으로 감지하고 통로를 열어나간다. 그 결과 활동전위가 축색을 따라 계속 발생하면서 전기신호로 전도되는 것이다.

신경 말단부위에서의 전기신호는 다른 신경이나 근육 등에 정보를 전달하는데, 신경세포 말단-말단 간에는 synapse 시냅스라는 미세한 틈이 있다. 신경은 이들 시냅스 부위에서 전기신호가 아니라 신경전달물질을 매개로 정보를 전달한다. 현재까지 밝혀진 신경전달물질에는 약 100가지 종류가 있다. 아세틸콜린/아드레날린/엔돌핀/세로토닌/도파민/가바/히스타민 등등

신경독 유형 2가지

복어독 테트로도톡신, 투구꽃 아코니틴, 화학합성/인공독 사린 등은 공통적으로 신경독에 해당한다. 이들 신경독은 정보전달을 어떻게 방해하는가에 따라 크게 두 종류로 나누어진다: 1 세포막에서 전기신호로 방해하는 독과 2 시냅스에서 화학물질로 방해하는 독. 하지만 같은 신경독이라고 해도 생물 종에 따라서 독 메커니즘 발현은 각기 다르다.

① 전기신호에 작용하는 신경독:

아코니틴과 테트로도톡신이 해당된다. 특히, 아코니틴은 세포막의 나트륨 통로를 열고 세포 안으로 Na^+ 이온을 대량 유입시킨다. 이온의 대량 유입은 세포 안팎의 전하를 비정상적으로 만들어 세포 및 조직이 정상적으로 기능을 할 수 없게 된다.

② 시냅스에 작용하는 신경독:

사린가스가 대표적이다. 사린은 시냅스에서 활동하는 아세틸콜린과 비슷한 구조의 화학물질이다. 아세틸콜린은 정상적으로는 시냅스를 통해 정보를 전달한 후 콜린에스테라아제/cholinesterase 효소에 의해 분해된다. 그런데 아세틸콜린 유사구조 사린이 몸속에 들어오면 이 효소는 아세틸콜린이 아니라 사린과 결합한다. 그 결과로 아세틸콜린이 분해되지 않고 계속 남아 있어 신경을 흥분시킬 뿐만 아니라 생명을 위협하는 다양한 증상들이 나타난다.

면역계와 독

독성물질이 몸속으로 들어오면 항시 작동하고 있던 면역계는 즉각 대응하기 시작한다. 일명 '몸 안의 얼굴' 혈액은 면역계의 주체로 독이 유입되면 백혈구가 이를 막으려고 비상상태에 들어간다. 제4장 면역계 참고! 몸의 어느 한 곳에 머물지 않고 온몸을 순환하는 혈액에는 몸으로 들어온 독의 정보가 들어있다. 이것이 바로 유입된 독소에 대한 해결책을 찾기 위해 몸의 비상상태를 신속하게 알아낼 수 있는 혈액 및 소변 검사를 하는 이유이다.

피부와 독

독성분이 피부로 흡수되는 경로에는 크게 표피를 직접 통과하여 진피로 수동적으로 확산하여 침입하는 경로와 모공/땀샘.. 열린 구조를 통해 화학물질이 흡수되는 경로가 있다. 일반적으로 독에 노출되는 대부분은 전자의 경로에 의한 표피에서의 수동확산이다.

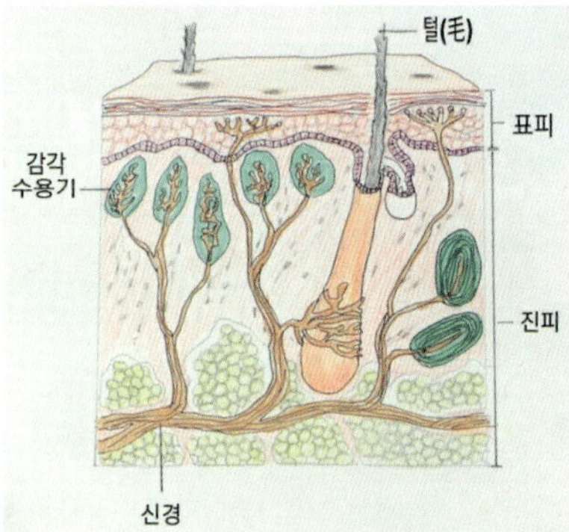

피부조직 구조

피부에서의 독 침투 경로, 즉 dermal toxicity 경피의 독성은 경구독성 다음으로 문제가 되는 것으로 알려져 있다. 예-농약/살충제 독성분이 피부에 흡수되어 몸으로 들어올 때 피부의 각질층은 세포의 간격이 다른 세포에 비해 넓기 때문에 독성물질이 피부에 노출될 때 흡수장벽으로 작용한다. 또한, 세포들 사이에는 지질이 채워져 있어 수분과 이물질의 침투 억제는 물론 수분의 증발도 방지한다. 부위에 따라 두께가 다르나 각질층 표면의 수분 함유율은 10~20% 정도이고, 함수량은 피부 아래층으로 갈수록 높아진다. 표피 가장 바깥쪽 표면은 피지로 싸여 있고, 분비된 땀과 젖산에 의해 pH 4~6 산성을 띤다. 하지만 그 아래층은 pH 7~7.4

중성~약알칼리성의 특성을 보인다.

∴ 피부는 독성분을 지닌 용액 및 이온의 경피 흡수에 대한 1차 방어 장벽이 되는 부위다!

피부의 전체 표면적은 상당히 크므로 표피세포를 직접 투과하는 경피 경로가 피부흡수의 주된 경로이다. 이로 인해 표피에서의 화학물질의 침투속도는 거의 전체 피부의 침투속도와 맞먹는다고 보는 견해가 지배적이다.

사염화탄소/파라치온.. 유기인계 농약의 지용성 화합물은 각질층의 지질 부위를 투과하여 쉽게 침투한다. 그러므로 각질층이 물리적/화학적 손상되면 화학물질의 피부투과성은 증가하게 된다. 만약, 피부의 손상부위가 독성물질에 노출되면 독작용이 더 강해지기 때문에 주의해야 한다. 일반적으로 기체는 액체보다 쉽게 피부를 투과하고, 독성의 강도는 독소 노출시간에 비례하여 나타난다. 만일, 피부침투성이 큰 지용성의 독성물질에 노출되었다면 즉시 깨끗하게 씻어 제거하는 것이 최선의 방법이다. 이외 독성물질의 피부투과성에 영향을 미치는 요인으로는 독성물질의 농도, 노출부위와 면적, 피부손상 여부, 온도/습도.. 환경상태 등을 들 수 있다.

※ 사염화탄소(CCl_4) – 살충제 원료로 사용. 유태인 학살에 사용된 맹독성 일명 폭스갠가스 원료. 오존층 파괴물질로 알려져 있다.

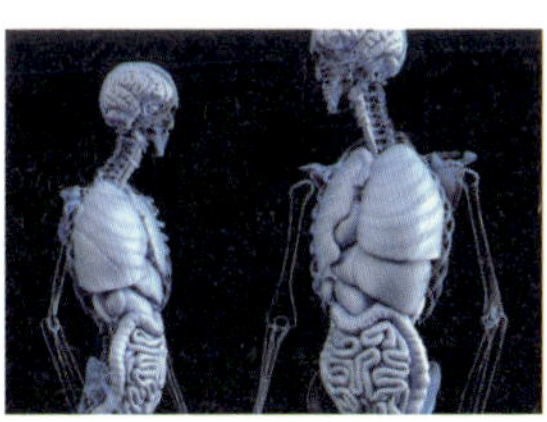

인체

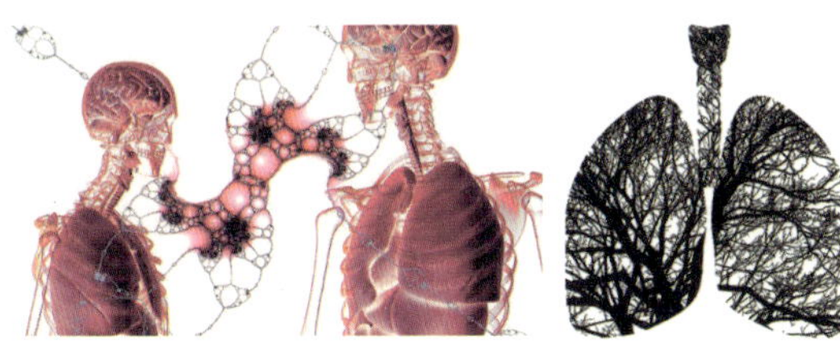

폐

폐와 독

코에서 기관지에 이르는 부위에는 점액성의 분비세포와 섬모상피들이 있어 외부에서 들어온 병원체/먼지입자.. 이물질들이 제거될 수 있다. 이와 동시에 생체방어 기구로서의 역할을 하여 유입된 공기의 온도와 습도를 적절히 조절한다. 흡입된 공기 → 폐 → 폐포 말단 → 가스교환이 일어난다. 5~6억개로 추정 수많은 폐포가 처리하는 호흡의 총 면적은 100㎡로 엄청나다. 인체의 가장 큰 장기인 피부보다 50배정도 더 넓은 면적! 폐포의 주된 구성 세포는 폐포상피세포 I, II형과 폐포대식세포로 각기 기능을 분담한다. 특히, 폐포대식세포는 이물질의 식세포작용을 맡는다.

폐포에는 많은 혈관들이 발달하는데 독성 좌우 요인으로는 모세혈관 혈류량과 독성물질의 혈액 내 용해도 등이 중요하게 작용한다. 독성가스의 경우, 그 흡수속도는 기체 및 혈액에서의 분압 차에 의해 영향을 받는 것으로 알려져 있다. 에어로졸의 지용성이면 수동확산으로 폐포벽을 쉽게 통과하여 흡수되고, 입자형태면 독성은 크기 및 공기속도에 의존한다. 2㎚ ↑ 입자는 폐포 도달 전 재채기/가래로 체외나 소화계로 보내진다. 미립자가 폐포에 도달하면 대식세포의 식세포작용으로 기관지에 보내져 처리된다. 그러나 처리능력을 넘는 양이 들어오면 間質간질조직에 축적된다. 석면/석탄분진/실리카.. 공기 중에 떠도는 유해 미립자들의 축적은 만성의 폐섬유화 같은 심각한 질환을 야기한다.

※ 간질: 사이질(결합조직/신경조직/혈관을 포함한 기관의 지지조직)

체내 흡수된 유독물질 → 순환계 → 운반 → 전신조직으로 이행하는 것이 체내동태의 distribution 분포현상이다. 특정 조직/기관에 높은 농도로 분포하는 지용성 독성물질은 지방조직에 쉽게 축적되기 때문에 지방조직이 저장소 역할을 한다. 혈중에 흡수된 독성물질은 대부분 혈장단백질과 결합하여 존재한다. 독성물질과 혈장단백질 결합이 가역적이면 유리되어 생체막 투과 → 작용부위 이행 → 독성작용 발현할 수 있다. 혈중의 독소 농도가 결합하는 혈장단백질의 농도를 상회하면 단백결합 포화현상으로 유리형 독성물질 농도는 급상승 ↑↑ ↑↑ ↑↑! (참고: 이영순 외, 2003)

위 · 장관과 독

경구섭취 화학물질의 대부분은 수동확산에 의해 胃위나 소장에서 흡수된다. 위액의 pH는 화학물질의 해리도에 영향을 주어 약산성의 독성물질은 위에서도 흡수된다. 하지만 흡수면적의 크기, 혈관, 림프관 분포정도에 따라 그 결과는 상당히 다르게 나타난다고 보고있다. 소장 상부에서의 물질흡수 능력은 胃보다 훨씬 크므로 胃 내용물의 소장 이행으로의 지연 요인은 당연히 물질의 흡수속도를 저하시킨다.

일반적으로 유기화합물의 수용액이 흡수가 잘된다. 경구섭취로 소장에서 흡수된 이물질은 우선 간 문맥 경유시 간장을 통과하는 사이 우선 대사된다. 일부 화합물 중에는 한번의 대사로도 독성이 크게 변하기도 한다. first pass effect/1차 통과효과 반면, 1차 통과효과를 거의 보이지 않는 경우도 있다. 구강~혀의 점막흡입/경피투여/직장內 투여.. 일부 경로를 통과한 외래 이물질은 간장을 통과하지 않고 전신순환에 들어가기도 한다. 대부분의 독성물질은 소장 점막세포의 융모에서 수동확산으로 흡수되는데, 융모막은 지질이 주성분이므로 분자량이 작고 해리되지 않는 분자일수록 흡수가 더 잘되는 경향이 있다.

대부분의 독성물질은 약산성이나 약염기성을 띤다. 표적세포로의 물질 수송에 운반단백질이 관여하는 경우, 그에 대한 친화성은 지용성에 의해 좌우된다. 소화관에 흡수되는 화학물질의 대부분은 portal vein 문맥을 거쳐 간에 도달한다. 간에서 대사 및 抱合 포합된 대사물의 장관에서의 순환도 독성물질의 작용에 영향을 준다.

※ 포합(conjugation): 생체 내에서 독성물질/유해물질이 다른 물질과 결합하는 일. 해독작용 중의 하나!

※ 문맥: 복부의 소화기와 비장에서 나오는 정맥혈을 모아 간으로 운반하는 정맥

II. 해독과 세포기능

해독 및 세포기능 회복의 핵심요소

해독(detoxification)이란 세포의 정상적 기능을 저해하는 유독한 물질 → 무독성 물질로 바꾸는 생체 내 화학적 반응으로, 생체에 작용이 적은 구조나 쉽게 배설되는 구조로 바꾸는 과정이다. 세포 수준에서의 해독의 주된 과정에는 산화환원, 가수분해, 포합반응 등이 관여한다. 일반적으로 독성물질은 지용성 물질이 많은데 이들은 인지질 이중층의 세포막을 쉽게 통과하여 세포질에 축적되기 쉽다. 이에 학자에 따라서는 해독의 과정을 지용성 물질 → 수용성 물질로 바꾸어 확산시키는 것으로 보기도 한다. 따라서 독성물질의 세포 내 발현과 세포 기능의 원상태로의 회복이 해독의 과정을 이해하는데 큰 도움이 될 것이다.

생체에 나타나는 독성물질의 발현 메커니즘 규명과 독성으로부터의 세포기능 회복에는 다양한 요소가 복잡하게 얽히며 관여한다. 이와 관련된 문제를 풀어나가기 위해서는 다음과 같은 여러 사항에 초점을 두고 해결책을 모색해야 한다. 이영순 외(2003)에 의하면 해결과정에서의 핵심적인 요

소들은 최종 독성물질의 종류, 표적분자 유형, 최종 독성물질과 표적분자 간 반응, 독성물질의 유입 경로 및 표적장기로의 도달 과정, 대사활성화 metabolic activation, 방어기구의 작용 여부, 생체의 repair system 수복기구의 작용 여부 등을 토대로 고려돼야 한다고 밝히고 있다. 이들 가운데 독성물질의 유입 경로 및 표적장기로의 도달 과정, 대사활성화, 방어기구의 작용 여부 등은 체내동태의 흡수, 분포, 대사에 직결되는 부분으로 독소 대처에는 독성반응의 특성, 강도, 용량과의 관계 등을 정확히 파악하는 것이 무엇보다 중요하다고 보고 있다. 또한, 생체 내에서의 독성의 변화가 어느 수준에서 일어나는가도 해독과 세포기능의 회복을 규명하는데 함께 고려되어야 할 사항이다. 생체에 나타나는 수준별 독성의 변화는 세포 및 조직의 수준은 물론 분자적 수준까지도 포함시켜야 한다. 생체 내 수준별 독성의 변화 관련 더 자세한 것은 독성학(이영순 외, 2003)을 참고하기 바란다.

생체 내 수준별 독성의 변화

생체 내로 유입된 독이 어느 수준에서 반응하는가에 따라 독성의 변화는 상당한 차이가 있다. 즉, 분자적 수준인가, 개개의 세포 수준인가, 아니면 조직의 수준인가에 따라 확연히 달라질 수 있으므로 수준별로 살펴볼 필요가 있다. 세포 내 초미세의 분자적 수준의 변화에서는 가장 먼저 표적분자를 알아야 할 것이다.

1. 세포 내 초미세 수준의 변화

- 표적분자target molecule

표적분자는 일반적으로 최종 독성물질에 높은 농도로 노출될 수 있는 위치에 있고, 대부분 그 독성물질과 반응하기 쉬운 구조를 지닌다. 어떤 물질이 표적분자가 되는지의 여부는 그 물질의 생성 부위와 밀접한 관계가 있다. 이와 함께 최종 독성물질의 안정성, 다른 부위로의 확산 가능성, 생성 장소 주변 그 밖의 반응성 물질의 존재 등에 의해서도 좌우된다고 한다. 최종적인 독성물질은 여러 분자와 반응하나 반응물들이 모두 독성 발현에 관여하는 것은 아니다. 하지만 단백질, 지질, 핵산 등 일부 특정분자와는 급속히 반응하여 그 독성을 발현한다.

- **단백질** – 독성물질과의 상호작용으로 단백질이 변형되면 기능상의 장애가 일어난다. 독소에 의한 아미노산의 변형은 해당 단백질의 기능장애 외에도 다른 문제를 유발할 수 있는데, 변형된 생성물이 새로운 항원이 될 수 있기 때문이다. 이렇게 생긴 항원으로 인해 생체에는 새로운 알레르기 반응이 일어날 수 있다.
- **지질** – 생체막을 구성하는 인지질의 산화는 세포막의 구조와 기능에 큰 장해를 일으킨다. 막 구성 지질의 과산화 → 세포막 지질성분 파괴 → 분해물 유래 내인성 독성물질 → 세포막/세포구성성분 손상으로 이어진다.
- **핵산** – 독성물질의 대사과정에서 생기는 free radical 자유기나 활성산소는 핵산의 구성 요소인 당이나 염기를 공격하거나, 당–인산 골격과 반응하여 생기는 물질을 DNA에 전달한다. 변이원이나 발암물질의 주된 표적분자가 바로 핵산이라 해도 틀린 말이 아니다!

• 최종 독성물질+표적분자 반응

생체에 유입되어 최종적으로 작용하는 독성물질과의 화학적인 반응은 표적분자의 구조나 기능에 지대한 영향을 준다. 표적분자와 반응 시 산화반응이나 화학결합, 촉매작용, 효소반응 등이 일어나 최종적으로 그 독성을 발휘한다. 화학결합 중 특히, 비공유결합은 결합에너지가 비교적 작아 대개 가역적이고, 독소가 생체막의 수용체나 이온채널 또는 일부 효소와 반응할 때 일어나는 것으로 알려져 있다. 촉매제로 작용하는 경우, 극미량으로도 강력한 독성이 나타날 수 있는데, 디프테리아독이나 피마자리신독은 하나의 분자로 1개 세포를 죽이는데 충분하다고 한다. 파상풍세균독 또한 초극미량으로도(1 ng/kg) 신경증상을 발현하는 강력한 독이다. 표적분자와 효소 작용하는 일부 생물독의 알려진 독성발현을 살펴보면,

- **뱀독:** 생체 분자를 분해하는 효소들이 들어 있어 물린 상처조직의 파괴를 일으킨다. 독에는 단백질분해효소, 점액다당류분해효소(hyaluronidase), 인지질분해효소(phospholipase), DNA/RNA 분해효소 등이 포함되어 있다.
- **디프테리아독:** 단백질합성에서 생기는 ADP－ribose → ADP－ribosylation → 다른 단백질로 전이 → 단백질합성 방해받는다.
- **파상풍균독:** 신경전달물질 함유하는 소포체(endoplasmic reticulum/이하 ER) 막과 세포막 융합에 필수적인 단백질분해 → 신경전달물질 방출을 저해한다.
- **피마자 당단백질:** 함유 lysine → rRNA에서 아데닌 분리 → 리보솜의 단백질합성을 막는다.

- 최종 독소와 표적분자의 반응 결과

최종 독성물질과의 반응은 표적분자의 구조나 기능에 큰 영향을 미쳐 표적분자와의 공유결합으로 부가적인 생성물(adduct)을 형성한다. 또한 생체에 내재하는 내인성 물질과 crosslink 가교를 형성하여 구조를 변화시키기도 한다. 가교란 생체 고분자내 특정 원자들 간에 화학결합을 형성시키는 것으로 이로 인한 1차적인 구조 변화는 다시 다차원구조 변화를 초래한다. 예로 Nitrogen mustard 독가스 등은 단백질-단백질, DNA-DNA

또는 DNA-단백질 → 공유결합 → 연결/변화 → 가교 형성의 과정이 일어난다.

독성물질과의 반응으로 일어나는 생체분자 기능의 대표적 변화는 생체막을 통한 물질수송의 장애! 생체막에는 특정 이온을 선택적으로 통과시키는 통로단백질이 있어 자극에 의해 통로 구성 단백질의 형태가 일시적으로 변해 통로가 개폐된다. 통로는 자극에 대응하여 Na^+, Ca^{2+}, K^+, Cl^- 등의 이온을 빠르게 이동시켜 세포 內外 변화에 신속 대응케 한다. 이때 최종 독성물질은 해당 이온펌프(ion pump)에 작용하여 기능상의 장애를 일으킨다. 밝혀진 예로는 디기톡신 → Na^+, K^+-ATPase 활성억제; 테트로도톡신/삭시톡신 → Na^+ 통로차단; DDT, pyrethroid계 살충제 → Na^+ 통로 닫힘 저해 등이 있다.

막 수송에 관여하는 단백질의 경우, 이온이 수송 예정 분자와 결합 → 형태 변화 → 결합분자를 막의 한쪽 → 다른 쪽으로 이동시킨다. Paraquat 등 일부 독성물질은 이런 방식으로 특정한 세포로 흡수되어 최종 독성발현에 관여한다. 위에 언급되지 않은 최종 독성물질과 표적분자와의 반응에 따른 발현양상으로는 신호전달계 이상, 미토콘드리아(mitochondria/이하 MT) 전자전달계 저해, DNA 기능장애 등 다양한 기능 이상이 나타날 수 있다.

• 최종 독성물질과 생체의 방어

생체는 독성물질이 유입될 때 즉각적으로 방어기작을 수행하여 유해물질을 제거하려 전력을 다한다. 가장 먼저 유입된 독성물질의 functional group 작용기에 내인성 물질을 포합시켜 반응을 소실 또는 약화시키려 시도한다. 또한, 수용성이 높고 배설되기 쉬운 물질로 변환시켜 이들이 생체 내 주요 성분과 반응하는 것을 방지한다. 그러나 반응성이 매우 높은 OH-/hydroxyl group 수산기는 다른 생체분자와 빠르게 반응하므로 일단 생성되면 그 장해를 쉽게 막을 수 없게 된다. 따라서 생체 방어에서는 독성물질 생성의 신속한 억제가 더 중요하다. 예로 독성의 폴리펩티드는 단백질분해효소 작용 → 비활성화 → 약화될 수 있다. 해독능력 초과 다량의 독성물질 유입 시 인체에는 해독효소의 포화에 따른 고갈현상, 세포내 항산화물질의 결핍 등이 일어나 제거하지 못한 최종 독성물질들이 체내에 축적되기 시작한다. 일부 포합반응은 가역적이나, 포합된 무독화 물질이 별도의 조직으로 운반된 후 다시 독성물질로 변할 수 있어 이런 점도 유의해야 한다.

2. 세포~조직 수준의 변화

• 세포 수준의 변화

세포는 외부의 자극을 감지하여 이온이나 분자적 정보를 신호화 → 핵/세포내 소기관에 전달 → 적절한 반응을 유도한다. 이는 자극 분자 → 수용체 단백질 결합 → 수용체 활성화 → 부가생성물 → 독성발현으로 설명될 수 있다. 세포의 수적 변화가 일어나는 경우에는 세포의 증식이나 분화, 세포사, 염증... 등이 일어난 결과로 이런 반응은 세포골격이나 ER, MT 등 세포소기관들의 구조나 기능 변화에 의해 나타난다. 만약 여기에 표적분자가 관여한 경우라면 소기관들 기능 이상에 의해 세포 수준에서 다양한 변화가 유발된 것이라 볼 수 있다.

외부 자극은 신호전달의 과정을 거쳐 세포내 유전자 및 그 밖의 표적성분이나 구조에 도달한다. 많은 경우, 인산화나 탈인산화에 의한 단백질의 기능변화가 신호로 작용한다. 신호전달계에서는 하나의 주로 인산화 효소반응의 생성물이 다음 반응의 촉매 효소를 활성화하는 연쇄적 반응이 일어난다(cascade reaction). 하지만 실제 반응은 신호전달시스템이 도중에 분지하거나, 여타의 신호가 최종적으로 같은 반응으로 귀결되거나, 신호전달경로 간 상호작용 등이 일어나 매우 복잡할 수 있다. 그 밖에도 세포-세포 또는 세포-세포외기질 결합의 접착인자를 매개로 하는 신호전달계도 알려져 있다. 최종 독성물질의 작용은 유전자나 신호전달시스템의 초극미의 세계는 물론 세포 이상의 조직의 수준이나 과정의 어느 쪽에서도 모두 발현될 수 있다. 예로 탈리도마이드처럼 그 자체가 독성의 분자로 작용하는 물질은 발생단계의 중요한 시기에 유입될 경우 치명적인 독성을 발휘한다. 세포나 조직 수준에서의 독성발현은 독소에 따라 상이하여 특정한 신호전달경로를 활성화하는 것에서부터 한 종류의 독성물질이 많은 유전자 발현을 동시에 변화시키는 것에 이르기까지 다양한 양상으로 나타난다.

- 세포사 세포사멸/apoptosis

세포는 생명활동에 필요한 에너지를 MT의 전자전달계와 산화적 인산화를 통해 만들어진 ATP로부터 얻는다. ATP는 분자內 큰 결합에너지를 가지며, ADP/AMP 작은 분자로 분해될 때 나오는 에너지는 생합성이나 물질수송 등 에너지를 필요로 하는 세포내 수많은 반응에 이용된다. 만약 ATP 합성의 어느 단계에서든지 장해가 일어나면 에너지 생성은 물론 세포활동에도 문제가 생긴다. 전자전달계나 산화적 인산화의 장해는 결국 세포에 ADP와 그 분해물이 축적되는 결과를 초래하고 ATP 고갈로 이어진다. 세포에 ATP 분자가 정상적으로 공급되지 못하면 생체막에서 ATP를 필요로 하는 이온펌프가 제대로 작동하지 않아 세포 안팎의 이온균형이 깨진다.

독성물질이 외부에서 유입되면 세포는 산소공급 저해나 ATP 결핍 또는 특정 이온이 증가되어 세포활동에 장애가 일어난다. 이를 막지 못하면 세포는 치명적인 상태에 도달하고, 결국 죽음을 맞이한다(세포사멸). 이런 과정을 거치는 세포사멸의 몇몇 예를 들어보자.

- 살충제 **rotenone**: 전자전달계 구성 효소 저해 → 전자(e^-) → O_2 운반하지 못한다.
- 일산화탄소 **CO**: 저산소증 유발로 전자전달계에서 e^- → O_2 전달하는 cytochrome 산화효소의 산소공급을 저해한다.

- **ATP 결핍상태:** ATP 결핍 시 생체막 통과 수송단백질에는 기능상 장애가 일어나 세포내 이온 분포에 문제가 생긴다. 세포가 치명적으로 되는 과정에는 특정 이온의 농도 증가도 큰 영향을 미친다. Na^+, Ca^{2+} 등의 이온은 정상적인 상태에서는 세포 안팎의 농도에 큰 차이가 있어 능동적인 균형 유지에 ATP 공급이 필수적이다.
  - Na^+ 경우: 세포내 Na^+농도↑→ 세포내 삼투압↑ → 수분유입 → 세포 팽창하며, 이 과정에 관여하는 이온펌프 단백질들은 K^+ 이온과 아미노산 수송에도 중요한 역할을 한다.
  - Ca^{2+} 경우: 독소로 인해 세포내 Ca^{2+} 유입 → Ca^{2+}농도 ↑↑ → 세포손상 유발되고, 이때 에너지고갈로 ATP 합성저해, 미세섬유(microfilament) 기능장애, 특정 가수분해효소(protease/phospholipase/endonuclease..)의 활성화 등이 병행될 수 있다. 특히, 이들의 활성화는 막의 단백질과 인지질, 세포골격단백질, 염색질 등의 분해를 초래할 수 있다. 일부 세균/뱀.. 생물의 독은 인지질분해효소(phospholipase) → 막 인지질과 작용 → ER/MT 막 기능장해 → 세포질에 Ca^{2+} 이온 방출시킨다. 이외 수송단백질의 기능을 직접 방해하여 세포內 Ca^{2+}농도를 증가시키는 독들도 있다.

이와 같이 세포는 외부의 자극이나 내부의 상해 등에 의해 회복이 불가능해지면 사멸의 길로 들어간다. 하지만 세포사에 이르기 전에 이미 구조적 변형이 일어나 핵/세포질 응축 → 세포 수축 → 붕괴 → 세포사멸체(apoptotic body)를 형성한다. 세포사멸체는 대식세포 등에 의해 신속히 탐식 및 처리되는데, 여기에는 ATP 공급, 유전자발현, 단백질합성 등이 수반된다. 이런 역동적인 반응에는 특정 효소의 유도 또는 활성화가 동시에 진행되거나 뒤따른다. 각종 분해효소를 지니는 리소솜, 퍼옥시솜 등 세포내막 구조의 붕괴는 세포소기관이나 세포질 성분의 자기분해(autolysis)를 진행시켜 괴사(necrosis, 세포막 붕괴로 세포성분이 세포외부로 누출되는 세포사)를 일으킨다. 세포사에서는 세포 성분이 유출되지 않고 처리되어 염증을 유발하지 않으나, 괴사의 경우에는 세포 성분 누출에 의한 염증이 유발되어 주변의 조직에 2차적인 손상을 불러올 수 있다.

• 세포와 조직의 재생

조직은 같은 형태나 기능을 수행하는 다양한 세포 및 세포외기질(extracellular matrix)로 이루어져 있으나, 괴사 또는 세포사에 의해 상실된 세포와 세포외기질의 재생이나 기능 회복에는 세포 구성물질의 재구축이 필수적이다. 세포외기질은 세포에서 생성되어 세포 간 공간으로 방출되는 역동적인 물질로 지속적으로 재형성된다. 주요 구성 물질은 물, 단백질, 다당류로 세포보호 및 지지뿐만 아니라 세포 내외로부터의 생화학적 신호전달에 의해 세포 분화발생에 기초가 되는 역할도 한다. 조직 장애의 수복에 필요한 세포내 분자수준의 화합물, 세포질과 세포외기질 등 세포 안팎에서의 재생과정은 손상부위 세포들로부터 방출되는 물질에 의해 야기된다고 추정된다. 자극을 받은 조직 내 대식세포나 내피세포는 이런 화학적 신호에 반응하여 2차 또는 연쇄성 신호분자를 생산한다. 그리고 에너지가 투입되면서 재생과정은 더욱 촉진되고 대상 부위는 확대되어 간다. 복구과정에 돌입한 손상부위 인접세포들은 세포분열을 촉진하는 세포주기에 들어가고, 활발한 분열로 조직의 회복은 빨라진다. 이 부위의 세포들은 특수 분화된 세포활동보다는 세포분열주기에서 DNA 및 단백질합성을 유도하는 유전자정보를 먼저 발현시키는 것으로 알려져 있다.

• 염증

손상 받은 조직이 복구되는데 일어나는 중요한 기전 중 하나가 바로 염증현상이다. 염증은 독소, 화학물질, 물리적 손상 등 어떤 자극이나 상해에 대한 생체조직의 방어적 반응으로 이들 인자는 대식세포를 자극하여 세포기능을 변하게 한다. 이때 백혈구 세포에서는 사이토카인 등 단백질성 신호물질이 분비되어 방어체계가 제 기능을 행할 수 있게 한다. 인근의 간질세포들을 자극하여 국소 혈관확장 또는 혈장성분이나 백혈구를 조직으로 유출되게 한다. 특히, 호중구와 대식세포는 상처부위에 결집하여 손상 원인이나 손상된 조직을 제거한다. 이러한 일련의 염증반응은 손상 조직이 복구되는 과정에서 나타나는 중요한 기전이다. 염증은 림프구나 백혈구에서 분비되는 다양한 사이토카인이 상대 세포에 작용하면서 진행된다. 염증반응의 주체인 호중구나 대식세포는 조직손상 원인 병원체를 제거코자 독성이 강한 활성산소를 생산하는 능력도 있음을 알아야 한다.

염증이 발생하면 사이토카인 등 여러 신호물질들이 손상 부위 및 전신에 운반되어 여러 형태의 급성반응을 일으킨다. 이러한 반응은 손상의 원인을 제거하여 생체가 항상성을 되찾기 위해 대처하는 현상으로 국소적으로나 전신에 걸쳐 역동적으로 일어난다. 대표적 급성반응에는 발열, 백혈구 증가, 물질대사 변화, 혈액체계 활성화, 자극호르몬 분비, 반응 관련 단백질합성 증가 등이 포함된다. 특히, 급성반응 관련 단백질들은 대부분 간과 장에서 만들어져 순환하면서 지혈, 응고억제, 살균 및 식작용, 효소작용 등에서 다양하게 쓰인다. 따라서 혈청 내 이들 성분의 증감은 급성반응의 정도를 알아내는 척도가 될 수 있으며, 그 수치의 상승은 반응성 즉, 조직의 손상, 염증, 종양의 진단에 쓰인다.

※ 사이토카인(cytokine): 신체 방어체계를 제어 및 자극하는 신호물질로 주로 백혈구에서 분비되는 단백질성 활성물질. 세포 간 신호전달을 매개하는 단백질인자의 총칭이며, 림프구가 분비하는 림포카인, 대식세포의 모노카인, T세포의 인터류킨 등이 있다.

※ 인터류킨(interleukin, IL): 세균 또는 유해물질을 면역계가 맞서 싸우도록 자극하는 단백질로 여러 종류의 백혈구에서 만들어진다. IL1, IL2, IL3, IL4, IL5, IL6 등 함께 작용하여 백혈구가 질병에 대처토록 연쇄 반응하여 상처부위 세균침입 → 대식세포 세균 인식 → 인터류킨 방출 → T세포 활성화 → 세균 공격 및 파괴한다.

※ TNF(tumor necrosis factor, 종양괴사인자): 대식세포 – 세균 내독소 반응으로 만들어지는 단백질의 일종. 암, 만성적 세균감염, 기생충감염 등에서 나타난다. 때로는 패혈증성 쇼크의 원인이 되는 것으로 알려져 있다.

• 회복기구 이상과 독성

이와 같이 세포나 조직은 다양한 방어-재생-수복기구를 지니나, 이러한 과정이 실패로 돌아가면 독소에 노출된 조직은 손상된다. 손상의 정도는 독성물질의 농도와 노출되는 시간에 따라 세포사에서 괴사에 이르기까지 다양하게 나타난다(저농도-단시간→세포사, 고농도/장시간→괴사). 괴사가 발생하면 세포 함유 성분이 누출되면서 염증 발생의 가능성이 높아진다. 이는 독성물질에 의해서 손상된 DNA 수복이 분자적 수준에서 제대로 이루어지지 않거나 손상된 DNA를 지니는 세포를 세포사로 제거하지 못한 경우에 발생할 수 있다.

만성적인 세포손상에 대한 회복장치나 수복기구 이상의 대표적 예는 조직의 섬유화현상(fibrosis/세포기질의 과도한 침착. 예-간/폐/심장의 섬유화)에서 볼 수 있다. 세포외기질의 생산은 사이토카인 신호물질에 의해서 제어되나, 손상 원인의 지속적인 발생 또는 사이토카인 합성-분비-조절 과정에 결함이 생기면 결핍 또는 과잉 분비로 기질 생산에 이상이 생긴다. 만성장애로부터 괴사-재생세포증식 반복이나 원인물질에 의한 DNA 손상 외에도 DNA 합성의 빈도를 높여 유전자변이 가능성이 높아지면 종양이 발현될 위험성이 증가된다.

이상에서와 같이 독성의 발현은 분자, 세포, 조직, 생체 전체 등 다양한 수준에서 일어난다. 독성물질의 발현기전 규명에서는 각 수준에 있어서의 정상상태 이해를 기초로 하여 이들이 외인성 물질과 어떻게 반응하는가를 고려해야 한다. 하지만 실제로는 독성물질의 발현기전을 정확히 밝히기 어려운 경우가 훨씬 더 많다. 그럼에도 불구하고 독성발현의 규명 과정에서 얻어지는 일체의 정보나 지식은 해당 독성물질에 대응하여 그 발현의 작용기작, 가능성 예측과 방어전략 수립에 큰 도움이 된다.

벌독: 알레르기 vs. 해독

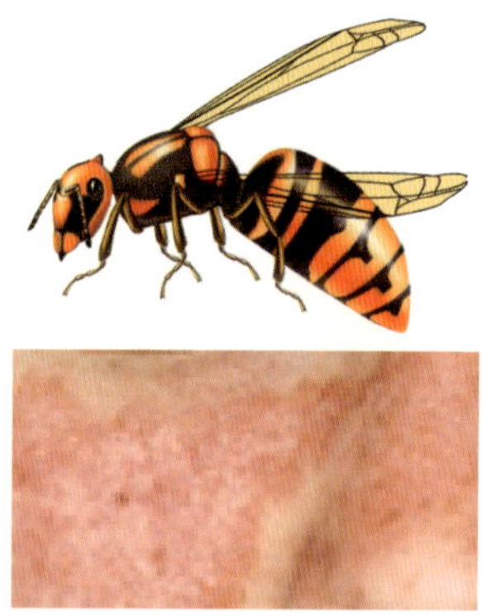

동물이나 곤충이 인체에 피해를 주는 사고 중에는 벌에 쏘이는 사고가 가장 많다. 만약 벌에 쏘인 후 발갛게 부어오르는 정도의 가벼운 증상을 보이면 그 독은 치명적이지 않은 것이다. 반면, 벌독에 민감한 알레르기 반응을 보이는 사람에게는 치명적인 독이 되어 '아나필락시스 쇼크'로 목숨을 잃을 수 있다. 아나필락시스 쇼크는 심한 알레르기 반응으로 한 번 들어왔던 독소가 몸속에 다시 유입되면 일어나는 현상이다. 벌에 쏘여 몸속에 독에 대한 항체가 만들어져 있다가 같은 종류의 벌에 다시 쏘이면 이 항체가 벌독과 더 빨리 결합해서 온몸에 알레르기 반응을 일으키는 것이다. 이런 체질의 사람이 재차 벌에 쏘인다면 먼저 벌침의 유무를 확인하고, 침이 있다면 제거 후 깨끗이 씻고 냉찜질을 해야 한다. 이는 통증을 가라앉히고 독을 최소화하는 방법이다. 소염제를 써서 독을 중화시킬 수도 있는데, 이때는 벌의 종류에 따라 중화시키는 방법이 다르다. 산성 꿀벌의 독–알칼리성 베이킹파우더 반죽 & 알칼리성 말벌의 독–산성

식초/레몬으로 중화할 수 있다.

※ 중화(neutralization): 성질이 서로 다른 물질이 섞여 각자의 성질을 잃거나 그 중간의 성질을 띠는 현상으로 산-알칼리 반응이 대표적이다.

생물독1: 맹독성 동물독

Chapter

6

Chapter 06

생물독1:
맹독성 동물독

동물의 독

생물의 독은 동물의 진화와 형태 및 구조 형성에도 중요한 역할을 해오고 있는데, 그 예는 뱀의 경우에서 잘 볼 수 있다. 뱀이 독을 가지게 된 것은 약 6,000만 년 전이라고 하며, 그 이전의 뱀들은 큰 몸집으로 먹잇감을 으스러뜨려 잡아먹는 방식이었을 것으로 추측한다. 하지만 커다란 생물들이 급격히 사라져가던 대멸종의 시대였던 6,000여만 년 전 격변기에는 먹잇감도 점차 작아졌을 것이고 큰 몸집을 유지할 수 없었던 대형의 뱀들이 선택한 것이 독이었을 것이라는 것! 뱀이 독을 지니는 방향으로 진화하면서 몸은 작아지고 민첩해져 더 효과적으로 먹잇감을 잡을 수 있었을 것이다. 뱀이 지닌 독은 경쟁을 통해 도마뱀으로부터 진화해 온 것으로 학자들은 추정하고 있다. 먹잇감-포식자 간 끊임없는 경쟁과 진화

과정에서 많은 양의 독을 갖게 되었다는 이론이다.

※ 가터 뱀-도롱뇽 경쟁: 가터 뱀 일부는 도롱뇽 피부에서 분비되는 맹독성 테트로도톡신에 면역이 있고 한다. 경쟁이 심한 곳에서 도롱뇽은 사람 20명을 순식간에 죽일 수 있는 테트로도톡신을 지니나 가터 뱀은 테트로도톡신에 거의 영향 받지 않고 도롱뇽을 잡아먹을 수 있다고 한다.

동물은 때때로 그 독을 원래의 목적과 달리 사용하기도 한다. 뱀의 경우, 공격독을 방어용으로도 쓰기도 하지만 독을 공격용으로 사용하여 위협적인 상황에서 벗어나고자 할 때 실제로는 독을 주입하지 않는 경우가 많다. 공격독은 주로 근 골격이나 혈액에 작용하여 마비와 혈액응고 장애를 불러오나 방어독은 대개 심한 통증을 일으킨다. 방어용 독을 적극 사용하는 벌이나 전갈에서 이런 통증 유발 독들이 자주 발견되는데, 이는 침입자를 죽이지 않더라도 엄청난 통증을 일으켜 다시는 찾아오지 않게 해도 목적을 이루는 것이기 때문이다. 또한, 같은 독이라도 생물 종에 따라 발현 작용이나 양상이 다를 수 있다. 비슷한 신경독이라도 뱀의 독은 근 골격에 작용해 상대를 마비시켜도, 전갈의 독은 말초신경에 작용해 극심한 통증을 유발하나 마비는 일으키지 않는 것도 이런 이유이다.

why so toxic....?

그렇다면 뱀, 복어, 개구리 등 일부 생물의 독은 왜 그렇게 강력해졌을까? 최적의 생존에는 필요 이상의 자원이나 에너지를 투입할 이유가 없으므로 꼭 필요한 양만큼의 독을 만드는 것이 합리적으로 보인다. 하지만 복어에 들어 있는 독의 양은 어른 13명을 죽게 할 수 있고, 어떤 방울뱀은 쥐를 잡아먹을 때 최소 치사량의 300배나 되는 엄청난 양의 독을 주입한다고 한다. 맹독성 타이판 뱀도 독샘에서 100여 명을 죽일 수 있는 독을 뿜어내는데 먹잇감이 뱀에게 상처를 내거나 도망가기 전에 최대한 빨리 죽이는 공격과 사냥의 목적으로 특화된 것으로 본다. 죽이는 용도로 쓰이는 뱀독처럼 복잡한 단백질 칵테일의 혼합액을 만들기 위해서는 상당한 에너지가 소모된다. 필요 이상의 많은 독 생산에는 그만큼의 희생이나 대가가 따르는데 왜 그리 많은 양의 독이 필요했을까? 아마도 쉽게 제압할 수 없는 먹잇감 사냥에 많은 강력한 독을 순식간 상대에 주입하고, 제압한 먹잇감을 안전하게 포획하기 위함일 것이다.

※ 타이판 뱀독: 먹잇감 신경계에 작용하여 방광을 조절할 수 없게 만든다. 혹 뱀에 물려 도망을 쳐도 오줌의 흔적을 남기므로 탁월한 후각을 지닌 이들 뱀은 먹잇감을 쫓을 수 있게 된다.

1. 뱀독

무서운 독니

2,800여종 뱀 中 독을 가진 것은 코브라, 살무사, 방울뱀, 바다뱀 등 300여종이고, 물렸을 때 심각한 손상이나 사망에 이를 수 있는 독을 지닌 것은 대략 200종! 대체로 작은 뱀에 독사가 많은데, 뱀도 독을 지닌 다른 동물들처럼 먹이사냥과 포식자로부터의 자기보호를 위해 독을 사용한다. 뱀독은 생물독 중 가장 많은 재료가 들어간 칵테일로 볼 수 있는데, 100여 종류의 다른 재료들이 포함되어 있다. 종류에 따라 독액의 독성과 양, 독니, 성질, 무는 빈도 등은 각기 다르나 가장 위험한 것은 독니에서 내뿜는 독액이다. 독작용 예로 러셀살무사 독니에서 추출한 노란색

독액을 사람 피에 한 방울 떨어뜨리면 이내 젤리처럼 응고된다. 물리면 극심한 통증, 상처부위 물집, 구토, 얼굴 붓는 증상이 진행되어 응급처치 없을 시 → 혈압↓, 심장박동↓ → 사망확률 ↑↑.

뱀은 독샘(poison gland)과 독니를 이용하여 상대를 공격한다. 머리양옆 독샘에서 만들어진 독액이 이빨의 구멍을 통해 나와 물린 상처부위로 들어간다. 독의 종류는 독사마다 달라 맹독성 킹코브라, 치명적이진 않으나 1회 많은 양으로 상대를 기절시키는 방울뱀, 원래 독은 없지만 먹이의 독을 저장했다가 사용하는 바다뱀에 이르기까지 매우 다양하다. 살무사는 긴 독니로 먹이를 물 때 많은 독을 쓰는데 가장 긴 독니를 갖는 종류는 한 번에 약 350~600*mg* 독액을 주입한다고 한다. 알려진 사람의 치사량이 60 *mg* 정도이므로 1회 분비량으로 이론상 성인 6~10명을 죽일 수 있다는 이야기이다. 일반적으로 뱀독은 산화에는 비교적 강하고 무독화하면 회복은 가역적이 되나 환원에는 매우 약하여 시스테인에 의해 쉽게 무독화되는 것으로 보고돼 있다.

※ 뱀의 혀, 독이 있을까? – 두 갈래 혀는 단지 냄새를 맡는 생존용 감각도구로 날름거리며 외부의 화학물질을 모아 입 속 야콥슨기관으로 보내 냄새를 맡는다. 혀가 둘로 갈라진 것도 냄새 맡는 야콥슨기관이 2개이기 때문! 보다 효율적으로 화학물질을 보내기 위함이라고 한다.

통상 '뱀독'하면 마비를 유도하는 신경독소를 생각하는데, 뱀에 물리면 실제로는 조직 파괴와 출혈을 일으키는 다른 단백질들이 같이 유입되어 신경독 이상의 피해를 입는다. 물린 후 치료가 늦어져 조직 괴사가 꽤 진행된 후에는 심한 흉터, 근육 등의 피해로 장애가 남을 수 있다. 뱀독은 작용면에서도 큰 차이가 있어 코브라의 신경독으로 죽는 경우는 거의 즉사에 가깝고, 살무사 독은 출혈 후 시간이 지나며 근육괴사, 장기출혈 등으로 사망에 이른다. 이처럼 뱀독은 큰 차이가 있는데 그 종류 및 작용기작은 다음과 같다.

뱀독의 종류

뱀독은 크게 신경계에 영향을 미치는 신경독, 혈관과 혈구를 파괴하는 출혈독 혈액독으로 대별되나 생리작용에 따라 더 세분되기도 한다. 旣 언급된 코브라와 살무사 독은 작용면에서 큰 차이가 있는데, 이는 코브라 독의 주성분은 신경독인데 반해 살무사의 독은 혈액독이기 때문이다. 코브라/바다뱀.. 신경독은 사람의 감각신경과 중추신경 마비 → 호흡장애 → 심장마비 → 죽음에 이르게 한다. 혈액독은 혈액 내 적혈구와 혈소판에 특히 작용하며, 살무사나 방울뱀 독이 대표적이다. 혈액독은 적혈구 파괴 → 빈혈 유발하거나 혈소판 작용X → 혈액응고를 방해한다.

※ 他 혈액독 : 일산화탄소 중독으로 O_2보다 200배 강력히 Hb와 결합하기 때문에 체내에 O_2 운반 및 공급 불가능 → 질식사!

• 코브라 신경독

주성분은 단백질성 opiotoxin 오피오톡신($C_{17}H_{25}O_{10}$). 오피오톡신이 유입되면 이들 분자가 신경회로의 접합 부위인 시냅스의 아세틸콜린 수용체와 결합한다. 이로 인해 아세틸콜린은 결합할 수용체를 잃게 되어 근육으로의 정보전달이 불가능해진다. 코브라에 물리면 운동마비 증상 → 호흡곤란으로 죽게 되는 것도 이 때문이다. 코브라 독은 몇 초 이내에 근육을 마비시키고, 긴 고통 없이 빠르게 죽음에 이르게 하는 강력한 독성을 지닌다. 독니자국 정도의 교상(咬傷/snake bite)과 출혈도 별로 없는 특징을 지닌다.

코브라

• **살무사 혈액독**

주성분은 crotalotoxin 크로탈로톡신($C_{34}H_{54}O_{21}$). 물린 부위에서는 피가 나고 유입된 혈액독은 모세혈관+근육 파괴 → 출혈+통증 동반! 이때 혈구세포, 혈관조직, 내장 등이 파괴되어 많은 출혈과 심하게 부어오르며 교상부위 피부는 괴사한다. 이어 부기의 통증 → 전신 확산 → 구역질, 입술마비 등 → 죽음에 이른다. 혹 목숨을 건져도 근육괴사가 일어나므로, 후유증(신체 부자유/신장장애/순환기장애..)이 남을 수 있다. 살무사 종류 중에는 방울뱀처럼 혈액독뿐만 아니라 신경독도 함께 갖고 있는 뱀이 있다. 이들의 신경독은 코브라독과는 다르게 시냅스에서 아세틸콜린 분비 → 근육흥분 → 경련을 일으킨다. 아세틸콜린이 전부 소모되면 신경전달정보가 차단되어 마비증상을 나타낸다.

코브라독-오피오톡신, 살무사독-크로탈로톡신, 방울뱀독-크로톡신(crotoxin) 가운데 일부 방울뱀의 독성이 코브라보다 강하다고 알려져 있다. 특히, 이들의 크로톡신 결정이 신경독과 용혈독을 같이 보유한다는 사실은 두 작용이 단일 독성단백질에 의한 작용이고 리포이드(lipoid/fat-based substances/유지질)에 작용하는 것으로 본다. (가설) 이외 뱀독에는 O_2 下에 작용하는 아미노산 탈수소효소가 있고, ATPase가 ATP 분해 → 쇼크를 일으킨다는 주장도 있다.

참고로 뱀독을 크게 신경독과 혈액독으로 대별하는 방법 외에도 혈액독을 더 세분화하여 다음과 같이 나누기도 한다. 이러한 기준에 따르면 뱀독은 세포독(cytotoxins/조직 붓고 파괴됨), 출혈독(haemorrhagins/혈관파괴→출혈), 항응고제(혈액응고저해), 신경독(neurotoxins/마비유발) 4 종류로 분류된다. 또 다른 견해로는 인체에 미치는 생리작용에 의해 5가지로 구분한다. 단백질 일종인 뱀독은 여러 형태의 독소 혼합물로 함유한 단백질분해효소(protease)가 독소의 국소작용을 수행한다. 이들의 단백질분해 작용은 혈관벽에도 영향을 가해 혈압을 강하시킨다. 이를 기반으로 한 생리작용에 따라 신경독, 출혈독, 용혈독, 혈액응고/항응고독, 혈액순환 저해독 등 5 종류로 요약하는 학자들도 있다. 특히, 용혈독은 레시틴(포스파티딜콜린/생체막-인지질) 존재 下에 인지질가수분해효소(phospholipase) → 리소레시틴(lysolecithin) 생성 → 적혈구 파괴를 유도하는 것으로 밝혀져 있다. 일부 살무사류 뱀독은 신경독과 용혈독 작용이 아주 강력하다.

※ 독사가 다른 독사에게 물린다면...?
신경독의 독사에게 물리면 같은 뱀도 죽는다고 하는데, 그 이유는 독이 매우 빠른 속도로 퍼지고 독에 대한 면역이 없기 때문이다. 만약 혈액독의 뱀에 물리면 OK! 왜냐하면 뱀의 대부분은 혈액독에 대한 면역이 있어 잠시 마비 → 정상으로 돌아오기 때문. 뱀독은 혈전을 녹이는 용도로 널리 쓰이나, 반대로 혈액을 응고시키는 러셀살무사독 뱀독도 있어 혈우병에 혈액응고제 약이 된다.

인체는 상처가 생기면 피+피브린 → 혈전형성 → 혈병 → 상처 봉합으로 몸을 보호한다. 그러나 뱀에 물리면 → 뱀독 단백질 유입 → 피브린 분해 → 혈전형성X → 출혈, 독 → 혈관 따라 전신으로 확산된다. 이를 역으로 혈전을 녹이는 뱀독으로 이용하여 혈액응고 방지용 혈전용해제가 개발된 바 있다. 이와 더불어 최근에는 혈액을 구성하는 성분을 걸러내는 비장과 혈액세포들을 생산하는 골수에 작용하는 독에 대한 연구들이 소개된 바 있다.

살무사

뱀독니

뱀에 물렸을 때...?

독사에 물렸을 경우, 최대한 빨리 항혈청(antiserum) 주사를 맞아야 한다. 항혈청 속 항체들이 뱀독을 중화시키는 작용을 하기 때문이다. 하지만 체질에 따라 결과는 상이하므로 혈청이 항상 효과가 있다고는 할 수 없다. 통상으로 뱀에 물렸을 때 물린 상처부위를 빨거나 째는 행위는 이미 독의 영향으로 괴사되고 있는 조직손상의 가속화와 2차적 감염으로 진행될 수 있다. 항응고제가 포함된 뱀독의 경우, 상처부위를 더 벌리면 출혈과다로 더 위험해질 수 있다. 상처부위 압박 또한 물린 곳의 혈액공급 차단 → 조직괴사 촉진 → 예후 악화로 이어지는 행동이다. 구강 내 상처 혹은 충치가 있는 경우 독이 들어가 전신으로 퍼질 수 있어 상처의 독을 빼는 행동도 하지 않아야 한다.

※ 항혈청: 항원을 동물에 주사하여 얻은 항체가 들어있는 혈청(희석한 뱀독 → 6개월간 소에 주사 → 혈액 채취 → 응고시킴 → 위에 뜬 부분). 그러므로 항혈청에는 소 체내에서 생성된 독에 대한 항체가 들어 있다.

뱀에 물렸을 때 나타나는 가장 위험한 증상은 다름이 아닌 공포감으로 심장박동이 빨라져 독이 더 빨리 퍼질 수 있다. 다음은 염증으로 물린 곳에 혈액이 모이면서 부어오른 부분의 근육을 녹이면서 2차 피해를 입힌다. 더 나아가 심혈관계 작용 → 혈압강하 → 쇼크가 발생할 수 있다. 뱀에 물린 직후에는 환자를 안심시키고 물린 곳의 움직임 최소화 → 안정 유도 → 병원 후송 → 치료 받게 하는 것이 중요하다.

뱀과 자주 접촉하는 사람들도 벌독/땅콩알레르기.. 다른 경우처럼 소량의 독에 계속 노출되어 민감해지는 경우가 있다. 뱀독에 과민 반응하여 과민성 쇼크가 나타나 사망한 사례가 보고되어 있다. 또 다른 성분으로는 혈액응고를 방해하는 항응고제가 있는데, 항응고제 때문에 뱀에 물린 자리에서 피가 멈추지 않아 과다출혈로 사망하기도 한다. 신장의 기능 멈춤도 자주 발생하는 증상이다. 독이 체내를 돌다 신장을 통해 배출되는 과정에서 신장조직을 손상시키고, 과부하된 신장이 기능을 멈추면서 사망에 이를 수 있다.

뱀독의 일반적 증상

뱀독의 중요 기능의 하나인 신경독소는 여러 형태의 증상을 일으킨다. 신경독 있는 뱀에 물리면 흔히 힘이 빠지거나 몽롱한 상태가 되며, 진정제와 유사한 기능의 독인 경우에는 근육이완 → 폐 수축X → 질식사 한다. 특히, 침을 뱉는 코브라의 독이 눈이나 코 점막에 묻으면 시력손상이 일어날 수 있다. 뱀에 물린지 보통 2~4 시간 후 붓기 시작하는데, 종류에 따라선 더 빨리 나타나기도 한다. 붓기가 가장 심해지는 것은 물린지 2~3일이나 정상으로 회복되는 데에는 수개월 걸릴 수 있다. 어지럼증/구토... 전신 중독증상은 몇 분 만에도 일어날 수 있으며, 통계에 의하면 코브라에 물린 후 사망까지는 몇 시간, 바다뱀 12~24시간, 살무사는 며칠 걸린다. 신경독의 작용으로 근육의 수축이 불가능해지는 데에 대략 몇 시간정도 걸리고, 조기에 해독제를 투여하지 않으면 장기간 후유증이 남거나 치명적일 수 있다.

※ 독사에게 물렸을 때는 독사의 독으로 만든 백신주사를 맞는 것이 최선의 치료법이다.

독성단백질 베타아밀로이드가 알츠하이머병 원인 중 하나라는 것은 여러 연구에서 밝혀졌고, 이를 제거할 수 있는 열쇠가 뱀의 독에 있다는 것도 최근 알려졌다. 베타아밀로이드 분해효소를 자극할 수 있는 분자를 살무사독에서 발견하여 동일분자를 합성 및 실험한 결과 뱀독의 분자와 동일한 효과가 확인되었다. 이를 계기로 뱀의 독을 알츠하이머병 치료제로 개발하려는 가능성이 한층 더 가까워지고 있다. 또한, 뱀독을 혈전증 치료제 개발 → 뇌졸중, 심근/뇌경색, 항암제 등의 치료제로 응용하는 연구가 진행되고 있다.

2. 개구리독

양서류(개구리/두꺼비/도롱뇽..)는 점액으로 덮인 촉촉한 피부를 갖고 있는데, 일부 개구리 중에는 촉촉한 피부에 무서운 독샘을 가지고 있는 종류들이 있다. 중남미에 서식하는 이들 독화살개구리(poison dart frog)는 화려한 빛깔의 경고색과 특징적인 외양을 지닌다. 무엇보다도 유명한 것은 이들의 강력한 독과 독특한 무늬! 모두 독이 있으나 종에 따라 독성의 정도가 다르고, 같은 종이어도 집단이나 서식처에 따라 상당한 차이를 보인다.

독화살개구리

'독화살개구리' 라는 이름은 남미 원주민들이 개구리의 독으로 독화살을 만들어 사냥을 한데서 유래하였다. 독화살에 쓰인 개구리는 대개 몸집이 작아 성체가 1~2㎝ 이고 매우 화려한 색을 띠고 있는 것이 그 특징이다. 눈에 띄는 경계색은 독성의 정도 및 독소 분비량과 관련 있어 맹독에 분비량이 많은 종일수록 더 밝고 자극적인 경계색을 띄는 것으로 알려져 있다. 다시 말해 독화살개구리는 독성의 정도와 그 분비량과의 상관관계를 잘 이용한 방어체계를 작동하는 대표적인 생물이라 할 수 있다. 눈에 잘 보이는 자극적인 색감은 상대에게 보내는 경고 신호로 그 패턴과 색은 매우 다양하다. 비교적 최근에 분화한 경우는 불과 6,000여 년 전에 진화해 나타난 색깔 패턴도 있는 것으로 보고 있다.

- **황금독화살개구리**(*Phyllobates terribilis*) – 아마존 지역에 서식하는 독개구리로 종명 학명 *'terribilis'* 라틴어는 '무시무시한, 소름끼치는' 뜻으로 '공포의 독개구리' 라고 해석되기도 한다. 독개구리 종들 중에서 *P.*

*terribilis*가 더 무서운 이유는 맹독성 바트라코톡신(batrachotoxin) 성분을 분비하기 때문이다. 그 어떤 다른 독개구리 독뿐만 아니라 육상의 다른 동물들의 독성분과도 비교할 수 없는 최강의 독성을 지니는 것이 바로 바트라코톡신! 황금독화살개구리에서 추출된 독으로 쥐 만 마리, 성인 10~20명, 혹은 코끼리 2마리를 죽음에 이르게 할 수 있다고 하니 과연 유명할 만하다!

※ 황금독화살개구리 천적: 약 0.5m 크기의 리마도피스(*Leimadophis epinephelus*) 뱀은 황금독화살개구리의 유일한 천적. 이들의 관계는 전형적인 공진화 사례로 강력한 독성의 독개구리에 대해 뱀은 더 튼튼한 저항성을 가진다.

독화살개구리들은 피부의 분비샘을 통해 알칼로이드 계열의 독을 분비하는데, 대략 28종류가 알려져 있다. 이들의 독성분은 스스로 생성하는 것이 아니라, 개미/노래기/무당벌레/지네/진드기... 먹이로 인해 만들어지는 것이라 한다. 잡아먹은 먹이에 원래 있는 알칼로이드나 알칼로이드 원료를 흡수해서 직접 사용하거나 재가공하여 얻는다고 추정하고 있다.

독화살개구리, 화려한 무늬 뒤의 맹독

남미의 원주민들은 독화살개구리 피부 독샘에서 분비되는 맹독을 화살촉에 묻혀 오랫동안 사냥에 이용해 왔다. 이들의 독은 바트라코톡신, 프밀리오톡신pumiliotoxin 등 수백 종류 알칼로이드 계열의 신경독 성분이다. 바트라코톡신의 LD50=0.002㎎/㎏으로 아주 적은 양으로도 사람 목숨을 빼앗을 수 있는 치명적인 맹독이다. 독화살개구리 중 가장 맹독을 가진 부류는 2㎎/개체 바트라코톡신을 갖고 있다고 한다(50kg-성인-20명치사량). 바트라코톡신은 뉴런의 신경세포막 상의 나트륨 통로가 닫히지 못하게 하여 자극이 제대로 전달되지 못해 신경이나 근육을 마비시킨다. 심장근육에도 독소로 작용하여 심장마비를 일으킬 수 있다. 이들 독소에 안전한 생명체, 즉 완벽하게 면역력을 지닌 생물은 바트라코톡신이 작용하지 못하는 나트륨 이온채널을 가지고 있는 독화살개구리뿐이다. 바트라코톡신은 복어독 테트로도톡신과 정반대의 작용을 한다. 제7장 참고

※ 바트라코톡신: 파푸아뉴기니 독조 피토휘가 가진 호모바트라코톡신과 같은 맹독이다.

한편, 독화살개구리의 독성분을 의약품으로 개발하려는 연구도 활발하게 진행되고 있다. 독화살개구리는 바트라코톡신 외에도 다양한 독을 지녀 신약개발 연구의 초점이 되고 있고, 통증완화에 뛰어난 효과를 보이는 에피바티딘이 그 예이다. 독성분 에피바티딘(epibatidine)은 모르핀보다 200배 정도의 강력한 진통작용을 할 수 있지만, 모르핀이 갖는 중독 또는 금단증상이 나타나지 않는다고 한다. 통증 억제력은 강하지만 습관성 없음을 이용해 모르핀 대체 진통제로 개발하여 최근 임상에서도 사용하기 시작하였다. 또한 에피바티딘에는 중추신경과 신경관절의 아세틸콜린 수용체와 결합하는 성질이 알려져 있다. 이 성분이 파키슨병, 알츠하이머병 등 아직 치료제가 없는 난치병에 어느 정도 효과 있음이 보고돼 이후 치료에도 도움 될 것으로 기대를 모으고 있다.

3. 도마뱀독

도마뱀의 종류는 그 특징과 생김새 등이 매우 카멜리온/이구아나/게코 도마뱀/바실리스크... 다양하다. 특히 이들 중 거대한 몸집에 독을 이용한 독특한 방법으로 먹잇감을 잡아먹는 코모도왕도마뱀은 독소 작용의 특징으로 주목을 받아 왔다. 기존에 오랫동안 널리 알려졌던 이론과 최근의 연구결과를 토대로 이를 반박하는 새로운 이론을 비교하여 코모도왕도마뱀의 독작용을 박성웅 외(2015) 자료를 토대로 중점적으로 다루어보도록 하자.

가설 #1 **침이 치명적이다...?** 세균이 만들어내는 세균독이 아니라 세균 자체를 독으로 이용하는 생물이 바로 코모도왕도마뱀이라고 믿는 견해이다. 코모도왕도마뱀은 2~3m/60~70㎏ 가장 큰 도마뱀으로 이들에게 물린 먹잇감은 도망가도 며칠 내 병원성 세균에 의한 감염증상이 나타나 오래지 않아 죽음을 맞는다. 입속 침에 그 비밀이 감춰져 있는데, 침에는 고병원성의 세균 57여종이 들어있다고 한다. 물린 상처를 통해 상대의 핏속으로 들어간 세균들은 급성패혈증을 일으켜 죽음으로 몰아넣는다. 코모도왕도마뱀은 갈라진 혀를 이용해 주변 환경탐색, 맛과 여러 자극인지, 수 ㎞ 밖 썩은 고기냄새를 맡을 수 있다. 10㎞ 멀리 떨어진 곳의 부패한 고기냄새도 맡을 수 있는 뛰어난 후각으로 뒤쫓아 가서 죽은 먹잇감을 찾아내 먹을 수 있다. 날카로운 큰 이빨들은 톱니처럼 배열하여 쉽게 먹이를 자르고 찢는 무서운 포식자다. 썩은 고기를 먹기는 하나 먹잇감을 습격하기도 하며, 한 번에 몸무게 80%에 해당하는 먹이를 먹기도 한다.

코모도왕도마뱀 아래턱에는 분비샘이 2개 있는데, 독이 있다면 여러 독성물질이 이곳에서 합성되는 것으로 추정된다. 이들의 입속에는 대부분 잇몸으로 덮여 있는 ~2.5㎝ 길고 손상되면 대체되는 날카로운 이빨이 60여개 발달해 먹을 때마다 잇몸이 찢겨서 입안에는 항상 피가 고여 있는 것으로 보인다. 이런 피 섞인 침/타액은 세균들에게는 좋은 배양액이 되어 대장균, 포도상구균, 파스튜렐라균(*Pasteurella multocida*/패혈증 원인균) 등 수많은 병원성 세균들의 서식처가 된다. 이들 세균의 병독성(highly pathogenic)이나 매우 빠른 성장이 '코모도왕도마뱀에게 물리면 패혈증으로 진행된다.'는 속설을 뒷받침 해주고 있다. 그러므로 이 가설에서는 코모도왕도마뱀의 독은 다름이 아닌 바로 침 속의 세균들로 보고 있다.

가설 #2 **독샘-독 분비에 의한다...?** 몇 년 전 해외의 한 연구가 널리 인정되어 오던 '코모도도도마뱀의 침 속 독성 세균들이 물린 먹이를 감염시켜 죽인다'는 이론에 반론을 제기하였다(2009년/호주/멜버른대). MRI 촬영법과 단백질 분석법을 통해 코모도왕도마뱀 사체를 연구하여 기존의 이론을 반박한 것이다. MRI 촬영으로는 아래턱 부분에서 독 분비구조로 추정되는 분비샘 2개를 발견했고, 단백질분석으로는 혈액응고 방해, 혈압↓, 근육마비를 부르는 응혈독의 몇몇 후보물질을 발견한 바 있다. 연구결과를 근거로 '병원성 세균을 이용한 패혈증이나 쇼크, 과다출혈로 죽이는 방식'을 반박하였다. 하지만 입 안에 분비되는 각종 단백질에는 여러 기능이 있고, 이런 복잡한 기능들을 이해하지 못하고 단순히 독성물질 관점에서만 보면 잘못된 해석을 할 수 있다는 의견을 가진 사람들은 그 결과에 동의하지 않는다.

※ 연구 계기: 공원 관리인이 코모도왕도마뱀에게 물려 병원에서 치료받을 때, 혈액에 독성물질이 들어있음을 이상히 여긴 학자들이 연구하기 시작하여 이미 알려진 세균뿐만 아니라 독 분비구조를 가지고 있음을 밝혀냈다. 코모도왕도마뱀의 먹이사냥에서 세균감염보다는 독샘의 역할이 더 큼을 밝혔고, 물린 사냥감이 서서히 기력을 잃어버리는 것도 전부 이 독 때문이라고 발표하였다.

결론적으로 코모도왕도마뱀의 독성분이 먹이사냥에 중요한 역할을 하지만 동시에 큰 상처를 입히는 날카로운 톱니모양 이빨과 입 속 세균들 또한 그 역할을 한다. 안으로 굽는 톱니모양 이빨들이 부러지면 새로 대체되기까지 하는 전략도 가진다. 어떻게 완전히 썩은 고기를 별 탈 없이 먹고 입 속에 고병원성 세균들을 기르면서 아무렇지도 않게 살아갈까? 이들이 어떻게 이런 세균들로부터 아무런 영향을 받지 않는지에 대해서는 여전히 의문점으로 남아있다. 이런 놀라운 능력이 학자들의 주목을 받아 현재는 피범벅의 타액이 항생제개발 연구에 쓰이고 있다.

※ 신약개발: 2005년, 미국독도마뱀의 침 추출물에서 당뇨병에 효과 있는 '바이에타핀' 신약이 개발되었다. 미국독도마뱀은 먹이를 물은 후 이빨 사이에서 나오는 독이 상대의 몸에 퍼질 때까지 기다렸다 잡아먹는다. 이때의 증상으로는 심

한 통증, 부종, 현기증, 구역질, 오한 또는 아나필락시스 등이 나타난다.

4. 새의 독

생물 중에는 독을 갖고 있는 것들이 많으나 새 조류에서는 문헌상으로만 기록이 있고 실제로는 없을 것이라고 믿어왔다. 하지만 조류라고 해서 독이 없을 리가 없음이 21세기 초반에 밝혀졌다. 2002년 뉴기니에서 독을 가진 *Pitohui* 피토휘 새들이 발견된 것! 이들 피토휘의 깃털과 피부에 독성물질이 있음이 밝혀졌고, 모두 맹독으로 독화살개구리가 지닌 바트라코톡신 계열의 독성분을 갖고 있다. 그 독이 바로 호모바트라코톡신(homobatrachotoxin)이며, 스테로이드계 알칼로이드성 신경독으로 LD50=3㎍/㎏의 맹독임이 밝혀졌다. 그러나 독조 피토휘가 독성분을 스스로 만드는지의 여부는 아직 밝혀지지 않았다.

이들 피토휘는 강력한 독 덕분에 독수리/뱀... 천적에 습격당할 위험은 없다고 한다. 피토휘 새들은 종은 다르더라도 외양은 서로 비슷한데, 이는 비슷한 외형의 새들이 모두 독이 있다는 것을 포식자들에게 알리는 경고용이라고 볼 수 있다. 이와 같이 독은 생물의 외형 형성에도 중요한 역할을 하고 있음을 알려주는 좋은 사례가 된다.

※ 독조(獨鳥) – 피토휘속에 속하는 비슷한 3종류로 후드피토휘(*P. dichrous*), 베리어블피토휘(*P. kirhocephalus*), 러스티피토휘(*P. ferrugineus*)

※ 참고: 코넬대학연구팀 과학자들은 연구에서 개미의 분비물과 개미 먹은 새의 분비물에서 모두 스테로이드계 알칼로이드를 검출했다는 결과를 발표한 바 있다. 개미를 먹은 새도 개미의 스테로이드계 알칼로이드를 분비한 것이다. 새는 화학물질을 함유한 곤충을 먹어서 분비샘에 곤충이 함유한 화합물과 같은 종류의 화학물질을 축적하였다. 이와 같이 동물은 필요하면 방향성이 강하거나 진통효과 있거나 수렴성 강한 식물 등을 이용한 곤충에게서 독성의 화학물질을 취해서 피부에 축적하기도 한다.

피토휘 새의 사체를 미국 NIH에 의뢰 연구한 결과, 이들이 만든 독성물질은 이제까지 알려진 것 중에서 아주 강력한 독성물질의 하나로 밝혀졌다. 그 독성은 스트리크닌(*Strychno* 식물종자의 독성 알칼로이드)보다 100배 정도 강했고, 한 마리에 들어있는 독의 양은 쥐 500마리를 죽일 수 있는 강력한 독성을 나타내었다. 이런 강력한 독성을 견줄만한 생물은 위에 언급한 맹독성 독화살개구리 정도라 한다.

※ 후두피토휘: 고약한 냄새를 풍기는 새로 독으로 인해 먹을 수 없어 현지 원주민들은 쓰레기 새(rubblish bird) 라고 불렀다 한다.

피토휘에 할퀸 자국이나 물린 상처를 핥으면 입 안이 마비되고, 그 깃털이 혀에 닿으면 입과 코 점막이 타는 느낌으로 몇 시간정도 마비상태가 된다고 한다. 하지만 분비량이 많지 않아 사람에게 치명적이지는 않고, 닿으면 손이 얼얼할 정도의 자극을 유발할 수 있다.

그렇다면 이들은 왜 이런 맹독을 분비하는 것일까? 이들의 분비량은 사냥하기에도 적고, 방어용으로도 충분치 않은데... 연구진들이 세운 가설에 의하면 이들이 지닌 호모바트라코톡신이 이/벼룩.. 체외 기생충과 영향이 있다고 본다. 새에 서식하는 체외 기생충은 피토휘를 비롯한 많은 조류에 큰 피해를 입힌다. 비둘기 1마리에서 lice 이 13,000마리가 기생한 극심한 경우, 이들이 깃털을 갉아 먹어 새가 거의 날 수 없을 정도였다고 한다. 또 피를 빨려 빈혈이나 기타 감염성 질환에 노출될 수 있어 새들은 유독식물 이용 → 둥지 만듦 → 기생곤충 방지하거나, 깃털에 독성물질을 발라 기생곤충을 제거하기도 한다.

※ 참고: 일부 새는 개미집에 앉아 일부러 개미들을 들쑤셔 개미독을 몸에 씌운다. 개미가 공격을 당하면 독인 개미산을 뿌리는데, 새에게는 약간 따갑지만 깃털에 있는 기생충들에게는 치명적인 양의 독이 되는 셈이다.

연구진들이 조사한 피토휘새-기생곤충의 연구결과는 다음과 같았다.

피토휘 독으로 체외 기생하는 lice이를 모두 죽이기는 어려웠지만, 일부는 마비 혹은 붙은 것을 떨어지게 할 수는 있었다. 일단 마비된 이들을 부리를 이용하거나 긁어내는 물리적 방식을 써서 제거하였다. 독 분비가 없는 깃털에서는 이에 의한 심한 손상은 물론 새 자체의 성장과 발육도 느린 편이었다. 이런 새의 독은 당연히 기생곤충의 번식에도 영향을 미쳐, 독 분비기간에는 이의 개체수가 늘어나는 속도도 늦어졌다. 기생체가 줄면 새 성장이 빨라지고, 그의 제거시간도 짧아진다. 새에서의 신경독 호모바트라코톡신 발견도 새롭지만, 이런 사실이 기생충 제거를 목적으로 한 독의 진화라는 점도 매우 흥미로운 일로 받아들여지고 있다.

결론적으로 말해 피토휘 새들은 화학적 방어의 한 수단으로 호모바트라코톡신 독을 잘 이용하는 것 같다. 이 독성분을 체외 기생충 퇴치에 또는 자신을 위협하는 더 큰 포식자로부터 자기를 보호하는데 효과 있게 사용하는 것이다. 앞에서 잠시 언급하였듯이 이들의 독은 자체적으로 만드는 것이 아니고, 먹이에서 그 독성분을 얻는 것으로 추정된다. 먹잇감인 곤충에 있던 독이 피토휘의 깃털과 피부에 축적되었을 가능성도 점쳐지고 있어 이에 대한 연구는 현재 진행 중이다.

생물독2:
살인의 해양생물독

Chapter

7

Chapter 07

생물독2:

살인의 해양생물독

해양생물의 독

해양에 살고 있는 수많은 생물종들도 육상에서와 같이 매우 다양한 구성을 보이며, 일부 종들에서는 독을 사용해서 살아남는 방법도 놀라울 정도로 거의 비슷하다. 일부 해양생물은 이름을 거론하면 바로 그 독성이 떠오를 정도로 자체의 독특한 특징이 된다. 대표적인 것이 바로 어류! 해양생물 중 어류는 3만종이 넘지만 독을 갖는 건 300여 종에 불과하다. 이들 가운데 독으로 가장 유명한 것은 단연코 복어! 우리가 맛있다고 즐겨 먹는 복어는 테트로도톡신 독으로도 유명하다. 복어도 독화살개구리처럼 먹이를 통해 체내에 독을 쌓는다. 산란일이 다가오면 난소와 알에 테트로도톡신의 양이 늘어나는데, 독이 산란기에 더 강해지는 것은 페로몬 역할과 연계시켜 설명된다.

복어의 독성 강도와 양은 복어의 종류나 부위, 계절에 따라 다르기 때문에 복어를 먹었다고 해서 반드시 중독된다고 할 수는 없다. 때문에 처음에는 복어를 먹어도 멀쩡했던 사람이 다시 먹었을 때 중독되는 사고가 심심치 않게 들린다. 그렇다면 복어독은 어떤 작용으로 인체를 위험에 빠뜨리는가? 독을 분비하는 별도의 구조가 없는 복어는 왜 맹독을 지니고도 전혀 문제가 발생하지 않는가, 그 이유는 무엇인가? 등등 아래의 내용에서는 이러한 의문들을 자세히 다룰 것이다. 이후 섹션에서는 해파리, 바다뱀, 파란고리문어, 조개류 등 여타의 해양생물이 지니는 독에 대한 설명이 이어진다.

※ 복어독: 복어류에 함유된 치사율 60%↑ 맹독성분. 1909년 일본 다하라 박사가 복어 난소에서 독성분을 추출하여 tetrodotoxin '테트로도톡신'이라 명명했다. 독의 명칭은 라틴어에서 기원한 '테트로' 테트라 → 4, '오드' → 치아를 뜻한다.

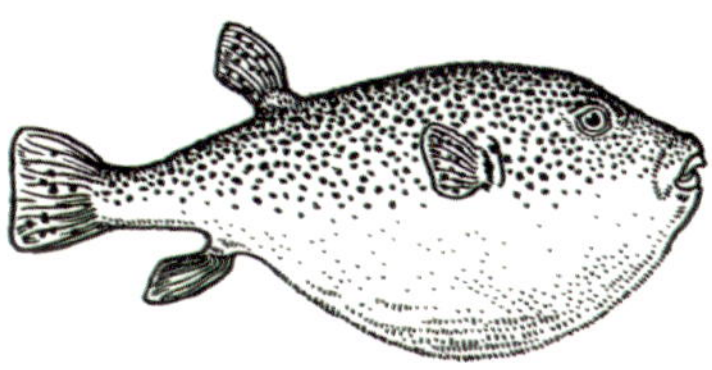

복어

1. 복어독

복어독 테트로도톡신(tetrodotoxin 이후 TTX 표기), 사린가스, 투구꽃 아코니틴, 담배 니코틴 등은 신경독에 해당한다. 신경독에 중독되면 호흡곤란이나 심부전, 경련 등의 증상이 나타나는데, 신경계에 작용하는 독들은 신경세포의 나트륨 기전을 방해함으로써 독작용을 한다. 복어독 또한 신경전달물질의 전달과정을 방해하여 신경전달이 제대로 이루어지지 못해

결국에는 목숨까지 잃게 한다. 투구꽃의 아코니틴도 신경독이지만 아코니틴은 TTX와 달리 통로를 계속 열어 나트륨 이온이 세포내로 대량 유입되어 신경전달을 방해한다.

세균에서 얻는 복어 TTX

복어는 TTX를 스스로 만들어내지 못하고, 먹이로 섭취하거나 체내에 기생하는 균에 의해 만들어진다. 복어의 독은 오랫동안 복어 체내에서 생성되는 것으로 믿고 있었으나 양식 복어가 무독임이 밝혀지면서 TTX는 복어가 스스로 만들어내는 독이 아니라는 사실을 알게 된 것이다. 양식복어는 무독이나, 독 있는 자연산 복어와 같이 키우면 천연복어 균이 옮아가서 양식복어도 유독화된다. 양식복어라고 해서 안심은 금물! 한편, 독 없는 양식복어와 독 있는 천연복어를 같은 수조에서 물은 통하게 하되 둘을 그물로 격리시키면 유독화 현상이 생기지 않는다고 한다. 이러한 사실로부터 접촉에 의한 감염이 추정되었으며, 복어 피부에서 채취한 세균이 TTX를 만들어낸다는 것을 밝혀낸 바 있다.

연구에 의해 TTX는 복어 몸속의 세균 녹농균에 의한다는 사실이 밝혀졌다. 녹농균은 주로 해조류/플랑크톤에 살고, 게/편형동물에 먹히면 녹농균은 플랑크톤 → 게/편형동물 → 복어 섭식 → 복어 난소/간.. TTX 축적으로 이어진다. 이런 먹이사슬을 통해 복어가 많은 녹농균을 갖게 되었다고 추정한다. 파란고리문어/게/편형동물/불가사리/도롱뇽/두꺼비.. 다른 해양생물에서의 TTX 성분 발견은 이를 뒷받침하는 또 다른 증거이다. 이와 관련된 연구에서 복어 TTX가 해양세균들을 통해 얻는 독소인 것으로 밝혀졌다. 하지만 종류에 따라 역할이 달라 복어 TTX는 복어가 다른 생물에 먹힐 때 쓰는 수동적인 방어독이나 파란고리문어 TTX는 침샘의 독을 공격에 사용하는 공격독이다.

※ 녹농균(*Pseudomonas aeruginosa*): 패혈증, 전신감염, 만성기도 감염 등을 일으키는 병원성

세균. 드물지만 눈/각막에 일단 감염되면 실명에 이를 정도로 위험하다.

TTX 독작용

테트로도톡신의 분자구조식은 $C_{11}H_{17}N_3O_8$(분자량 319.28)으로 크지 않고 산소를 많이 포함하는 것이 특징적이다. TTX는 신경세포의 나트륨 통로를 차단해 신호가 전달되지 못하도록 방해하는데, 이는 세포막으로의 나트륨 유입을 선택적으로 억제하는 것이므로 활동전위가 멈추는 것이다. 분자수준에서 살펴보면, TTX는 신경이나 골격근육의 나트륨 통로를 폐쇄하여 활동전위를 멈추게 하나 TTK 결합부위는 Na^+ 통로단백질 분자의 막관통부위 α-소단위 중에 있다.

보통 복어 1마리 → 30명 치사량 해당하는 TTX가 나온다. 특히, 산란기 직전에는 청산가리 독성의 1,000배에 해당하는 최고조의 독성에 이르고, 1㎎ 정도로도 목숨을 잃을 수 있다. 일명, 참복 자주복 1마리의 내장 TTX → 성인 33명 殺傷 가능하다(LD50=0.01㎎/㎏). 난소 TTX로는 12~13명 목숨을 빼앗을 수 있고, 이를 실험쥐로 환산하면 약 220,5000마리를 죽일 수 있는 양이라니 생각만 해도 오싹해진다.

TTX는 계절적 특이성이 있어 가을~겨울 복어 난소와 간에 그 양이 많다. 복어는 별도의 독샘이나 저장 또는 전달기관 없이 독을 직접 간이나 내장에 저장한다. TTX는 4~6월 산란기에 가장 많고, 그 부위는 1 난소알.. → 2 간 → 3 내장신장.., 피 → 4 안구, 피부 순이며, 정소에는 없는 것으로 알려져 있다. 열에 매우 강해 끓이고 삶는 방식으로 조리해도 독이 잘 없어지지 않는다. 끓여도 4시간 이내에는 변화가 없고, 6시간↑→ 파괴 시작, 9시간 정도 → 파괴된다. 300℃ 고온이나 -20℃ 극저온에서도 분해되거나 사라지지 않는 강력한 독성분이다.

순수한 TTX는 무색/무미/무취, 냄새도 없어 섞여 있는지 여부를 구별할 수 없다. 상대방을 속일 수 있는 독살의 비약으로 이용되기도 하였다. 1987년 KAL기 공중폭파 한 북쪽 공작원이 체포 직전 마시고 자살한 앰플에는 복어독이 들어있었다!

복어독으로 죽는 이유

맹독 TTX는 다른 생물체에 유입되면 신경세포막에서 신경충격 전달 관여 나트륨 통로 차단 → 신경전달물질 이동 불가 → 입술/혀.. 마비된다. 독이 극미량이라도 남아 있는 복어를 먹으면 혀가 얼얼해지는 느낌은 바로 이 때문이다. 복어독 중독초기에는 지각 신경마비를 느낀 후 혈압저하, 호흡곤란, 의식소실 등의 과정을 거치는데, 자세한 발현양상은 다음과 같다.

피/내장/껍질/눈/알.. TTX를 조금만 먹어도 입술과 혀가 마비되고, 두통/복통, 구토, 신경 마비증상이 ~20분후 이어서 나타난다. 말단부위의 마비증상 후에는 자율신경 차단에 의한 혈압↓↓ ↓↓, 호흡중추 억제 등이 나타난다. 식후 30분 이내에 증상이 나타나 심각해지면 2시간 이내에 사망할 수 있다. 대략 사망까지는 섭취 후 1.5~8시간이지만 중독발생 후 8시간↑ 경과되면 회복될 가능성이 커진다. 사인은 주로 운동근육 마비에 의한 호흡근 마비! 심장마비로 인한 사망은 없다고.... 복어독 중독의 가장 큰 사망원인은 호흡곤란이므로 밤에 먹지 말라고 하는 것은 중독증상이 마비 후 호흡곤란 증상이 나타나도 자다가 사망하면 알 수 없기 때문이라고 한다.

TTX에는 해독제가 없다! 때문에 독이 유입된 것을 알아도 손쓸 수가 없다. 강제로 구토를 하게 하거나 위세척을 하면 독을 제거하는 것이 가능하지만, 그것도 섭취 후 1시간↑ 경과하면 독이 모두 흡수되므로 별 효과가 없다. 간에서 저절로 해독되길 기다리는 수밖에... 특효약이 없다는 이야기다. 최선의 방법은 재빨리 먹은 것을 모두 토해내는 것이다.

최근 연구에서 ♀ 복어가 ♂을 유인할 때 TTX를 페로몬으로 사용한다는 사실도 밝혀졌다. 복어는 TTX 함유하는 먹이를 더 선호한다고 한다. 또 ♀ 난소의 독소는 산란일이 다가오면 그 양이 더욱 늘어나는데, 이는 복어독이 보호독이자 페로몬 기능으로 번식에도 활용한다는 의미이기도 하다. 또한 TTX와 마비성 조개독 삭시톡신을 함께 가진 복어가 발견된 바 있는데, 이 독소도 TTX처럼 삭시톡신+나트륨 통로 결합 → 운동신경 마비

→ 호흡곤란 등의 증상을 일으키는 것으로 알려져 있다.

복어독 관련 Qs & As...

Q: TTX 자기 독에 중독되지 않는 복어, why...?

A: 복어의 나트륨 통로는 TTX와 결합하기 힘든데, 복어의 신경구조상 이 독소로 인해 나트륨 통로가 차단되는 일은 없기 때문이다. 모든 생물은 통로단백질로 세포내외의 나트륨 농도를 조절하는데, 복어는 특이한 단백질로 세포의 나트륨을 관리한다(아미노산 1개 다름). 이런 기전으로 복어는 맹독인 테트로도톡신을 몸 곳곳에 지니고도 아무런 문제없이 살아갈 수 있다.

Q: 사람이 복어의 테트로도톡신을 섭취했을 시 가장 이상적인 응급조치는 무엇... ?

A: 최대한 빨리 '구토하는 것' 이 중요! → 우유/물 많이 마시게 하여 손가락으로 인후부를 자극해 구토를 유도한다. 胃 내용물 모두 토하는 胃세척 응급처치 후 처치 가능한 최단거리 응급 의료기관에 이송한다.

Q: 테트로도톡신의 해독법을 그래도 찾는다면...?

A: ① 쉽게 구할 수 있는 해독성분은 미나리! 미나리 즙이나 달인 물, 차조기 잎 등을 민간 해독요법으로 사용한다. 미나리성분 → 복어독 중화... 때문이라 추정된다. 아직 과학적 근거 無!!

② TTX는 알칼리에 비교적 약하므로 2~5% $NaHCO_3$(베이킹소다) 물을 마시게 한다.

Q: 복어독에 면역력이 있는가?

A: 인체는 TTX에 면역성이 없어 중독되지 않는 범위에서 복어독을 조금씩 계속 섭취해도 면역혈청이 만들어지지 않는다. 복어독은 습관

성이 없고 축척되지 않아 조금씩 자주 먹어도 체내축적이나 중독현상은 없다. 체내에 흡수된 위험한 수준이 아닌 극미량의 복어독은 분해되어 시리지므로 인체는 회복되고 후유증도 남지 않는다.

※ 동의보감–복어독 응급처치법: 중독증상이 나타나면 최대한 빨리 갈대 뿌리를 찧어 즙내어 마시게 하거나 인분이나 향유를 많이 먹여서 토하게 하면 낫는다고 적혀 있다.

복어독 효능: 이처럼 무서운 TTX 이지만 신경통/관절통/류머티즘.. 여러 증상에 진통제로도 이용된다. 이들 독은 매우 치명적이어서 임상실험은 불가능하므로 그 효능이 어떤지에 대한 연구결과는 없다고 전해진다.

해양생물 기타 독

- 팰리톡신(palytoxin)

복어독보다 더 강력한 독성으로는 팰리톡신으로 *Palythoa toxica* 에서 최초 분리되었다. 마이토톡신과 함께 해양생물가운데 최강의 독성분에 속한다. 비펩티드성 화합물로 화학식은 $C_{129}H_{223}N_3O_{54}$(분자량 2680). 팰리톡신은 나트륨 통로를 개방하며, 중독되면 다양한 신경증상(근육통/근육마비/경련..) 일으킨다. 심한 경우 호흡곤란, 쇼크, 신경장애를 일으키며 사망하기도 한다. 열대어류나 산호에 주로 있고, 팰리톡신을 지닌 산호초*P. tuberculosa* → 파랑비늘돔 등이 잡아먹으면서 어류 내장에 축적된다.

※ 팰리톡신: 성분 추출된 강장동물의 속명 *Palythoa*팰리토아에 독성을 뜻하는 toxin톡신을 붙여지어졌다.

- 시가톡신(ciguatoxin)

어류 中 시가테라식중독을 일으키는 독성 물고기는 300종↑ 추정되나 문제를 일으키는 것은 수십여 종! 시카테라 유발 독소는 시가톡신, 마이토톡신으로 TTX처럼 어류의 독이 아니라 유독성 와편모조류 플랑크톤이 만드는 독소다. 먹이사슬을 통해 돌돔 등 어류 체내축적 → 毒化 독화현상 발생시킨다. 맛있는 돌돔은 시가테라 식중독(설사/구토/마비/발진..) 일으킬 수 있다.

지용성 어류독인 시가테라 중독은 복어독의 작용기전과는 다르다. 테트로도톡신, 삭시톡신과 달리 나트륨 통로 개방 → 신경섬유로의 전달방해 → 독성을 발휘한다. 체내 유입되면 말초신경과 중추신경절, 신경세포 Na^{+} 투과성을 확연히 ↑↑ ↑↑ ↑↑ 시킨다. 시가테라 독소는 가열해도 파괴되지 않는 질소화합물(분자량 1,200~1,500) 함유 독으로 추정되나 화학구조는 알려지지 않았다. 시가톡신은 실험쥐에 10$\mu g/kg$ 독성을 나타내 TTX와 비슷하거나 강한 수준으로 본다.

• 마이토톡신(maitotoxin)

시가테라중독의 원인이 되는 작은 조식어 藻食魚 내장에서 처음 검출된 독성물질로 시가톡신처럼 와편모조류가 생산하는 천연독이다. 화학식 $C_{164}H_{256}O_{68}S_{2}Na_{2}$(분자량 3,422)으로 가장 큰 종류에 속하는 천연의 독성화합물이다. 실험 생쥐에서의 독성은 LD50=50ng/kg, 세포에서 초극미량 농도(nM~pM) 범위에서 Ca^{2+}→ 세포내로 유입시킨다. 저 농도로 세포막 인지질 이노시톨인산의 분해를 촉진하는데, 연구자들은 수용체와 연동하는 알려지지 않은 Ca^{2+}채널이 있을 것이라 추측하고 있다.

마이토톡신은 시가톡신보다 훨씬 강한 독성을 갖고 있으며, 해양생물의 독 가운데 최강의 독을 자랑한다. 마이토톡신은 세포 內 Ca^{2+} 농도를 높여 평활근/골격근/심근.. 근육을 수축시킨다. 천연 유기화합물 中 최대의 분자량을 갖고 있어 생화학적으로 연구대상이 되는 물질이다. Ca^{2+} 운반체 작용은 미지로 남아있으나 칼슘이온 유입으로 일어나는 세포의 제반현상을 해명하는 시약으로 주목받고 있다.

2. 해파리독

독성 해파리들은 접촉하는 일체의 생물을 마비시키는 tentacle 촉수와 여기에 발달하는 특수한 자포가 특징적이다. 긴 촉수는 적으로부터 방어용 자신을 방어하거나 공격용 먹이 획득할 때 사용하는 자포(수십㎛ 크기/nematocyst) 여러 개를 형성한다. 자포는 독 기관으로 실처럼 늘어진 촉수에 무엇이 닿으면 자포에서 반사적으로 작은 가시 독침이 발사되어 상대에게 독을 주입한다. 해파리는 이렇게 먹잇감을 마비시키는데, 사람의 몸에 닿아도 똑같은 방법으로 독침을 쏜다. 하지만 모든 해파리가 독을 갖지는 않으며, 독의 강도 또한 종류에 따라 다르다. 해파리 독의 주성분은 단백질로 피부를 와해시키거나 중추신경을 마비시킨다. 이들에게 쏘이면 그 부위가 붓고, 두통과 구역질이 나며, 때로는 쇼크증상 → 호흡곤란에 빠지는 경우도 있다.

해파리

※ 참고: 자포 앞부분에 자침이 있어 물체가 스치거나 급격한 압력, 물 흐름에 변화가 있으면 캡슐에 코일형태로 있던 자사(刺絲)가 거꾸로 회전하는 것처럼 튀어나와 상대에게 독을 주입한다.

고깔해파리

독성 해파리 중 가장 위협적인 종류는 고깔해파리(*Physalia physalis*)로 접촉 시 감전된 것과 같은 '찌르르한~' 충격을 느낀다. 쏘인 순간 전기에 감전된 듯 큰 충격을 느끼기 때문에 '전기해파리' 라는 별명이 붙었다. 이들의 촉수에 쏘이면 감전 현상과 화상 입은 듯 피부가 부풀고 극심한 통증을 느낀다. 많이 쏘일수록 독 피해가 높아지며, 심한 자포독 → 신경 마비 → 사망할 수 있다. 이외 긴 촉수를 끌며 유영하는 해파리들에 강한 독이 있는데, 독은 수온이 높고 해파리의 생식선이 성숙하기 전이 가장 강하다. 그 중에 하나가 우리나라에서 흔히 쏘이는 상자해파리 종류이다.

상자해파리box jellyfish

갓 모양이 박스형 상자처럼 생겨 입방해파리 상자해파리라 불리는데, 갓은 4개 면을 지닌 형태로 각 모서리에 촉수가 4개~4다발/수십개 다수 발달한다. 모서리마다 발달하는 다수의 촉수에는 각각 ~500,000개 수많은 자포세포가 있다. 자포세포는 독이 들어있는 작살형 미세한 자포를 갖는다. 헤아릴 수 없이 많은 ~22,500,000개 자포세포는 인체에도 큰 위협이 되어 자주 해파리에 쏘이는 사고의 원인이 된다.

상자해파리가 유명한 것은 바로 독성 때문! 다른 해파리에 비해 독성이 강하고, 극심한 고통과 심한 경우 사망에 이를 수 있는 독을 사용한다. 해파리 독은 상대 동물에는 매우 효과적이나 그 몸체는 대부분 수분이어서 외부로부터의 충격에는 비교적 약하다. 강력한 독 없이 촉수로만 먹이를 사냥한다면 요동치는 먹잇감이 촉수나 몸체에 큰 피해를 줄 가능성이 높아지나 강력한 독으로 상대를 한 번에 마비시킬 수 있다면 그 피해를 최소화 할 수 있다.

※ 상자해파리: 종류에 따라 크기는 천차만별! 손가락 크기의 작은 종류~촉수만 3m↑ 자라는 무게 2㎏의 종류도 있다. 거의 모든 바다에 있으며, 맹독성 종류는 주로 태평양에서 발견된다.

상자해파리는 이처럼 형태가 독특하고, 잘 분화된 신경계, 시각정보 처리능력, 운동능력과 독을 유용하게 사용하여 소형어류 먹이를 사냥한다. 특히, 구조상 둥근 상자모양 몸체 안쪽의 물을 효율적으로 내보낼 수 있고, 他 해파리에는 거의 없는 비교적 복잡한 신경계와 몸체 네 모서리에 20개 홑눈을 지닌

눈은 이들의 높은 운동성, 빠른 이동 및 속도를 가능케 해준다.

상자해파리 촉수는 대개 압력 자극이나 단백질과 접촉했을 때 자포 발사 수, 먹이로 추정되는 것과 접촉하면 반응토록 되어 있다. 촉수가 다른 개체와 닿는 순간 독성의 자포로 상대를 찌를 때 엄청난 통증이 따라온다. 붙어 있던 해파리를 급히 떼어낼 때, 쏘인 부위에 뜯긴 촉수가 남아 있다면 손대지 말고 장갑이나 집게로 제거해야 한다. 떨어져 나온 자포세포도 자포들을 쏠 수 있어 2차 피해가 생길 수 있기 때문이다. 쏘인 부위를 압박하고 움직이지 않는 것이 독의 확산을 지연시키는 방법이다. 쏘인 경우, 안전한 곳으로 옮겨 최대한 빨리 처치한다. 촉수가 남아있는지 확인하고, 쏘인 정도가 심하지 않다면 냉찜질과 항히스타민제로 통증을 관리하고, 중독 심각 시 → 항독소 치료를 요한다.

※ 참고: 어린 아이들이 큰 성체 해파리로부터 다량의 독소를 쏘이면 적절한 처치를 받더라도 사망에 이르는 경우가 있다. 완전히 말라버린 해파리 촉수도 다시 수분을 흡수할 경우 또 자포를 쏠 수 있으니 주의해야 한다.

독성의 상자해파리 가운데 가장 잘 알려져 있는 종은 일명, '바다의 말벌' 이라고 불리는 키로넥스 플렉커리이다. 대표적인 특성은 다음과 같다.

• 키로넥스 플렉커(*Chironex fleckeri*)

가장 흔하고, 가장 많은 피해를 주는 상자해파리 종류! 몸체가 투명하여 쉽게 띄지 않는데 자포에 쏘이면 격렬한 통증과 타격을 입힌다. 쏘인다고 모두 죽는 것은 아니나 한 개체의 독은 60여 명을 죽일 수 있는 양이 된다는 설도 있다. 20~30cm 4면의 갓과 ~3m 촉수에 수많은 자포세포가 있는데, 이들은 자극을 받으면 동시 다발적으로 발사된다. 강한 독이 빠르게 작용해 몸집이 큰 동물도 수차례 넓고 크게 쏘이면 ~5분 짧은 시간 내 죽는다고 한다.

※ 경험자 전언: 키로넥스 플렉커리 해파리에 쏘인 경험자는 그 통증을 "마치 벌겋게 달군 인두로 살을 지지는 듯한 격렬한 통증이었다." 라고 표현한 바 있다.

독성 해파리의 자포독은 더욱 위험한데, 바다의 말벌 키로넥스 플렉커리와 전기해파리 고깔해파리의 독은 인체에 격렬한 고통과 함께 심장에 손상을 일으킬 수 있어 주의해야 한다. 이들의 독은 복합적인 독 혼합물로 세로토닌, 수산화테트라메틸암모늄(신경흥분차단+마비성분), 독성 펩티드, 단백질을 포함한다. 피부접촉 시 치명적인 결과를 초래하는 것으로 알려져 있다.

※ 응급처치: 만약 해파리에 쏘였다면 바닷물로 상처부위 씻은 후 피부에 남아 있는 촉수를 (쪽)집게나 신용카드 등 빳빳한 물체로 제거하는 응급처치를 해야 한다.

3. 바다뱀 sea snake

바다뱀

바다뱀은 파충류로 수중생활에 적응하여 특화된 여러 종류 뱀들의 통칭이다. 크게 장어..어류 바다뱀과 파충류 바다뱀으로 구분되며, 육지의 독사처럼 독을 갖는 종류는 파충류 바다뱀이다. 어류바다뱀은 무독! 바다뱀은 수중에 잘 적응해서 꼬리는 헤엄치기 좋게 변화했고, 약간 납작한 모양으로 뱀장어에 가까운 외양을 띈다. 꼬리나 약간 납작해진 몸체 외에는 육지의 뱀과 크게 다른 점은 없고, 이가 덜 발달하고 독니도 짧은 것이 다르다면 다른 점이다. 바다뱀은 대체로 온순한 편으로 널리 분포하는 종은 꼭 필요한 방어를 위해서만 독을 사용하고 먹이를 잡아먹을 때는 독을 사용하지 않는다.

※ 바다뱀 특징: ① 몸통에 지느러미가 없고 매끈하며, 육지의 뱀처럼 비늘이 있다. ② 머

리 모양이 둥글지 않고 육지 뱀처럼 세모꼴로 아가미가 없다. ③ 장시간 을 물속에서 버틸 수 있지만 반드시 코를 통한 폐호흡을 한다. ④ 혀로 냄새를 구별한다(육지 뱀보다 떨어진 기능).

바다뱀의 적응

오래 전 바다로 이동한 뱀들은 수중에서 생활하기 위해 여러 면에서 적응해왔다. 밸브형태로 바뀐 콧구멍은 수면에서 호흡할 때 유입되는 물을 걸러내는 역할을 하고, 혀는 물속에서 냄새 맡기가 훨씬 쉬워 그 기능이 상당히 축소되었다. 장시간 수중헤엄을 위해 폐는 거의 몸체 끝까지 발달하여 몸체에 비해 커지는 방향으로 적응하였다. 특이하게도 폐의 끝부분은 호흡보다 공기 저장과 부력을 제공하게끔 꼬리부분 → 납작한 형태로 변형되었다. 하지만 수면 위 폐호흡과 물고기보다 느린 움직임은 제한점이 된다.

※ 바다뱀: 약 30m 잠수하여 3시간 이상 수중에 있다. 오랜 시간을 돌 틈에서 보내는데, 몸을 잘 숨기기 위해 꼬리 끝 빛 감지세포들을 이용해 숨어서도 주변변화를 감지하고 위협에 대응할 수 있다. 연구에 의하면 피부호흡이 일부 가능하여 수중생활 특성 이용 → 필요 산소량의 ~25% → 피부호흡으로 충당한다고 한다. 이들이 수중생활에서 극복해야 한 것은 염분 배출의 문제! 많은 NaCl → 혀 아래에 소금 저장+배출 위한 분비샘 만들어 밖으로 계속 밀어내서 처리한다.

같은 목적의 바다뱀독

바다뱀은 외형은 달라도 비슷하거나 거의 같은 독을 가지고 있는데, 그 이유는 바다뱀의 먹이가 주로 물고기여서 진화상 이들에 특화된 독이 선택된 것으로 생각된다. 즉, 특정 물고기류 사냥에 효과적인 독만 있으면 되므로 독 자체는 굉장히 단순함을 의미한다. 이렇게 육지 뱀독에 비해 덜 복잡한 것은 육지에서는 다양한 종류의 먹이를 사냥하기 때문에 훨씬 복잡해진 독이 필요하였을 것이라는 것! 이는 바다뱀에 듣는 해독제는 다른 바다뱀의 독에도 사용할 수 있음을 의미하지만 육지 뱀에서는 이를 널리 적용하기 어렵다는 게 일반적인 생각이다. 바다뱀 독의 진화에 대한 연구가 직접적으로 의학에 이익을 가져다 준 좋은 사례로 보고 있다. 실제로 보고된 관련 연구를 통해 한 종류의 해독제로 모든 바다뱀 독을 해독할 수 있음이 증명되었다. 해당 연구 분석결과, 사용된 해독제는 모든 종류의 바다뱀 독에서 효과를 나타내었다고 한다.

육상의 뱀독보다 강한 것으로 알려진 바다뱀들의 독 또한 신경독과 혈액독으로 나뉜다. 혈액독의 바다뱀에 물리면 출혈과 함께 고통스럽게 죽는데 반해, 신경독을 갖는 바다뱀에 물리면 통증은 없지만 단시간 내에 마비되면서 목숨을 잃는다. 신경독인 경우는 코브라와 같은 신경독인데, 코브라독보다 수십 배 강한 최강의 뱀독이다. 5~6종 바다뱀은 종에 따라 신경독 또는 혈액독이므로 응급 시 어떤 해독제를 사용해야할지 구별해야 한다.

바다뱀 중에 어떤 종은 인간을 즉사시키기에 충분한 맹독을 갖는데, 이 독은 독 한 방울 → 성인 3명 죽일 수 있다. 또 다른 종은 한 번 물때 이런 독액을 7~8방울 정도 분비한다. 신경독인 경우 여러 가지 독으로 구성되어 있고 맹독을 가지고 있는 종류의 독은 육지의 어떤 독사의 독보다도 강력하다. 독이 강한 이유는 물속에서 한번 물은 먹잇감이 헤엄쳐 도망가지 못하게 순식간에 충격을 주기 위함으로 해석된다. 이런 독이 인체에 주입되면 호흡을 정지시키는 골격근육의 마비로 인해 치명적인 상태가 될 수 있어 조심해야 한다.

한 예로 아주 높은 독성의 코스타리카 바다뱀에 물렸을 때 나타나는 알려진 증상들을 살펴보자. 이 바다뱀 독의 특징은 초기엔 강력한 통증이 별로 없어 물려도 물린 사실을 잘 인지하지 못하는 경우가 많다고 한다. 그러나 시간이 지나 독성분이 혈액을 통해 퍼지면서 점차 증상이 나타나 약 30분~2시간 후 전신 통증이 일어나면 근육이 뻣뻣해지는 문제가 발생한다. 근육 수축과 함께 상당한 통증이 있고, 시간이 더 지나면 다른 뱀독과 같이 일부분 기능마비 → 근육마비를 불러온다. 이어서 근육파괴 → 미오글로빈 누출 → 혈액에 나타나며, 결국 신장기능이 저하된다. 시간이 더 경과되면 파괴된 근육에서 흘러나온 각종 부산물들 → 고칼륨혈증 → 심장마비의 심각한 상태로 간다.

일반적으로 바다뱀은 그들의 서식지에 위협을 느끼지 않는 한 먼저 공격을 하지 않는 것으로 알려져 있다. 이들의 ~3㎜ 독니는 입 뒤쪽 깊숙이 있어 물려도 독이 쉽게 주입되는 구조가 아니어서 생각만큼 무서운 존재가 아니라고 생각한다. 바다뱀에 물리는 경우는 이들을 만지거나 해안가에서 모르고 밟을 때로 육상으로 올라오면 신경이 날카로워져 주변에 움직이는 모든 것들을 공격하는 성향을 보이기 때문이다.

4. 파란고리문어독 Blue-ringed octopus

파란고리문어

파란고리문어가 위험한 까닭은 이들이 지닌 맹독 때문! 비교적 10~20㎝ 작은 몸체의 파란고리문어는 성인 26명을 죽일 수 있을 정도의 강력한 신경독을 만든다. 아직 해독제도 없어 가장 위험한 해양생물 중 하나로 취급된다. 평소에는 눈에 잘 띄지 않도록 색소세포 이용 → 주변 환경에 교묘하게 숨어 지내나 위협이나 자극을 받으면 검고 파란 반점들이 확연하게 나타나기 시작한다.

실제로 파란고리문어의 독은 테트로도톡신 계열로 치사량은 1㎎ 불과한 맹독이다. 파란고리문어의 독에는 TTX 외에도 히스타민/타우린/도파민.. 다양한 신경전달물질들이 섞여 있다. 아는바 대로 테트로도톡신은 근육마비와 이로 인한 호흡곤란으로 수분 내에 사망에 이르게 하는 무서운 독이다. 파란고리문어에 물리면 초기엔 대개 통증을 잘 못 느끼나, 독에 노출되면서 여러 신체마비/구토/호흡곤란.. 증상들이 나타나고, 심하면 심장마비 사망할 수 있다. 파란고리문어는 침샘의 미생물이 분비하는 테트로도톡신을 저장했다가 사용한다. 이들이 먹이 사냥할 때 쓰는 이빨에도 독이 있으며, 표적에도 독을 쏘아댈 수 있다. 또한 새우/게/작은 어류... 먹이사냥 시 뿜어내는 먹물에도 독이 들어있기 때문에 주의해야 한다.

파란고리문어는 아열대 해역에 분포하는 해양생물이나 기후변화 및 해수온도 상승으로 우리나라 해안까지 다가왔다. 수심 5~10m 서식하나 낮은 해안에서도 나타나곤 하여 주의가 필요하다. 화려한 형태나 색상의 문어/어류/해파리는 독 있는 경우가 많아 함부로 손대거나 만지지 않아야 한다.

※ 파란고리문어를 장시간 운반했던 어항에 손을 넣자 약간의 마비증상이 일어났다는 보고가 있다.

※ 히스타민: 장내에서 생리작용조절과 신경전달물질로서의 작용한다. 국소적인 면역반응에 관련된 생명활동에 필수적인 아민류 화합물(화학식 $C_5H_9N_3$. 분자량 111.145). 생체조직에 널리 분포되어 있다. 조직 내에서는 단백질과 결합하여 비활성 상태이고, 항원-항체반응으로 알레르기나 아나필락시일 때는 비활성형 히스타민 → 활성형 → 장기/조직에 작용하는 것이라 생각된다.

5. 조개독 패독

조개독, 즉 패독은 홍합, 굴, 피조개, 모시조개, 바지락, 가리비 등 껍질 2장인 이매패 조개류에서 발생한다. 독의 증상은 독소가 들어있는 조개류 섭취 후 나타나며 마비가 오고, 심하면 죽는다. 쌍편모조류 유독 플랑크톤의 독은 조개류에 의해 섭취 → 농축되고, 인체에 들어와 중독을 일으킨다. 열에 안정적인 이 독은 조리 가열해도 파괴되지 않고 냉동해도 없어지지 않는다.

조개독은 어떻게 만들어질까?

조개 식중독 증상은 심각한데 조개는 어떻게 독을 갖게 된 걸까?

조개류도 스스로 독을 만들지는 못한다. 이매패 조개가 유독 플랑크톤을 먹으면 조개 몸체에 삭시톡신 독소가 축적된다. 조개는 독이 농축되어 문제가 없으나 독 있는 조개를 사람이 먹으면 독 증상이 발현된다. 즉, 쌍편모조류 독소를 조개가 섭취·축적하여 독성을 갖게 되고, 독화된 조개류를 먹으면 중독증상이 나타나는 것이다. 섭취 후 약 30분정도 지나면서 증상을 보이며 치료 없이 방치하면 사망에 이르나 경미한 경우에는 1~2일 이내에 회복된다. 만일 설사가 주된 증상이라면 독성이 약한 설사성 조개독일 가능성이 크다.

패독은 조개가 먹은 플랑크톤 종류에 따라 정해져 크게 마비성 패독과 설사성 패독으로 구분된다. 마비성 패독은 조개의 먹이인 유독성 플랑크톤에서 기원하며, 인체에 들어와 중독을 일으키는 무서운 독성분이다.

① 마비성 패독(Paralytic Shellfish Poison, PSP=saxitoxin중독)

마비성 패류독은 수온 및 적조현상과 밀접한 관련 있다. 수온↑→ 적조현상 → 플랑크톤 과다 증식 → 유독플랑크톤/dinoflagellate 쌍편모조류 → 조개 → 조개 독화 → 중독증상이 발현된다. 주된 독성분은 삭시톡신 & 고니오톡신gonyautoxin! 마비성 패독 증상은 섭취 후 5~30분에서 2시간 내 감각기능에 이상이 생기기 시작하여 입술주위 → 혀/얼굴/목.. 안면부위 마비 유사현상 → 4~6시간 후 손/발가락.. 말단부위 증상 → 마비/두통/구토.. 전신증상을 보인다. 치료하지 않으면 전신의 무력감이나 운동 실조 몸 제대로 못 가눔 → 호흡근 마비 → 사망에 이른다. ∴ 병원치료는 필수사항!

마비성 패독의 원인은 유독 플랑크톤의 수용성 신경독인 삭시톡신, 고니오톡신, 프로토고니어톡신이다. 삭시톡신(LD50=0.003㎎/㎏)은 인체 내 신경-근육간의 운동과 감각을 조절하는 나트륨 통로 투과도↓ → 신경전달 방해 → 마비를 일으킨다. TTX처럼 신경세포의 나트륨 통로를 차단하기 때문에 Na^+이 세포 내로 들어갈 수 없어 일어나는 증상이다. 이로 인해 신경세포 신호전달 차단 → 시냅스에서 아세틸콜린 분비불가 → 신경회로 장애가 발생한다. 심하면 운동신경 마비 → 입술/입/혀.. 안면마비 → 손발/목마비 → 운동장애/언어장애로 진행된다. 더 심각해져 사망한다면 그 이유는 호흡근 마비 때문! 성인 치사량은 1~3㎎ 이나 0.2㎎ 으로도 사망한 사례가 있다. 의료 조치를 취하지 않으면 2~12시간에 중독으로 사망할 수 있으며, 해독제는 알려져 있지 않고 있다. 사망률: ~10%/추정치1~20%

② 설사성 패독(Diarrhetic Shellfish Poison, DSP)

설사성 패독의 독성분(오카다산/디노피시스톡신/예시노톡신..)은 내열성의 지용성 물질로 가열해도 파괴되지 않는다. 이들 독은 소화기관에 해를 입히고 섭취 후 수 시간 내 심한 설사/복통/구토/구역질.. 급성위장염 증상이 동반된다. 설사성 패독은 일반적으로 치명적이지 않고 심한 경우라도 수일 내에 회복된다.

조개독과 진통제

조개독은 독화살개구리, 복어처럼 스스로 독을 만들지 않고 먹이로부터 독을 얻는다. 화학적으로 합성되는 진통제의 단점을 개선하고자 천연물질 중에서 진통제를 찾고자 연구하던 중, 조개독에서 특효물질이 발견되었다. 나사조개의 자포에 찔리면 얼마안가 사망할 수 있는데 이들의 자포에는 맹독성 코노톡신이 있다. 이 독에는 모르피네보다 1,000~10,000배↑ 강력한 진통효과 성분이 들어있다. 코노톡신도 신경세포의 나트륨 통로를 막아서 신경전달의 신호가 다음 단계로 이어질 수 없게 된다. 미국에서는 2004년부터 임상에 허용했고, 치료약 없는 환상지증후군 통증에 효과가 있는 것으로 보고돼 있다. 전체 나사조개의 종류가 500여종을 상회하고, 어떤 나사조개 한 종은 200여 가지의 독을 지닌다고 하니 이 그룹은 가히 '독의 보고'라 할 수 있다. 향후 이들에서 어떤 독이 발견되어 어떤 신약으로 변모할지 많은 기대가 모아지고 있다.

조개류는 이상에서 설명한 것처럼 먹이로 섭취한 플랑크톤에서 독을 만드는 종류가 있는 반면, 청자고둥처럼 스스로 독을 만드는 종류도 있다. 달팽이/소라/고둥.. 고둥류의 몸체에는 긴 치설(연체동물의 작살모양의 혀)이 있어 물고기.. 먹이를 찔러 마비시킨 뒤 그대로 삼켜 버린다. 바로 이 고둥의 독에 모르핀보다 엄청나게 높은 ~10,000배 진통효과를 보이는 물질이 포함돼 있다. 이미 미국에서는 암이나 염증성 질환에 널리 쓰이고 있고, 신경성 통증에 효과 있는 중독성 없는 진통제 물질로 알려져 있다. 이런 독특한 특징을 지닌 청자고둥에 대해 알아보기로 하자.

5-1. 청자고둥독 Corn snail poison

청자고둥은 화려한 색과 패턴의 껍질이 특징적이어서 수집가들의 관심을 받는 동물이다. 크기는 종류에 따라 달라 몇 cm~20cm에 이르나 움직이는 속도가 느린 연체동물로 빠른 먹이를 잡기 위해서 독이 발달한다. 날카로운 이빨이나 발톱이 없는 대신 독을 만들어 몸체를 보호하거나 먹잇감을 사냥하는 매우 공격적인 포식자들이다. 육식동물인 이들은 긴 작살모양 독침을 지닌 치설(이빨 나 있는 혀)로 먹이를 잡아 독침 → 물고기 공격 → 독 주입 → 순식간 마비 → 통째로 삼킨다. 특이한 것은 이들이 먹이사냥에서 여러 화학적 지표에 근거하여 먹이를 탐색하는 놀라운 감각체계를 가진다는 것! 청자고둥은 위협을 감지하면 독 작살을 발사하므로 만지면 위험해질 수 있다. 작은 크기의 청자고둥이라면 벌에 쏘이는 정도의 통증이나 큰 경우에는 맹독이 있어 치명적일 수 있다. 일부는 매우 강력한 독으로 적절한 조

치가 없으면 호흡곤란으로 생명을 잃을 수 있다. 이들 독에 관련된 자료는 박성웅 외(2015), 이동희 역(2008) 등을 참고하였다.

여러 종의 청자고둥에서 50종류↑ 많은 펩티드를 발견했는데, 각각의 펩티드는 서로 다른 수용체에 작용하는 독들이다. 독성분 50가지를 각각의 비법에 따라 혼합 사용하는 것이라는 이야기...! 특정 먹잇감에 특화되어 있는 독의 조합은 선호하는 먹이에 따라 3 부류로 대별된다(지렁이/소라/물고기). 먹이에 따라 독의 종류와 효과가 다른 것은 공격용 독이 자신의 주된 먹잇감에 특화되어 진화해 왔기 때문인 것으로 보고 있다. 연구자들은 유사한 종간에 선호하는 먹이 종류가 달라지면 먹이경쟁을 줄일 수 있어 서로의 생존경쟁에 유리한 점으로 작용할 것으로 해석한다.

※ 흥미로운 독 특화의 예: 청자고둥과 뱀독에서 쉽게 찾아 볼 수 있다. 고둥과 뱀은 전혀 다른 생물군에 속하고, 이들의 독 또한 화학적 특성이나 구조에서도 완전히 다르다. 하지만 이들의 신경독은 골격근의 신경전달물질 수용체에 작용해서 신경세포 간 시냅스에서 신경전달물질 및 신호정보가 전달되지 않게 하여 마비를 유발한다.

고둥의 독은 유독 플랑크톤에 의해 만들어지는 조개독과 달리 자체 내에서 스스로 만드는 코노톡신(conotoxin)이다. 이 독은 유독 *Conus* 청자고둥류가 생산하는 펩티드 독소의 총칭이며, 종에 따라 만든 독소의 1차 구조는 큰 차이가 있다(α-코노톡신/μ-코노톡신/ω-코노톡신..). 여러 독성분이 혼합된 코노톡신은 신경독 중에서도 특히 다양한 독을 생산하는 것으로 알려져 있다. 코노톡신은 염기성이고 2황화합물결합이 풍부한 독소로 상대 동물의 신경세포 이온통로 차단 → 감각마비/경련 → 움직일 수 없게 만든다.

청자고둥이 지닌 독성물질 중 독특한 메커니즘을 가진 종류들은 신약 후보물질로 연구되고 있다. 예: 신경독 → 진통제 or 항암제 or 기타 질병의 잠재적 치료제... 미국 대학의 연구팀이 예상치 않게 이들 독 가운데 인슐린 성분이 섞여 있다는 것을 알아냈고, 청자고둥의 독에서 대량의 인슐린을 찾아내는데 성공하여 발표한 바 있다. 이들이 인슐린을 독으로 사용하는 원리는 간단해 먹이가 접근해오면 물속으로 인슐린 분비 → 저혈당 유발 → 먹잇감 움직이지 못하게 막는 방법을 쓴다. 저혈당에 빠진 먹이는 판단능력이 떨어지고 움직임도 느려져 잡기 쉽게 된다나...

이때 우리의 관심을 끄는 것은 바로 인슐린의 구조! 일반적으로 인슐린은 여러 동물에서 혈당↓ 역할을 하나 이와는 달리 사냥할 먹잇감을 마비시키거나 저혈당 쇼크에 빠지게 신속하게 작용하는 인슐린은 현재까지 보고된 바 없기 때문이다. 이 인슐린은 기존의 인슐린보다 단순한 구조를 지녀 아미노산 43개로 이뤄진 인슐린으로 발견된 것 중에서 가장 작은 것이다. 인체 인슐린-아미노산 51개 ∴ 쉽게 흡수되고, 빠르게 효과를 나타낼 것으로 생각된다. 향후 이 인슐린을 의학적인 용도로 사용할 수 있을지는 아직 알 수 없지만 새로운 인슐린을 개발할 때에는 유용한 참고자료가 될 수 있을 것으로 기대를 모은다.

다른 생물의 독처럼 이미 청자고둥의 강한 독성분을 이용하여 약으로 개발하여 성공한 사례는 잘 알려져 있다. 독성분을 약으로 바꾼 이들의 독은 신경전달계 마비의 신경독이기 때문에 환자의 고통을 가라앉히는 진통제로 활용할 수 있다. 몇 년 전에 고둥독 코노톡신이 진통제로 의약품 허가를 받았다. (ziconotide/지코노타이드) 진통제는 통증을 느끼는 통각신경의 기능을 마비시켜 아픈 부위의 전기적 신호를 차단하여 뇌가 아픔을 느끼지 못하도록 하는 작용을 한다. 청자고둥에서 추출 및 분리한 코노톡신 펩타이드의 한 종류로 만든 '지코노타이드'는 모르핀보다 수천 배 강한 탁월한 진통효과가 있어 '프리알트 Prialt' 라는 이름의 진통제로 판매되고 있다.

쥐를 이용한 실험에서 코노톡신은 모르핀보다 진통효과가 10,000배 정도 높은 것으로 밝혀졌다. 이미 미국에서는 진행성 암이나 헤르페스herpes/집합성의 작은 수포를 특징으로 하는 급성 염증성 피부질환 통증↓↓에 코노톡신을 이용하고 있다. 코노톡신의 가장 큰 장점 중 하나는 어떤 약으로도 다스릴 수 없었던 수술/사고로 손발이 절단되어도 손발이 있는 것처럼 느껴지는 환상지증후군이나 신경성 통증에 효과적이며, 중독성이 없어 내성이 잘 생기지 않는다는 것이다. 고둥의 subspecies 아종은 500여종이 넘으며, 어떤 종 하나는 약 200가지의 독을 만들어 낸다고도 알려져 있다. 이와 같은 사실로 미루어 볼 때, 향후 고둥 독의 의학적·약학적 가능성은 무궁무진할 듯하다.

이처럼 일부 해양생물의 독은 자칫하면 죽음에 이를 만큼 무서운 결과를 부르나 최근, 의약품 개발에서의 원료물질로 부각되며 큰 관심을 받고 있다. 하지만 기대와는 달리 해양생물의 독을 신약의 재료로 활용하는 연구는 초기 단계를 크게 벗어나지 못하고 있는데, 그 이유는 원료가 되는 천연의 독성분이 소량으로 제한적이기 때문이다. 최신의 바이오기술로 독의 합성 및 성분추출 문제의 해결방안을 모색하였다고 하니 이후 연구들에도 기대해도 좋을 것 같다. 전문가들의 견해대로 해양생물의 특정 독성분을 표적부위에서만 작용하거나 반응할 수 있도록 조절한다면 질병치료용 신약으로 쓰일 수 있을 것이다. 일예로 독성은 있으나 인체 중독가능성이 낮은 성분으로 바꾸어 항암제로의 개발 또는 복어 TTX를 이용한 의약품 개발이 현재 진행 중이라고 한다. 이상에서와 같이 다른 생물의 독처럼 해양생물의 독도 잘못 쓰이면 생명을 해칠 수 있는 맹독이지만, 최첨단의 과학기술이 발전하면서 오히려 생명을 살리는 신약의 소재로서 또 다른 미래가 기대되고 있다.

생물독3:
치명적인 곤충독

Chapter

8

Chapter 08

생물독3: 치명적인 곤충독

곤충의 독

곤충에게도 물론 독이 있다. 전갈의 약한 독에서부터 거미나 벌에서처럼 물리면 목숨을 잃을 수 있는 맹독도 있다. 특히, 면역력이 약하면 단 한 번의 공격에도 치명적이 된다. 곤충도 자기를 보호하려고 독을 사용하지만, 자유로이 날거나 움직일 수 있어 더 적극적으로 독을 사용한다. 독침을 쏘거나 독니로 물거나 독을 내뿜어 공격하거나 사냥을 한다. 먹이를 마비시켜 움직이지 못하게 하는 독은 독거미류에서 쉽게 찾을 수 있다. 또한 포식자로부터 도망칠 때도 곤충들은 독을 사용한다. 독침이 있는 전갈은 먹이를 잡아먹을 때는 독보다는 집게발을 사용하고, 공격 받지 않는 한 먼저 독침을 쏘지 않는다고 전해진다. 지네류도 공격을 받으면 독을 내뿜는다. 이처럼 다양한 패턴으로 사용되는 곤충의 독에 대해서는 오랜 전부터 관심의 대상이 되고 있다. 다음 절에서는 곤충의 독 하면 떠오르는 벌독을 선두로 거미, 지네, 전갈, 폭탄벌레의 순으로 이들 곤충이 지닌 독의 특성을 다룰 것이다.

1. 벌독 bee poison

벌은 독을 적극 사용하지만, 대체로 방어용이고 통증을 유발하는 독들이 더 흔하다. 방어용 독성분은 침입자를 죽이지 않고 격렬한 통증 유발만으로도 다시는 찾아오지 못하게 하여 원하는 바를 달성할 수 있다. 보호독은 다양하여 신경독은 물론 하품을 유도하는 독, 소화가 잘 되지 않게 하는 독 등 자신을 보호할 수 있는 어떤 방법이든 총 동원한다. 특히, 많은 에너지를 투입해서 만드는 강력한 독성분은 정확히 사용하지 못하면 투자 대비 결과에서 비효율적이고 다시 만드는데 많은 시간과 에너지를 필요로 한다. 이런 측면에서 볼 때 단지 침입자의 공격을 피하거나, 지연시키거나, 주저하게 만들 수 있는 독성분을 갖는 것이 유리하다면 그러한 보호 또는 방어용 독을 만드는 방향으로 진화했을 것이다.

동물에 의한 인체 피해사고 중에는 벌에 쏘이는 사고가 가장 많은데, 벌의 독은 생체에 매우 위험한 이물질이다. 벌독은 복어독-TTX 혹은 피마자독-리신과 달리, 독 자체로는 사람을 죽일 수 없다. 벌독이 치명적인 때는 독에 의한 과민성 쇼크가 일어나는 경우로 한 번 들어온 독소가 몸속에 다시 들어왔을 때 일어나는 급성 알레르기 반응이다. 처음 벌의 독에 쏘이면 생체는 복잡한 방어기구를 가동시켜 벌독을 제거하는 특별한 세포를 만들어 없앰과 동시에 독에 대한 항체를 만들어 똑같은 독소 재침투 시 바로 대처할 수 있게 보존해둔다. 다시 벌에 쏘일 경우 몸속 항체가 벌의 독과 더 빨리 결합해서 전신에 심각한 알레르기 반응을 일으킨다. 이 항체가 벌침에 알레르기가 있는 사람에게 문제를 일으켜 벌독으로 인한 과민성 쇼크의 원인이 된다.

벌독은 내표적인 곤충 알레르기로 그 종류는 많지만 꿀벌/뒤영벌 꿀벌류와 땅벌/말벌/쌍살벌 말벌류 벌들이 주로 알레르기를 일으킨다. 머리나 목에 쏘였을 때 가장 많이 일어나고, 꿀벌에 비해 말벌이 더욱 심한 증상을 나타낸다. 심한 경우, 전신 두드러기와 혈관부종 또는 얼굴이 붉어진다. 아나필락시스는 벌독에 쏘인 후 15분 이내에 나타나는데, 더 빨리 나타나면 더 심각한 증상을 일으킬 수 있고, 특히 기도 위쪽이 심하게 부으면서 쇼크가 일어난 경우에는 사망에 이를 수 있다. 주로 혈압저하, 두드러기, 호흡곤란, 경련, 의식장애와 같은 생명유지와 연관된 전신증상이 나타난다.

벌독은 아미노산을 함유하는 화합물로 강력한 생리활성을 나타내는 성분의 아민류, 저분자 펩티드, 효소류 등으로 크게 구분된다. 실제는 세로토닌, 히스타민, 용혈성 폴리펩티드 멜리틴, 신경독 아파민, 포스포리파아제A2, 카르디오펩, 단백질 등 다양한 성분이 섞여 있는 혼합물이다. 일명, 독 칵테일 물질 대부분은 중성에 가깝고, 각 독성분은 통증이나 부종, 혈관조직 파괴나 알레르기반응을 유발할 수 있다. 이들 가운데 심한 통증은 특히 세로토닌, 히스타민 등 주로 아민류에 의해 야기된다.

※ 멜리틴(melittin): 벌독의 ~50% 차지하며, 벌독에서 분리한 26개 아미노산으로 구성된 용혈성 폴리펩티드 단백질이다. 이들 성분과 역할이 알려져 항균물질로 사용되고 있음.

※ 아파민(apamin): 대표적인 벌독. 2개 사슬 간에 이황화결합을 가진 고리형의 분지된 18-펩티드아미드. 1965년 분리되어 구조 규명됨.

※ 포스포리파아제A2 phosphorylase, PLA: 생체막의 주요 구성성분인 글리세롤 인지질의 에스테르결합을 가수분해하여 리소인지질과 지방산을 유리하는 효소군. PLA2는 막 지질 재편성에 중요 역할을 한다. 분비형 포스포리파아제A2(sPLA2)와 세포질 포스포리파아제A2(cPLA2) 中 sPLA2가 뱀독/벌독에 대량 함유되어 있고, 활성발현에는 Ca^{2+} 필요하다.

말벌의 독은 다른 벌의 독에 비해 강력해 쏘인 즉시 심한 통증, 쏘인 부위의 붉게 부어오름 → 두드러기/구토/부종... 전신증상이 나타날 수 있다. 피해가 커 문제가 되는 것은 이처럼 말벌류로 독성분에 세로토닌

이 많은 것이 특징이다. 세로토닌이 가장 많거나(공격성 강한 장수말벌독) 가장 통증이 센 종류(검정말벌독) 모두 말벌의 독이다. 이외 비만세포에 작용하고 혈압강하, 평활근수축, 조직파괴 등을 일으키는 성분이 원인이 되어 다양한 증상을 일으킨다. 벌독에는 포스포리파아제A2, 히알우로니다아제 등 다수의 알레르기 유발원이 포함되어 있다.

말벌 독성분

억제성 신경전달물질인 ω-아미노산(감마아미노부티르산/타우린/베타알라닌/글리신..) 등은 장수말벌의 주요 성분이다. 또한, 아민성 흥분 신경전달물질(예-글루탐산..)이 대량 발견되고, 곤충 자가독소 류신, 아르기닌도 말벌독에서 검출된다. 그리고 세로토닌, 히스티민의 전구체인 트립토판, 히스티딘도 발견된다. 곤충의 신경계를 억제하여 먹이곤충을 마비시킬 수 있는 신경활성 아미노산이 독성분에 다량 존재한다. 마비성 신경독의 예는 보석말벌로 이들은 자신보다 큰 먹이(바퀴벌레)를 마취시켜 먹이로 삼는다. 두 번 공격하여 독을 주입하는데, 먹이를 죽이지 않고 도망치지 못하게 뇌를 불활성화 시킬 정도만 주입시켜 바퀴벌레의 행동을 변하게 한다. 먹잇감을 순하게 만드는 마취성분 독을 이용해 죽이지 않고 자신에게 유리하게 행동변화를 일으키게 하는 독을 사용한다!

장수말벌류에서 발견되는 신경독 만다라톡신은 신경세포의 Na^+ 통로를 막아 아나필락시스 쇼크 등 치명상을 입힌다. 벌독의 인체 유입 시 B세포 → IgE 항체 대량생산 → IgE 항체+비만세포/백혈구(바소필) 결합한다. 비만세포와 바소필은 IgE 항체를 갖고 다니면서 몸에 들어온 이물질을 공

격하는데 일반적으로는 시간이 지나면서 비만세포와 바소필은 IgE 항체가 떨어져 나가면서 정상이 된다. 하지만 알레르기 체질이면 IgE가 쉽게 떨어져 나가지 않고, 그 상대로 이후 유사 벌독 이물질 침입 시 → IgE 항체 간 개입 → 해당 백혈구 문제발생 → 히스타민 등이 분비된다. 히스타민은 기관지수축, 피부발진, 모세혈관확장 등 여러 문제를 일으킬 수 있는 물질이다.

※ 비만세포masocyte: 동물의 결합조직에 널리 분포하는 세포

심한 알레르기 체질일수록 IgE 항체가 많다. 아나필락시스 쇼크에 걸리려면 벌에 한번 이상 쏘인 경험이 있어야 하나 쏘인 적 없다면 벌독 IgE 항체가 없기 때문에 문제가 없다. Shock 쇼크는 국소적 쇼크와 전신 쇼크로 나뉘고, 전자는 쏘인 부위만 문제가 발생하는 가벼운 경우, 후자는 전신에 붉은 두드러기, 얼굴은 심하게 부어오른다. 더 심해지면 호흡곤란, 혈압↓↓ ↓↓, 심장정지 → 목숨을 잃는다.

벌에 쏘였다면 먼저 피부에 벌침이 있는지 살펴보고, 침을 제거한 후 쏘인 부위를 냉찜질하면 통증과 독을 가라앉힐 수 있다. 소염제로도 중화시킬 수 있지만(산성/꿀벌독-알칼리성 베이킹파우더 & 알칼리성/말벌독-식초, 레몬) 올바른 응급처치는 항히스타민제를 함유한 스테로이드 약을 바르는 것이고, 심한 증상을 보이면 병원에서 응급치료를 받아야 한다.

※ 참고: 벌에 의해 아나필락시스 증세를 일으켰던 사람은 야외 외출할 때 에피네프린을 지참해 위급 시 사용해야 한다. 응급처치 후에는 최대한 빨리 병원에 가는 것이 좋다. 꽃가루알레르기 화분증도 알레르기 반응이나 그 증상은 인후, 코 등 상체의 일부 부위에 한정된다.

벌독으로 신약개발

벌독의 성분은 앞서 설명한 대로 크게 펩티트군, 효소군, 아민류 등으로 구분할 수 있다. 이중에서도 몇몇 주성분이 최근에 관심을 받으며 호

주 등 해외에서 차세대 신약개발 대상으로 발표된 바 있다. 해외 연구에서 알려진 신약 후보로서의 이들의 효능은 다음과 같이 간략하게 요약될 수 있다.

- **펩티드군:** 아파민은 생리적 변화를 서서히 일으켜 면역력을 증진시키고, 메리틴은 주입 시 심근수축 촉진이나 모세혈관 확장 → 혈액순환↑ → 동맥압↓작용이 나타난다. 연구에서는 메리틴이 고혈압, 궤양, 암, 편두통, 부종, 기타 증세에 탁월한 효과를 낸 것으로 밝혀졌다.
- **효소군:** 포스포리파아제A는 메리틴과 유사한 생체의 변화를 유도하고, 카르디오펩은 부정맥이나 심장성 쇼크 예방과 치료효과 있고, 혈액순환에 지대한 영향을 끼치는 것으로 조사되었다.
- **아민류 성분:** 극소량의 흥분성 히스타민, 도파민, 노르에피네프린 등으로 이루어져 있어 관련 연구가 진행 중이다.

2. 거미독 spider poison

거미줄을 치는 거미는 낙하를 방지하는 안전 줄을 깔고, 이를 잘 마르는 실 같은 물질로 일정하게 고정시키는 과정을 거친다. 많은 거미는 탐지능력이 뛰어나 누가 이 줄들을 건너는지 쉽게 알아낼 수 있다. 어떤 종은 앞다리 털로 움직임을 알아내고, 어떤 종은 더듬어서 먹이를 찾고, 또 다른 종들은 이와 함께 독을 만들어 먹잇감 사냥에 적극 활용한다.

거미가 만드는 독은 단백질합성 과정에서 펩티드 사슬을 매우 복잡하게 꼬아 놓은 형태를 띤다. 먹잇감 체내에 있는 단백질분해효소가 이들 독에 제대로 달라붙지 못하게 함이라 한다. 이로 인해 거미의 독은 열이나 다양한 화학적/물리적 압력에도 잘 견디는 강인한 천연의 물질로 알려졌다. 생물독 속에 있는 잠재적인 신약 후보물질은 수십만 종에 달하며, 거미도 빌, 진갈에 뒤지지 않는 독을 지녀 42,000여 종에서 1,000만종↑ 펩티드가 보고되어 있다.

거미, 벌, 전갈에서도 구조는 다르지만 뱀의 신경독과 같은 작용을 하는 신경독이 발견된다. 코브라의 신경독(예-덴드로톡신)은 세포막의 Ca^{2+} 이동 통로를 막아 신경세포가 제대로 작동하지 못하도록 만든다. 거미독 종류는 다양하나 대부분 글루타민산(먹이인 절지동물의 신경전달물질)에 작용하는 신경독으로 아세틸콜린(사람의 신경전달물질)에는 전혀 영향을 주지 않는다. 이들 독에 함유된 인체의 특정세포 내 경로에 작용하는 성분이 부정맥에 효과 있을 것으로 추정되어 부정맥 같은 질병에 치료제로 개발하려고 현재 연구되고 있다. 부정맥 치료법에는 세포막의 Ca^{2+} 이동을 막는 방법이 있는데, 거미독이 그 이동을 막을 수 있어 부정맥에 약이 될 수 있는 것이다. 일부 종류는 강력한 독을 지니고 있어 독거미는 오랫동안 두려움의 대상이었다. 특히, 타란툴라하면 독거미의 대명사처럼 생각되지만 일부 지역에서(중남미-전통의술) 이러한 독거미 독성분은 천식에서 암에 이르기까지 다양한 질병에 처방되기도 하였다.

거미는 종류가 많고, 독거미 중에는 인체에 해를 끼치는 것도 많다. 심한 통증이나 눈 장애 부르는 거미, 여러 전신증상(구토/무력감/발열/현기증/호흡곤란/쇼크..) 유발하는 거미 등 다양하다. 우리에게 비교적 이름을 알린 일부 독거미의 특성을 알아보도록 하자.

타란툴라

거미줄 치지 않고, 큰 종류는 20~30㎝까지 자란다. 먹이 포획 시 먹잇감에 독니 → 독액 주입 → 마비 → 체액을 빨아먹는다. 하지만 타란툴라의 독은 실제 강력하지 않다. 독을 가진 생물처럼 이들의 독은 곤충을 잡아먹을 때 먹잇감을 마비시켜 움직이지 못하게 하는 것이 그 목적이다. 몸집이 큰 동물들은 먹잇감 대상이 아니므로 사람의 목숨을 위협할 정도의 치명적인 독은 아니다.

타란툴라

타란툴라의 독 또한 약제개발에 있어 후보물질이 되고 있다. 호주 연구팀은 타란툴라 채취 독성분이 부작용이 적은 진통제를 만들 수 있다고 발표해 이들이 진통제로 사용될 수 있음이 알려졌다. 연구에서는 타란툴라의 비교적 약한 신경계 독에서 인체 신경세포 세포막에 있는 통증수용기 나트륨채널1.7(Nav 1.7)을 차단할 수 있는 펩티드 성분 7가지를 찾아내었다. 이들이 세포막 통증수용기와의 결합 과정에서 세포막 → 펩티드를 통증수용기 주위로 밀집 유도 → 방향 고정 → 통증수용기와 화학반응이 최대한 일어날 수 있도록 만드는 것으로 나타났다. 그동안 알려져 있지 않았던 신경세포막 역할을 밝혀낸 의미 있는 연구로 펩티드 이용 → 중독성/환각.. 부작용 없는 새로운 진통제를 개발할 수 있을 것이라 한다. 부작용으로 인해 진통제를 제한적으로 사용해야 하는 만성통증에 도움이 될 것으로 본다. 거미독의 펩티드 성분이 나트륨채널과 같은 통증수용기와의 작용 과정에서 세포막 역할 이용 → 신경계질병, 통증완화용 신약개발 가능성을 전망했다.

검은과부거미

교미 후 ♀ → ♂ 잡아먹기 때문에 '과부거미' 라는 이름이 붙어 있다. 독은 방울뱀독 15배 정도로 코브라독보다 강하고, 독침이 피부 밑 ~1㎜ 깊이까지 뚫고 들어가 독을 주입한다. 가장 강력한 독을 가진 거미로 알려져 있고, 실험쥐에 대해 LD50=1.39㎎/㎏, 주입되는 독의 양이 적다. 거미줄 없이 유랑하는 종으로 언제 어디에서 나타날지 몰라 위험도가 상당히 높은 편이다. 물리면 상처의 근육통, 두통을 비롯한 현기증/빈맥/서맥.. 여러 증상을 동반한다. 독 발현은 ACh 아세틸콜린 분비 → 시냅스에 과잉 방출 → 근육경련 → 그 후 시냅스에 ACh 공급X → 마비 → 사망으로 일어난다. 치사율은 높지 않지만 병원에서 항독소 치료를 받아야 한다. 아래 붉은등검정거미보다 더 강력한 독을 갖고 있는 종류다.

붉은등검정거미

포유류에 활성 있는 신경독인 라트로톡신(latrotoxin)을 지닌다. 신경섬유 끝부분에서 아세틸콜린/카테콜아민.. 신경전달물질 방출 → 운동신경계/자율신경계 중독 → 근육긴장, 떨림 증상을 유발한다. 이들에게 물려 이런 증상이 전신에 나타난다면 신속하게 항독소주사를 맞아야 한다.

라트로톡신은 *Latrodectus* 붉은등검정거미류 독선(poison gland)에서 얻는 단백질성 독소(아미노산 1401개)다. 독발현은 라트로톡신 수용체(세포막 1회 막관통단백질)가 동물의 시냅스 앞부분의 수용체에 결합하면서 시작된다. 결합 후 신경전달물질 과잉 방출 → 시냅스소포 고갈 → 시냅스전달을 저해한다. 라트로톡신에 의한 신경전달물질의 과잉 방출은 세포 안으로 Ca^{2+} 유입 → Ca^{2+} 의존성 기구와 Ca^{2+} 비의존성 복수의 기구로 야기된다. 이 과정에서 치사작용과 효소(프로테아제/히알루로니다아제) 작용도 같이 일어나는 것으로 알려져 있다.

여섯눈모래거미

중소형 거미(길이8~15㎜)로 매우 강력한 괴사독 네크로톡신(necrotoxin)을 지니며, 괴사독으로 유명한 갈색은둔자거미 종의 독을 수십 배 능가하는 수준의 맹독을 만든다. 물린 부위부터 세포 손상으로 썩어 들어가는 무서운 생체조직 괴사독이다. 해독제가 없어 늦기 전에 물린 부위를 잘라내는 것이 그 치료법! 제때 잘라내지 못하면 독이 혈관을 따라 전신을 돌면서 신체 곳곳을 녹여 결국 생체기관 장애로 죽게 된다. 아직 밝혀진 반수치사량은 없지만, 대략 LD50=0.004*mg/kg* 일 것으로 전문가들은 예측하고 있다.

3. 지네독 centipede poison

지네는 발이 100개란 영어(centipedes=centi수십+pedes발들) 뜻에서 보듯이 많은 발을 가진 다족류로 적으면 다리 15쌍, 많은 것은 수십 쌍 이상이다. 이처럼 많은 다리를 지닌 지네는 긴 몸을 체절로 나눠 어디든지 갈 수 있을 만큼 자연스럽게 통과한다. 지네가 움직일 때 다리는 한 번에 힘을 다 쓰지 않고, 딛는 지점을 정해 차례대로 그 지점을 통과하는 방법을 쓴다고 하니 가히 지혜로운 동물이다. 머리 양쪽에는 거의 구실을 못하는 홑눈이 여러 개 있으나 촉각을 써서 먹이를 찾는다. 머리 앞부분 더듬이 1쌍은 섬모로 덮여 있고, 눈/코/귀.. 여러 감각기관의 역할을 한다. 가장 앞 체절에 턱 다리 1쌍이 있고, 그 끝에 독을 내뿜는 예리한 발톱의 독샘이 있다. 먹잇감이 더듬이에 닿는 순간 즉각적인 행동개시로 턱 다리+독 발톱 → 먹잇감 포획 → 독 주입할 수 있다.

※ 참고: 지네의 다리 – 대부분 태어날 때 다리 7쌍을 지니며, 탈피할 때마다 1~2쌍씩 늘어난다. 다른 곤충에 비해 수명이 길다. 가장 쉬운 퇴치법은 바퀴벌레용 에어로졸을 뿌리는 방법이 효과적이다.

보기만 해도 징그럽거나 혐오스러운 생각이 먼저 드는 지네도 주목을 받고 있다. 진화상 지네류는 육상으로 올라온 최초의 동물로 추정되고 유전자 수도 비교적 많은 것으로 조사돼 있다. 최근, 이들이 지닌 생체 특성 및 독성분이 여러 분야에서 활용 가능성이 높아 연구대상이 되고 있다. 독을 가진 생물들 안에 있는 잠재적인 신약후보 물질만 해도 수십만 종에 달한다는 것은 이미 언급한 바 있다. 지네의 경우도 예외는 아니어서 총 지네류 8,000여종 3,300여 종에서 300,000종 이상의 펩티드가 보고되어 있다.

지네

지네가 촉각만으로도 먹이사냥을 순조롭게 하는 이유는 강력한 독니를 가지기 때문이다. 독니로 먹이를 잡을 때 독샘에서는 심한 통증을 유발하는 큰 도마뱀 정도는 마비시킬 수 있는 치명적인 독이 나온다. 사람이 물리면 심한 통증과 함께 발적 붉게 부어오르게 하는데, 이런 증상의 독성분은 세로토닌과 히스타민에 기인한다. 세로토닌은 여러 복잡한 인체 반응을 일으키며, 히스타민은 두드러기를 유발하는 물질이다. 물린 경우의 민간요법으로 산성인 지네독에 암모니아수를 바르면 일단 중화는 된다. 심하면 두드러기약과 진통제를 사용하고, 더 심한 상처에는 감염예방용 항생제나 파상풍 예방을 위한 치료를 받아야 함을 유념해야 한다. 지네는 독샘을 가지고 있지만 독성은 아주 높은 편은 아니다. 해독제는 없고 증상완화와 통증 경감이 주된 치료이다.

※ 왕지네류: 사람이 만지면 물기도 하는데, 물리면 말벌에 쏘인 것처럼 부어오르며 심한 통증을 불러온다.

독 지네에 물리면 인체에는 대체로 중추신경의 억제작용이 나타난다. 이런 지네를 약재로 복용할 경우에도 여러 유사한 구토/복통/설사/오심/피로감.. 증상이 나타날 수 있으며, 심장박동이 늦어지고 쇼크에 빠질 수도 있다. 잘못 또는 대량 복용으로 심근마비 → 호흡중추 마비 → 사망에 이를 수 있지만 소량 사용하면 중추신경억제 → 진통억제, 심장근육 수축촉진, 항균/

항암작용 등을 한다. 이런 효과에 힘입어 전통적으로 지네의 독을 간질이나 진통 억제 또는 항암 등의 목적으로 사용해 왔다.

진통효과 큰 지네독

미국 전문학술지에 지네독의 한 성분이 모르핀보다도 강력한 진통제로 작용한다는 연구결과가 발표된 적이 있다. 뱀, 벌, 지네의 독은 보통 수십~수백 종류의 성분으로 이루어져 동시에 작용하면 조직에 손상을 주지만 개별 성분은 때로 유익한 효과를 가져 올 수 있다고 한다. 중국/호주 외국의 연구에서 왕지네 독을 성분별로 분리하여 분석한 결과 특정단백질(Ssm6a)이 탁월한 진통효과를 보인다는 사실이 발견되었다. 실험쥐를 대상을 한 연구에서 다양한 통증을 유발한 뒤 지네독과 모르핀의 진통효과 비교한 결과, 화학물질에 의한 통증에는 지네의 독이 더 뛰어났고, 열이나 산에 의한 통증 완화효과는 비슷하였다고 밝혔다.

독소의 특징을 아는 것은 신약이나 화학물질 개발에 매우 유용하다. 독 분자들은 대단히 복잡해서 어떤 종류는 3,000개↑ 펩티드로 이루어져 있기도 하다. 독 구조가 일단 밝혀지면 염기서열 변화 → 기능 가감 → 새로운 독소로 진화시킬 수 있다. 이런 실험을 통해 기능을 넣거나 빼면서 만들어진 성분들이 진통제, 혈압약, 생물학적 살충제 등이다. 이들은 모두 생물학적 유기화합물을 토대로 만들어지므로 자연적으로 분해가 된다는 장점을 지닌다. 이 연구에서는 또한 지네류의 독이 호르몬의 이런 저런 작은 변화들을 통해 더 안정적으로 되었다는 것도 밝혀냈다. 시험관 내에서 거미 및 지네류의 독소에 대한 진화 관련 실험을 하고 있는데, 실험의 목적은 독소에서 독성 제거 → 농업이나 의학의 문제들을 해결하는데 사용하는 것이라 한다.

오늘날 세계 인구의 약 20%는 만성통증에 시달리고 있다고 추정한다. 이에 따른 경제적 비용도 꽤 높아 미국의 경우 1년에 약 600조원 6000억 달러에 이른다는 통계치도 나와 있다. 일반 진통제는 만성통증에는 큰 효과 없어 대신 마약성 모르핀처럼 강력한 약물을 사용하는데, 이들은 중독성과 부작용이 크다. 동물실험에서는 지네의 독성이 모르핀보다 약효가 크면서 부작용은 특별하게 없는 것으로 나타났다. 이것이 바로 지네독에서 영감을 얻은 차세대 진통제 개발에 기대가 모아지는 이유다.

놀랍게도 거미류와 다른 방식을 통해 지네류가 호르몬 → 독으로 무기화하는 방식이 알려졌다. 호주+미국 공동연구 연구자들은 독 단백질과 다른 분자들의 유사성을 비교하던 중에 이 두 물질의 연관성을 발견하였다. 이들 연구에서 독소와 호르몬이 서로 다른 유전자 서열을 가지고 있으나 분자 모양은 유사하다는 것을 알아낸 것이다. 수렴진화의 예로 지네와 거미는 호르몬 → 신경독으로 만들기 위해 다른 전략을 사용했을 것으로 추정된다. 이들은 모두 여러 버전의 독 분자를 가지고 있어 진화를 거치며 독 분자에 새 기능을 계속 추가해 왔다는 사실을 보여주는 것이라고 전문가들은 보고 있다.

4. 전갈독 scolpion poison

전갈

전갈은 곤충이나 작은 동물을 먹이로 삼기 때문에 몸집 큰 동물을 죽일 정도의 강력한 독은 그리 흔하지 않다. 전갈은 대부분 독이 있지만 건들지 않으면 일부러 사람을 공격하지 않는다. 뱀이나 전갈의 독은 몸무게의 0.5% 이내에 불과한 것으로 추정된다. 하지만 독을 다 쓰고 나서 재생산에는 기초대사량이 평소보다 상승하므로 에너지 면에서 보면 그 소모는 굉장한 편이다. 꼬리 끝의 가늘고 긴 독침도 먼저 공격받지 않는 한 쓰지 않고, 먹이 사냥에도 독을 사용하지 않고 주로 집게발을 사용한다. 독 사용치 않고 제압할 수 있으면 물리적으로 공격하여 잡거나 죽이나 격렬한 싸움이나 위협적인 상황에서는 독침으로 찔러 상대를 죽인다.

※ 전갈: 시력이 좋지 않다! 배 밑 빗 모양의 마디에 있는 판으로 땅의 진동을 파악하고, 예민한 촉각을 이용하여 어둠 속에서도 먹잇감을 사냥할 수 있다. 전갈은 먹이나 침입자를 공격할 때 뿐 아니라 짝짓기 때에도 독침을 이용한다. 짝짓기 동안 ♂→♀ 계속 독침으로 찌르는데, 이때도 약한 독을 사용하는 것으로 추정되고 있다.

단백질분석 연구에 의해 맹독성 단백질에는 최소 100가지 펩티드가 들어 있어 합성이 어렵지만, 약한 독은 간단한 단백질로 구성돼 있음이 밝혀졌다. 실제 전갈 중에는 에너지를 아끼기 위해 상대에 따라 무기를 가려 쓰는 종류가 있어 남아프리카사막 어떤 전갈은 쉬운 먹이엔 만들기 쉬운 약한 독을 쓰고, 커다란 동물에게는 매우 복잡한 치명적인 독을 사용한다고 한다. 복잡한 성분의 치명적인 독은 쉽게 만들 수 없으므로 약한 상대엔 약한 독을 사용해 에너지를 아끼고 강한 독을 만들 시간을 버는 원리라고 하니 곤충이지만 똑똑하다고 할 수 있다.

강력한 독을 지닌 일부 전갈은 종류에 따라 그 독성이 생명을 위협할 정도로 치명적이다. 이들 전갈독도 예로부터 신경마비, 중풍 등의 치료약으로 사용해왔고, 현대의학에서도 계속 연구되는 독성분이다. 특히, 전갈독 함유 성분이 종양세포에 억제작용이 있음이 밝혀져 이를 이용한 신경교종(뇌종양 일종) 치료용 신약개발이 기대되고 있다. 수십만 종에 이르는 생물독 잠재적 신약후보 물질 가운데 ~1,750종 전갈에서는 100,000여종의 펩티드가 보고되어 있다.

전갈독, 생명을 구하다!

같은 신경독이라도 뱀독은 근골격에 작용 → 마비작용을 하나, 전갈독(chlorotoxin)은 말초신경에 작용 → 극심한 통증을 유발해도 마비는 일어나지 않는 것으로 알려져 있다. 이러한 특성으로 그 독성분은 독과 상호작용하는 세포막의 K/Ca/Na 이온통로 연구에 유용하게 사용되고 있다. 전갈독의 펩티드 독소는 신경 및 근육세포의 Na^+ 채널과 상호작용하고, 이들 Na^+ 채널 중 일부가 통증과 관련 있다고 추정되고 있다.

전갈독은 펩티드의 단백질성 신경독으로 몸에 들어오면 신경섬유의 Na^+ 통로를 열어 신경세포가 제 기능을 할 수 없게 만든다. 그 결과, 시냅스에서는 아세틸콜린이 계속 분비되어 신경도 흥분상태에 있고, 근육은 수축한 상태로 있게 돼 이어서 경련과 마비증상이 나타난다. 신경세포의 Na^+ 통로를 계속 차단하는 테트로도톡신과 뱀의 신경독(예-코브라/덴드로톡신)이 세포막 Ca^{2+} 통로를 막아 신경세포가 제 기능을 못하게 하는 것처럼 벌, 거미, 전갈 등에서도 구조는 상이하나 같은 작용을 하는 독들이 발견된다. 수렴진화의 좋은 예! 이를 치료하기 위해서는 抗 항전갈독 혈청이 필요하다.

독성분은 클로로톡신 외 카리브도톡신/스킬라톡신/아기톡신.. 여러 아미노산으로 구성된 단백질성 신경독이다. 클로로톡신은 Cl^-통로를 막아 신경세포가 작용하지 못하게 하며, 해독제는 클로로톡신과 결합 → Cl^- 통로를 막지 못하도록 한다. 카리브도톡신/스킬라톡신/아기톡신 다른 독들은 Ca^+ 의존성 K^+ 통로 작용 막음 → 신경세포 작용을 방해한다.

곤충의 마비독이 의약품에 이용되는 예는 전갈독 연구에서도 찾아볼 수 있다. 일부 독 추출물은 시험단계에서 뇌종양에 뛰어난 결과를, 다른 물질은 당뇨병 치료에 탁월한 효능을 나타내는 등 이들 독에서 추출한 물질들은 만성질환이나 난치성 질환에 좋은 효과를 보였다. 클로로톡신은 뇌종양 세포와 결합하기 쉬워 종양세포막의 Cl^- 통로를 막아서 이동을 차단하여 종양세포가 주변 조직으로 확산되는 것을 막는다. 이처럼 클로로톡신은 신경교종에 효능이 있어 의약품으로서의 활용

전갈

가능성이 커서 큰 주목을 받고 있다. 의학계에서는 전갈독을 이용한 신경교종 치료제가 머지않아 개발될 것으로 기대하고 있다.

부타톡신(buthatoxin) 독단백질 함유 전갈에 물리면 극미량에서도 독성을 나타내 심장박동 이상과 호흡마비 증세가 나타나고 심하면 사망할 수 있다. 하지만 열에 약하기 때문에 오래 끓이면 독성이 줄고 소량에서는 항 경련작용을 하여 간질이나 요통 등의 통증에 사용돼 왔다.

전갈독에서 모르핀 대체약물...?

연구 1 – 일부 전갈독은 위험하기로 유명한데, 이 전갈독을 모르핀 같은 진통제를 대체하는데 이용 → 전갈독의 천연물질에 기초한 새로운 진통제를 개발하고 있다고 발표했다. (이스라엘 연구진) 극심한 통증에는 마약성 진통제만이 효과를 나타내기 때문에 이를 사용할 수밖에 없지만, 중독을 포함하여 여러 부작용의 위험을 낮추는 새로운 해결책이 끈임 없이 요구되어 왔다. 새롭고 효과적인 진통제는 현재의 이런 문제 중 하나를 해결할 수 있다고 생각되고 있다. 전갈독 함유성분들은 오랜 진화를 거쳐 생성되었고 인체에 대한 부작용 없이 뛰어난 효과와 특정 성분에 대한 특이성을 보인다고 한다. 연구에서 얻는 정보는 전갈독 펩티드 독소 모방 → 부작용 無 → 새로운 유도체로 재탄생할 것으로 기대되고 있다.

포유동물 신경세포에는 서로 다른 Na^+ 채널이 9종류 발달하는데, 한 종류만 뇌에 통증을 전달하는 것으로 밝혀져 전갈독 독소들이 Na^+ 채널과 어떻게 상호작용하는지를 분자수준에서 이해하기 위한 연구가 실시된 것이다. 특히 어떤 종류의 독소들이 특정 채널을 구분하여 작용하는지에 초점을 맞추고 진행되었다. 이들을 밝혀내고 추가적으로 이들 독소를 약간 변형시켜서 Na^+ 채널을 매개하는 유망한 진통제를 개발할 수 있을 것이라고 밝혔다.

연구팀은 맹독 황색전갈에 초점을 두었는데, 이들 독에는 오랜 기간에 걸친 진화로 변화가 커진 활성성분 300종↑ 펩티드가 존재하는 '寶庫보고'라고 집중한 이유를 설명했다. 자연계 진화에서 일부 독은 포유류 Na^+ 채널에 직접 작용하고, 다른 독성분들은 곤충의 Na^+ 채널을 인식하고 영향을 주게 되었나고 주장한다. 연구진은 이런 특이성의 차이가 독소를 어떻게 변형시키는가에 대한 정보를 제공해 줄 수 있다고 한다.

전갈독의 새로운 작용

연구 2 – 전갈독을 살충제로 이용하는 연구를 하던 과학자들이 독의 새로운 작용을 발견! 살충제에 전갈독을 이용하기 위한 과거 연구에서는 독성분이 곤충의 신경계와 근육계를 제어하는 다양한 통로와 수용체를 공격한다는 사실과 Na^+ 통로가 주요 공격목표라는 사실에 초점이 있었다.

미국 연구진은 실험에서 일부 전갈독은 특정 형태의 Na^+ 통로에만 선별적으로 영향을 미치는 것으로 나타났다고 발표하였다. 왜 전갈독이 곤충의 Na^+ 통로에만 영향을 미치고 포유동물에는 영향을 미치지 않는지 알아내는 것이 중요했다. 연구에서 곤충의 Na^+ 통로에서 이들 전갈독에 통로를 더 취약하게 만드는 아미노산 잔류물을 발견했고, 또 중요한 Na^+ 통로 장치가 독성에 영향을 미친다는 사실도 알아냈다. 연구진은 "이들 Na^+ 통로에 미치는 독의 영향을 연구하면 곤충의 나트륨 채널만 선별적으로 공격하는 새로운 살충제 개발에 중요한 정보를 얻을 수 있을 것"이라고 했다. 지금까지의 일부 살충제들은 곤충의 Na^+ 통로에 작용하지만 시간이 지나면 곤충이 내성을 갖게 된다. 곤충이 내성을 갖게 되는 메커니즘과 내성 곤충을 제어하기 위한 대안을 찾는 연구가 현재 진행 중에 있다.

5. 폭탄먼지벌레 독 Bombardier beetle poison

생물독을 만드는데 가장 놀라운 구조 및 기작을 갖는 곤충을 꼽으라면 단연코 폭탄먼지벌레! 평상시엔 여느 곤충처럼 별다른 특징 없이 평범하고 화학물질도 지니기만 하나 위험에 처하면 이들을 섞어 독 폭탄처럼 발사한다. 2종류의 화학물질을 섞어 폭발시키는 독특한 방어체계를 갖는 폭탄먼지벌레는 일종의 딱정벌레이다(일명, 방귀벌레/1~3cm 길이). 이들과 관련된 내용은 박성웅 외(2015) 등을 참고한 자료이다.

폭탄먼지벌레

위기에 처하면 평소와 달리 꽁무니에서 화학물질을 섞어 폭발성 ~100℃ 고온의 독성물질을 만든다. 꽁무니 분비샘에서 나오는 화학물질이 효소와 만나 1~2초 짧은 시간에 강력 폭발할 수 있는 역겨운 독가스를 만들어 분출하는데, 회전식 관 2개 → 敵 적 조준 → 펄펄 끓는 미세한 독가스 분출 → 압력에 의해 독 폭탄처럼 '퍽'소리와 함께 터져 나오는 방식이다. 질소+황 함유 끔찍한 독액을 뒤집어쓴 상대는 화상을 입고 몹시 괴로워하면서 도망치고, 다시는 관심조차 보이지 않아 폭탄먼지벌레에게는 훌륭한 방어수단이 된다. 뜨거운 독액을 내뿜는 이런 독가스를 경험한 사람들은 접촉된 피부가 부어오르고 상처가 오래 남을 만큼 따갑다고 말한다.

폭탄먼지벌레는 몸속에 소위 '화학공장의 시스템'을 갖추고, 저장 장소에는 원료물질이 비축되어 있는 것으로 비유된다. 액상의 독화합물 분출의 비밀은 저장된 화학물질과 효소에 있고, 그 물질은 바로 hydroquinone/페놀혼합물 하이드로퀴논과 hydrogen peroxide 과산화수소로 각각의 분비샘(융합실/반응실)에 들어있다. 공격할 때 분비샘 화학물질 → 연결관 → 융합실 → 강한 수축 → 반응실로 뿜어져 내려간다. 반응실에서 페록시다아제와 카탈라아제의 격렬한 반응으로 독성분 벤조퀴논을 만들고, 부산물로 물과 산소가 발생한다. 벤조퀴논+물 → 물 끓음 → ~20% 수증기화化 → 고온 열+압력 발생 → 출구 꽁무니 開 → 벤조퀴논 독가스+고열+산소 → 폭발음+

독액 분출의 과정으로 일어난다. 독화합물의 비축, 독액합성 및 분출기작 등과 관련된 더 자세한 내용은 참고문헌 내 관련 자료 등을 참고하기 바란다.

※ 효소 기능: 페록시다아제 = 과산화수소 → 산소+물, 카탈라아제 = 하이드로퀴논 → 벤조퀴논 생성

놀라운 것은 반응실에 두꺼운 키틴질 방어벽이 있고, 폭발물 분출하는 융합실과 nozzle 노즐 또한 효소로 폭발을 미세조절해서 과도한 분출로 인해 자신이 터지지 않도록 한다는 것이다. 복부도 270° 회전시킬 수 있어 정확한 목표 겨냥과 명중이 가능하고, 여의치 않으면 뒤에 있는 1쌍 반사판에 증기를 분사해 증기가 원하는 방향으로 나갈 수도 있다. 자유자재의 발사관 회전으로 방어력을 거의 전 방향으로 할 수 있다는 장점도 지닌다. 화학반응이 일어나는 공간은 불과 1㎜ 이내지만 독성물질의 분사 속도/방향/농도.. 특성을 한 치의 오차 없이 조절할 수 있는 가히 정교한 생체화학공정시스템을 갖춘 곤충이라 할 수 있다.

워낙 독특한 체제를 갖춘 생체구조라 생각되어 MIT 매사추세츠공대 재료공학 전공의 연구진은 살아 있는 폭탄먼지벌레의 독 분비물 발사과정을 정밀하게 조사해 그 비밀을 밝혀내었다. 이들이 2000개 화면/초 초고속 촬영 분석으로 알아낸 반응실에서의 폭발과정은 다음과 같다. 위협을 느낀 벌레가 분비샘에서 화학물질+효소 → 반응실 → 물질 혼합 → 폭발을 일으키며, 큐티클로 만들어진 반응실 팽창하면서 밸브가 화학물질 투입구를 막는다. 증기가 빠져나가 압력이 떨어지면 다시 밸브가 열려 폭발물질이 들어와 폭발반응이 되풀이된다. 폭발은 초당 735회까지 가능하고, 고약한 화학물질과 펄펄 끓는 증기가 초당 10m 속도로 수㎝ 거리를 퍼지며 분출된다. 일명, Biological Pulse Jet 연구자들은 처음에는 이런 분출의 원동력이 근육 수축으로부터 온다고 추측하였으나 연구결과, 놀랍게도 유연한 막의 팽창-수축을 통해 자동적으로 일어나는 것으로 확인됐다. 즉, 폭

탄먼지벌레는 약간의 변화를 준 반응실 구조만으로도 새로운 근육을 진화시킬 필요 없이 뛰어난 방어 장치를 진화시킨 것으로 결론지었다.

마이크로칼로리미터(microcalorimeter) 이용한 분출 분비물의 열량 산출결과에서 방어물질은 0.22cal/㎎, 벤조퀴논 분출 순간은 수천 분의 1초, 벤조퀴논이 비등점에 가까울수록 머리 → 혀까지 자극 전달속도가 빨라진다는 것도 밝혀졌다. 하지만 폭탄먼지벌레에도 천적이 있어 파나마왕두꺼비는 딱정벌레가 화학물질 발사할 여유도 주지 않고 삼켜버린다. 실험에서는 천적의 뱃속에서 벌레가 내는 소리녹음 → 파장분석 결과, 방어물질 발사는 아주 빠르게 진행된다는 것이 밝혀졌다. '퍽퍽퍽퍽..' 계속 소리 내었다고..

폭탄먼지벌레에는 약 20회 발사할 수 있는 원료물질이 저장되어 있고, 독가스를 20회/분 이상 발사할 수 있는 대단한 능력을 지닌다. 연속분출 70회 가능한 종도 있음 폭탄먼지벌레에 관심을 쏟는 이유는 이들의 뜨거운 독성물질이 특별한 분비구조에서 순수한 화학작용에 의해 만들어지는 화합물이고, 이들이 체내에서 화학물질을 혼합해 폭발시킬 수 있는 유일한 동물이기 때문이다. 이런 이유로 폭탄먼지벌레는 종종 고열의 독가스 증기를 발사하는 하이테크 화학무기에 비유된다.

약이 되는 곤충의 독

곤충의 독은 건강한 사람에게는 해롭겠지만, 특별한 병에는 효과적인 약 성분으로 쓰일 수 있다. 독소의 특징을 아는 것은 신약이나 화학물질 개발에 매우 유용하다. 특히, 마비독을 지닌 곤충독은 의약품 개발에 자주 이용되는데, 그 예는 앞에서 벌, 거미, 지네, 전갈 등에서 독의 잠재력을 설명하면서 비교적 자세히 다룬 바 있다. 벌독의 펩티드를 시점으로 이들을 다시 간략히 요약해보자. 먼저, 벌독의 50% 정도를 차지하는 메리틴은 주입 시 심장 평활근 수축 촉진이나 모세혈관 확장으로 혈액순환을 도와 농맥의 압력을 저하시켜 고혈압/궤양/동맥내막염/부종/암/편두통.. 여러 증세에 탁월한 효과를 낸다. 아파민 성분도 생리적 변화를 일으켜 몸의 면역력을 향상시킨다. 벌독 효소 포스포리파제는 메리틴과 유사한 변화를 유발하고, 카르디오펩은 부신을 자극하여 진통호르몬 방출이나 부정맥/심장쇼크.. 질병 예방 및 치료에 효능이 있다. 또 다른 벌독의 주성분은 집중 연구되면서 차세대 항암제로 개발되고 있다.

거미독은 부정맥 치료제로 개발되고 있는데, 부정맥 치료에서 Ca^{2+} 이동을 차단하는 방법을 적용한다. 즉, 거미독이 세포의 Ca^{2+} 채널을 막아 질병치료에 효과가 있는 것이다. 전갈독은 뇌의 종양세포와 결합하기 쉬어 독이 종양세포가 주변조직으로 퍼지지 못하도록 막는다. 지네독의 경우, 복잡한 펩티드 분자구조를 규명하여 그 독 분자구조에 기능을 넣거나 빼면서 만들어진 성분들로 혈압약, 생물학적 살충제 등에 성공하였다. 또한, 지네독을 이용하여 만들어진 진통제는 모르핀보다 약효가 엄청나게 크면서 부작용은 특별하게 없는 것으로 나타났다. 이것이 바로 지네독에서 영감을 얻은 차세대 진통제 개발에 기대가 모아지는 이유다.

생물독4:
무서운 식물독

Chapter

9

Chapter 09

생물독4:
무서운 식물독

식물의 독

식물은 식용자원뿐만 아니라 약용자원으로도 인류에게 지대한 영향을 미치고 있다. 약으로 개발된 약품의 90% 이상이 식물을 통해 얻어진다고 하니 가히 틀린 말은 아니다. 독성이 없으면 약이 되는 생리활성 또한 없는 것이니 독을 지닌 식물이야 말로 없어서는 안 되는 중요한 자원이다. 약리학에서 독이나 약은 같은 의미로 해석될 수 있어 적절하게 잘 쓰면 독=약이 되는 것이다. 제약업계가 많은 투자로 신약 개발하는 것보다 열대우림 원주민들의 전통적 자가 치료방법에 더 관심을 가지고 있다 해도 과언이 아니다. 이들의 전통치료법 중에는 오랜 세월을 거치면서 이미 검증된 효능들이 있고, 이런 방법이나 과정을 통해 신약개발에 좀 더 쉽게 접근할 수 있다고 생각하기 때문이다.

인류는 역사가 시작된 이래 이들 식물을 때로는 독으로, 때로는 약으로 이용해왔다. 독이 있는 식물은 비교적 많은데, 그 기준으로 세계에는 4대 화살독 문화권이 있다고 소개된다(이정은 역, 2009): 쿠라레독 문화권-아마존유역, 스트로판투스독 문화권-아프리카, 이포독 문화권-동남아시아, 투구꽃독 문화권-동북아시아

쿠라레(Curare)는 녹나무科 독-투보쿠라레, 스트로판투스(Strophanthus)는 협죽도科 독-스트로판틴이다. 이포(Ipoh)는 뽕나무科 독-안티아린, 투구꽃(Aconitum) 독-아코니틴으로 이들은 독인 동시에 약으로도 활용이 가능하여 오늘날 의학에서 사용되고 있다. 예를 들어, 쿠라레는 스트리크노스 식물의 독으로 몸에 유입되면 움직일 수 없고, 결국 숨도 쉬지 못하고, 심한 통증 없이 조용히 숨을 거두기 때문에 '조용한 살인자' 라는 별명이 붙어 있다. 요즘에는 이 쿠라레를 의사들이 환자를 수술할 때 마취제로 쓴다.

식물독은 대부분 알칼로이드(alkaloid) 계열의 독성물질로 식물계에 널리 분포한다. 동물에 대해 특이하고 강한 생리작용을 나타내는 매우 광범위한 식물염기라는 화학물질이다. 화학구조에 따라 분류되고, 약 250종↑ 알려져 있다. 알칼로이드 성분은 식물계에 있는 포괄적인 의미의 독이므로 독성물질의 약리작용을 단정 지을 수는 없다. 식물의 독에는 진통, 지혈, 열이나 발진을 비롯해 환각이나 혼돈, 최면, 마비성분에서 장애나 사망에 이르게 하는 독까지 수많은 생리활성 성분들이 아주 다양하게 분포한다. 더 나아가 고추/마늘-매운 맛, 겨자-쏘는 맛, 갓-쓴맛, 옻나무-생칠 등 모두 알칼로이드에 해당하는 독으로 보아도 무방할 정도다.

사약으로 사용한 식물독

현재 문제가 되고 있는 독초들은 과거 사약의 원료로 사용되기도 한 맹독식물로 알려져 있다. 예로는 독약으로 사용된 협죽도, 투구꽃, 청산칼리 6,000배↑ 피마자 리신독이다. 특히, 리신은 60*kg* 성인 치사량이 18*mg*에 불과한 맹독이다. 이런 독초 외에도 복용 시 중추신경 마비로 사망할 수 있는

디기탈리스, 접촉만으로도 극심한 피부염 생기는 옻나무나 잉글리시아이비 등 생활 주변에서 맹독성 식물을 쉽게 찾아볼 수 있다.

알칼로이드, 의약품 원료로 사용되는 독

알칼로이드는 알칼리성 유기물로 분자에 질소를 함유하는 알칼리성 동식물 성분을 통틀어 일컫는다. 알칼로이드 중에는 생물활성이 강한 물질들이 많은데, 생체반응에 직접 관계하는 물질은 대부분 질소화합물이고, 신경전달에 관계하는 성분들도 포함되기 때문이다. 약한 독성을 가진 알칼로이드도 몸속에 들어가면 빠른 시간 내에 생체반응을 일으킨다.

식물 독성분의 대부분은 알칼로이드로 투구꽃-아코니틴, 벨라도나-아트로핀, 스트리크노스-쿠라레, 미치광이풀-스코폴라민, 담배-니코틴 등은 모두 여기에 해당한다. 현재 밝혀진 알칼로이드 종류는 약 3만종↑, 강한 생물활성을 가져 사용법에 따라 의약품으로 유용한 것들이 많다. 식물 추출 의약품은 거의 대부분 알칼로이드로 예를 들어, 양귀비 추출 아편 → 벤질이소키놀린 알칼로이드 → 진통/진해제로 이용되고 있다. 또한 키나나무 추출 → 키니네 키놀린 알칼로이드 → 말라리아 특효약으로 알려져 있으며, 코카 잎 추출 → 염산코카인 트로판 알칼로이드 → 국소마취제로 사용되고 있다. 향후에도 식물성 알칼로이드는 계속 의약품의 원료로 이용될 것이다.

알칼로이드는 식물체 내에서 유리된 상태가 아닌 염의 형태(옥살산/아세트산/시트르산..)로 존재한다. 이밖에 스테로이드계 알칼로이드도 드물지만 보고되어 있다. 다음에서는 식물계에 잘 알려진 대표적인 독성식물에 대해 독의 종류와 발현기전, 생리작용 등 여러 가지 특성을 살펴보도록 할 것이다.

1. 독당근 *Conium maculata*

독당근

1~1.5m 자라고 잎이 무성한 미나리科 다년생 초본으로 식물 전체에 강한 독성분이 있어 독당근이라 불린다. 독당근의 독은 뱀도 피해갈 정도로 강력해 예전에는 사형수들의 독약으로 사용되었던 물질이다.

독성분은 코니움 알칼로이드를 함유하는데, 주성분 코니인(coniine) 외에 콘히드린, α-콘히드린 등도 포함돼 있다. 이들은 모두 맹독성으로 중추신경을 억제시키는 기능이 있고, 대량투여 시 → 구토, 심 기능↓ → 죽음에 이른다. 코니인은 無色油狀 무색유상의 염기성 액체로 빛/공기 접촉 → 중합 → 갈색수지상 독성물질 → 섭취 → 운동신경 마비/중추신경 억제 → 수면/구토 유발 → 호흡 이상 → 의식상실 → 사망하게 된다.

• 독미나리 *Cicuta virosa*

독미나리

이름에서 알 수 있듯이 독미나리 또한 중추신경 마비, 심장박동↑, 호흡곤란을 일으키는 미나리科 독초다. 민간에서는 통증 완화용으로 사용했던 독초로 한방에서는 '독근'이라 하여 화농성 골수염/통풍/신경통 치료에 활용한다. 일부 지역에서는 독성이 약한 독미나리 어린잎을 먹기도 하지만 이는 매우 위험한 일이다. 시기적으로 늦겨울~초봄에 독성이 가장 강하며, 특히 땅속줄기는 독성이 강해 소량만 먹어도 사망할 수 있다.

위험한 독초: 중독 시 호흡마비

독미나리를 많이 섭취하면 입술에 수포나 혈포가 발생하고, 더 진행되면 중추신경에 작용하여 구토/경련/피부발석/안면창백.. 심각한 증상 후 호흡마비로 사망할 수 있다. 주요 독성분인 시쿠톡신(cicutoxin) 섭취한 뒤 몇 분~2시간 이내 중독증상이 발생하고, 독성발현이 빠르게 진행되면 10~20시간 후에 사망할 수 있다. 시쿠톡신은 자연에 존재하는 대표적 유독물질로 뿌리 및 땅속줄기에 많이 포함돼 있다.

2. 사약의 투구꽃

투구꽃

투구모양의 꽃이 특징적인 미나리아재비科 맹독성 독초로 투구꽃을 이르는 명칭은 거의 독과 관련이 깊다. 역사적으로도 유명하여 고대 로마에서는 정치권력 암투에서 암살 사건이 많았는데, 그 때 쓰인 독이 바로 투구꽃 독성분이다. 우리 역사에서도 왕이 내리는 사약에는 투구꽃 뿌리에서 추출한 독이 들어갔다. 투구꽃의 뿌리인 부자는 한방에서 신진대사 항진 등 여러 증상에 쓰이나 너무 독해 약재로의 사용이 제한되고 있다. 투구꽃의 독을 먹으면 중독되지만 몇 시간 지난 뒤에는 혈액을 통과하여 독성이 없어진다.

※ 벌꿀: 벌꿀에 투구꽃 화분이 포함되면 구토/현기증.. 투구꽃 중독을 일으키는 원인이 될 수 있다.

투구꽃에는 맹독성 알칼로이드인 아코니틴이 들어 있다. 꽃잎, 잎도 유독하지만 가장 위험한 부분은 괴근 덩이뿌리로 1~2g 섭취로도 위험해진다.

소량의 아코니틴은 진정/강심작용.. 약리작용이 있지만, 과잉 섭취 시 → 입술 마비/구토/경련 → 지각신경 마비 → 호흡곤란 → 질식할 수 있다. 아코니틴은 피부로도 흡수되기 때문에 치료용 크림, 연고, 치통을 가라앉히는 약으로 사용되기도 했다. 하지만 피부에 아코니틴을 바르기만 해도 복용과 같은 중독을 일으키는 것이 판명된 후 외용하는 경우가 극히 드물어졌다. 아코니틴이 물에 녹아 피부로 바로 흡수되는 높은 위험성을 지녀 피하지방에 미량만 들어가도 치사량에 이른다. 치사량은 2~3㎎, 투구꽃 잎 약 1g에 해당하고, 생약의 경우 5g↑ 직접 먹으면 위험하다. 사약의 원료로 쓰였고, 괴근을 짓찧어 화살촉에 발라 동물사냥에 이용했을 정도로 맹독성이다. 쓴맛이 강해 음식이나 음료수에 들어 있다면 곧 알아챌 가능성이 높다.

투구꽃 괴근을 건조시키면 한방/附子 부자가 되며, 이것을 강심제나 이뇨제로 사용한다. 독성분 아코니틴(aconitine)은 리신에는 뒤지지만 그래도 강한 독으로 LD50=0.12㎎! 한약에서는 강심/진통/강장/흥분/신진대사↑효과.. 중요한 성분이나 부자의 양을 잘못 조제하면, 아코니틴이 마비를 유발하여 곧바로 죽음에 이르게 하는 무서운 맹독으로 돌변한다. 아코니틴은 신경세포의 Na^+ 통로를 열어 Na^+ → 세포內 대량 유입 → 아세틸콜린 분비 억제 → 신경회로/신호전달이 방해받는다. 아코니틴 과잉 섭취 시 → 통증+지각신경 마비 → 호흡곤란 → 질식사에 이른다. 반면, 소량의 아코니틴은 진정효과나 강심작용 등의 약리작용이 있어 잘 이용하면 약으로 쓸 수 있다. 신경이 극도로 흥분해 있을 때 아코니틴 → 적당량 투여 → 흥분↓ → 정상 회복할 수 있다.

투구꽃-아코니틴, 복어독-테트로도톡신, 인공독-사린 등은 신경독 종류이나 같은 신경독이라고 해도 투구꽃의 아코니틴과 사린은 독 작용 기작이 다르다. 이들 아코니틴과 테트로도톡신은 서로 길항작용(생체현상에 2개 요인이 동시에 작용하여 서로 그 효과를 줄이는 작용) 한다. 아코니틴은 복어독과 달리 신경세포의 Na^+ 통로를 계속 열어 나트륨 통로를 활성화시키기 때문에 많은

Na^+ 이온이 세포 안으로 들어가 신경전달을 방해한다. 급격한 Na^+ 유입으로 복용 후 10~20분부터 구토/부정맥/신경발작/호흡곤란.. 여러 증상이 나타나게 된다. 더 진행되면 심전도가 매우 불안정해지며 많은 경우 사망한다. 아코니틴의 동물내 부정맥 유발 효과는 이미 잘 알려져 있어 동물실험에서 부정맥 모델을 유도할 때 이 물질을 사용한다.

부자는 민간에서 함부로 취급할 수 없으며, 법적으로도 관련 제약사와 의료기관으로 제한되고, 독성을 제거하는 처리를 하도록 되어 있다. 아코니틴은 열에 약해 물에 끓이면 분해돼 독성이 1/10 정도로 약해지지만 독성이 완전히 제거되지 않으므로 주의해야 한다. 부자를 먹으면 열이 나는데, 일시적 쇼크 → 찬 손/발/피부+호흡미약 졸도 시 강심제로 사용되며, 허리/무릎/다리 차면서 신경통 빈발 시 → 진통제로 쓰인다. 발열성 질환/임산부/간 기능장애/심근염 경우에는 사용금지다.

부자를 함부로 취급할 수 없어 동속의 비슷한 유독식물인 초오를 한약재나 민간요법에서 사용하나 반드시 의사와 전문가의 조언에 따라 사용해야 한다. 초오 또한 오래전부터 화살독이나 의료용으로 사용한 기록이 있다. 한약재로 널리 쓰이는 초오의 괴근도 일반 약재들에 비해 강한 독성을 갖고 있다. 극심한 통증과 마비를 줄여주는 효과가 있지만 아주 짧은 순간에 목숨을 끊을 수 있는 무서운 독이기도 하다. 초오의 아코니틴 LD50=0.3*mg/kg*, 아플라톡신(0.02), 테트로도톡신(0.01) 보다 15~30배 약하고, 사린(0.35)과는 비슷하며, 청산칼리(10)보다 독성이 약 30배 강하다. 이들 성분에 대한 해독제는 아직 없다.

3. 미치광이풀 *Scopolia japonica*

가지科 다년생 독초로 근경 뿌리줄기에 맹독 성분이 있어서 잘못 먹어 중독되면 미친 사람처럼 행동하는데서 유래한 식물명이다. 일명 '미친풀', '독뿌리풀' 이라고도 불려 미치광이풀의 특성을 그대로 표현하며, 중독이 심하면 심장장애를 일으킬 수 있다. 뿌리줄기에 들어 있는 독성의 알칼로이드 성분인 스코폴라민, 아트로핀, 히오시아민 등은 부교감신경에 차단제 역할을 한다. 주요 독작용은

미치광이풀

중추신경계 자극에 따른 불안, 졸음, 환각, 흥분, 불규칙으로 빠른 심장박동 심계항진과 가사상태에 이를 수 있고, 심하면 사망하게 된다. 작용기전은 부교감신경 절후섬유의 muscarine 무스카린 수용체에서 아세틸콜린의 작용을 경쟁적으로 길항해 심박항진, 동공산대, 기관지 확장을 일으킨다. 이런 효능으로 안약이나 멀미방지용 패치 등이 개발된 바 있다. 하단 참고!

주요 독성분

- **스코폴라민** – 아트로핀과 함께 벨라돈나/독말풀/히오스.. 가지科 식물의 잎, 뿌리, 종자에 있는 무색 결정의 알칼로이드로 화학식은 $C_{17}H_{21}O_4N$, 중추신경계에 약리작용을 내타내는 신경독이다. 부교감신경 억제제, 진통제, 진정제로 간질/알코올중독/천식/멀미.. 신경계에 작용하는 약재로 주로 사용되며, 그 외는 안과에서 산동제로 쓰인다. 안과에서 눈 검사

벨라돈나

에 쓰는 동공산대용 약들은 이 스코폴라민을 근간으로 한 스코폴라민 유도체들이다. 아트로핀과 비슷한 약리작용이 있으며 지속적인 사용은 금지되어 있다.

아트로핀처럼 말초작용은 무스칼린 수용체를 차단하는 것으로 거의 같으나 중추신경계에 대한 작용이 다르다. 처음부터 말초작용 억제가 나타나 특히, 운동기능 흥분에 대한 억제가 강하다. 이런 스코폴라민의 운동기능 억제에 초점을 두어 의료에 활용하여 파킨슨증후군에 사용된다.

스코폴라민과 부작용 – 멀미예방 효능을 보이며 동시에 부작용을 가져오는 성분이 바로 스코폴라민이다. 멀미 예방을 위해 개발된 '키미테' 패치멀미약은 실제 스코폴라민의 부수적인 효과를 이용한 것이라 한다. 스코폴라민은 실제 약리학적으로 다양한 효과를 가지고 있는 매우 중요한 약리성분으로 부교감신경 억제제에 해당한다. 부교감신경 억제작용을 하므로 스코폴라민을 멀미약으로 쓰면 여러 부작용이 나타날 것은 어느 정도 예측되는 일이었다 한다. 알려진 세 가지 부작용으로는

① 눈 시야가 뿌옇고 눈부심 유발된다. 실제 키미테 멀미약 사용 후 흐린 시야+눈부심의 부작용을 종종 문의했다고...

② 혼돈, 일시적 기억장애가 유발된다. 가장 많이 알려진 부작용이다. 스코폴라민은 항콜린성 물질로 부교감신경 억제 및 아세틸콜린 효능도 억제하므로 일시적으로 이런 장애가 있을 수 있다고 한다.

③ 대소변 장애현상이 나타난다. 스코폴라민 → 위장관/방광운동 억제 → 변비, 소변이 잘 나오지 않는 현상이 올 수 있다.

• **아트로핀** – 아트로핀은 응급실이나 중환자실, 수술실 등에서 필수 비치약이다. 심박동정지 상황의 응급약으로 아트로핀과 에피네프린을 투여하고, 마취의 전 처치용으로도 쓰이기도 한다. 화생방교육에서 눈 따갑고 눈물/콧물 나올 때나 부교감신경흥분제 최루가스에 노출됐을 때 아트로핀을 주사하면 콧물/눈물 등은 바로 억제된다. 이것이 사린, 타분(tabun) 신경독가스에 대한 화생방 제독키트에 아트로핀 주사가 들어있는 이유! 기관지 분비물을 줄이면서 호흡곤란을 막는 기관지 확장에도 효과가 있기 때문이다. 아트로핀은 타액 분비를 억제하므로 콧물억제용 감기약에도 사용되고, 신경흥분을 방해하여 사린독가스 중독의 해독제로도 활용한다.

※ 사린: 아세틸콜린 분해효소 콜린에스테라아제와 결합하는 성질이 있어 시냅스에 분비된 아세틸콜린이 분해되지 않아 흥분한 신경이 누그러들지 않아 호흡마비 같은 증상

을 일으킨다. 이때 아세틸콜린과 비슷한 화학구조 아트로핀 투여 → 아세틸콜린 수용체와 결합 → 신호전달 방해 → 사린에 대한 해독작용을 하는 것이다.

아트로핀은 가지科 식물의 잎과 뿌리에 있는 독성물질로 무스카린 수용체의 경쟁적 길항제이다. 무스카린 수용체에 대해 아세틸콜린이나 무스카린과 경쟁적으로 작용하여 부교감신경을 억제하고, 이들의 작용을 선택적으로 봉쇄하는 기능이 있다. 아트로핀은 말초작용이 나타나는 양에서도 중추작용은 볼 수 없고 초기엔 흥분시키고 후에 억제한다. 경쟁적 길항제이기 때문에 수용체 부위에 아세틸콜린 농도가 높으면 효과가 나타나지 않을 수 있다. 소량에서는 중추신경을 흥분, 대량에선 억제시키며 산동/빈맥/구갈/환각/안절부절/피부홍조.. 여러 증상을 일으킨다. 아트로핀은 홍채 근육조직 신경말단에서 방출된 아세틸콜린의 효과 차단 → 동공 마비, 외분비선 억제 → 구강 건조, 순환기 심박수↑ 효과 등이 알려져 있다.

약 개발 사례

- **안약** – 아트로핀으로부터 유도된 여러 종류의 알카로이드 성분이 들어있고(atropine/apoatropine/hyoscyamine/scopolamine/apoaconitine..), 그 독성은 특히, 아트로핀과 스코폴라민에서 기인한다. 이들은 부교감신경 활동을 억제하고, 동공 주위의 평활근 이완 → 동공확장 → 눈을 아름답게 보일 수 있다. 스코폴라민은 경련을 억제하고, 통증 완화, 땀 분비억제 약으로 사용하고 있다. 일본/눈약회사 눈약성분으로도 이용해 왔으나 현재 동공확대용 눈약에는 아트로핀을 사용하지 않고 이보다 부작용이 적은 성분이 이용된다.
- **멀미방지용 패치** – 미치광이풀, 같은 科 독말풀의 종자나 잎에도 독성분이 들어 있어 주로 부교감신경억제제/진통제/진정제.. 약품제조에 사용된다. 특히, 스코폴라민은 멀미방

지용 약 원료로 전정기관 흥분 억제효과가 있어 소량을 서서히 피부로 흡수시키는 patch 패치로 개발되었다. 멀미는 차/배/비행기.. 운송수단 움직임 → 속귀 전정기관 자극 → 전정신경 → 중추기관 전달 → 구토/어지럼증/오심.. 이상 증상이 나타난다. 반면, 동공확대, 타액 분비억제 작용으로 패치를 만진 후 눈을 비비면 동공확장 → 초점 이상, 흐릿하게 보이는 부작용이 나타날 수 있다.

- **기타** – 좌약, 치질 연고 등에 사용되고, 치통의 특효약, 지사작용, 발작안정제, 말라리아 치료제로도 쓴다. 한방에서는 땅속줄기를 가을에 말려 두었다가 진정제와 진통제로 사용한다. 황산 아트로핀의 제조 원료로 쓰이기도 한다.

미치광이풀은 강한 독이 있지만, 외견상 약초나 산나물처럼 생겨 연하고 악취 없는 싹이나 뿌리줄기를 먹고 중독되는 사례를 어렵지 않게 접한다. 그 뿌리줄기가 마와 비슷하여 마로 잘못 알고 먹는 경우가 있어 이 또한 주의가 필요하다. 뿌리줄기가 특히 맹독이고, 줄기, 잎 등에도 독이 있어 오용 시 위험해진다. 뿌리줄기는 신경통/경련완화-진정/진통효과.. 약리적 효능이 있어 낭탕근/한약재 약으로 사용돼 알코올 중독의 증상을 없애고, 종기나 피부병에서의 효과도 알려져 있다. 스코폴라민은 많이 사용하면 판단력과 자각능력이 떨어지고 계속 사용하면 중독될 수 있어 주의 사용해야 한다. 과량 복용하면 호흡부전 → 위급상황 발생할 수 있다.

4. 협죽도 독나무/*Nerium olreander*

협죽도에 포함된 강심배당체 올레안드린은 독초 디기탈리스와 유사한 강심작용을 하며, 몸에 들어오면 구토/오심/설사/체온↓/혈압↓/부정맥/동공산대/호흡이상/사지마비/혼수/경련.. 다양한 증상 발현 후 심장마비가 올 수 있다. 의약품으로 사용되는 stropantin 스트로판틴도 협죽도科 식물에 함유된 강심배당체다.

협죽도

협죽도에 함유된 oleandrin 올레안드린은 섭취 시 심장근육에 강력한 생리작용 → 심장기능 상실된다. 일반적인 독성 증상으로는 오심, 구토, 무기력, 피로감, 설사, 현기증, 복통, 두통 등이 보고되고 있다. 또 복용 후 초기에는 복통, 구토 등이 나타나고 허약, 무기력 증상을 보이다 시간이 지나며 부정맥/심부전/심장마비/고칼륨혈증.. 심각한 증상으로 이른다. 또 다른 독성분인 neriantin 네리안틴은 나무껍질과 뿌리, 잎 등에 있어 닿기만 해도 피부로 흡수돼 매우 위험하다. 이런 특성으로 예부터 독화살, 사약 등에 이용되었고, 열대지방에서는 동물 사냥에서 이 독들을 화살촉에 묻혀 사용하였다.

※ 사례: 일본에서 협죽도 잎을 먹은 20마리 젖소 중 9마리가 사망하였다는 보고가 있다.

이러한 협죽도 독성분은 약용으로도 쓰여 중국.. 외국에서는 정신질환 치료에 사용하거나 이뇨제와 살충제로 썼고, 잎을 차로 만들어 마시기도 했다고 전해진다. 옛날에는 잎과 연한 가지에서 즙을 짜서 사약의 원료로 썼을 정도였다. 꽃말: 주의/위험 협죽도에 중독되면 치명적일 수 있고, 특히 꽃, 잎, 종자, 줄기에 강한 독성을 지니고 있어 조심해야 한다.

5. 쐐기풀 *Urtica*

쐐기풀의 잎과 줄기에는 수많은 가시가 있고, 이 가시에 닿으면 자극성 쐐기에 쏘인 듯한 통증을 불러와 붙여진 이름이다. 쐐기풀의 따가운 가시가 공격하는 원리는 순간적으로 피부에 독니로 독액을 찔러 넣는 살무사에 비유된다. 쐐기풀 가시의 뾰족한 끝부분은 얇은 규산질로 돼있어 단단한 유리대롱처럼 접촉 시 잘 부러진다. 살짝 스치거나 건드리기만 해도 돌기가 떨어져나가고 날카롭게 부러진 끝부분이 주사기 바늘처럼 쉽게 피부 속으로 파고들어 독액을 주입한다. 독액이 피부에 주입되면 주변조직으로 퍼지면서 통증이 나타나기 시작한다. 쐐기풀의 공격을 받으면 바로 피부가 빨갛게 부어오르며 발열과 함께 통증을 동반한다. 주입된 독성물질에는 호르몬 일종 히스타민과 개미산, 아세트산이 함유되어 극심한 가려움증을 유발하며, 견딜 수 없을 만큼 괴롭게 만든다.

피부염증 일으키는 날카로운 독 가시

히스타민은 기관지/자궁.. 평활근 수축작용이 있어 기관지를 수축시킬 수 있고 그렇게 되면 호흡이 어렵고 기침을 하게 된다. 또한, 모세혈관 확장 → 혈압↓ 상태에 이르고 유입 양이 많으면 쇼크 상황으로 갈 수 있다. 모세혈관의 투과성도 증가해 혈관 속 내용물이 유출되어 붉은 반점과 가려움, 화끈거림을 유발한다.

아세트산은 강한 독성으로 닿거나 유입되면 염증 혹은 위 손상되어 접촉되지 않아야 한다. 포름산으로도 불리는 개미산은 자극적인 냄새가 있는 무색의 액체로 접촉하면 수포가 생긴다. 일반적으로 포름산은 48℃↑에서 해독이 되므로 따뜻한 물을 수건에 적셔 30초가량 환부에 올려놓으면 가려움증과 붓기가 완화된다. 쏘인 부위를 따듯한 물에 담그면 30분~1시간 이내에 통증이 가라앉는다.

아세틸콜린도 쐐기풀 독가시에서 분비되는 화학물질 중 하나! 아세틸콜린에 다량 노출되면 알레르기가 유발될 수 있어 한방에서는 산후 또는 유산 후 자궁이완에 처방하기도 했다. 또한 쐐기풀은 모유분비를 촉진하며, 혈당치를 내리는 작용도 하는 것으로 전해진 바 있다. 민간요법으로 내출혈이나 월경과다를 다스릴 때나 코피가 날 때 쐐기풀의 잎을 비벼서 코를 막거나 잘게 썰어서 담배처럼 태워서 코로 들이마시면 지혈이 된다. 또 신선한 잎의 즙은 뱀에 물렸을 때, 종자는 개에 물렸을 때 유용하다고 한다. 쐐기풀 침출액은 비듬 제거, 발모제로도 활용된 바 있다.

※ 본초강목 曰: 쐐기풀을 손으로 비벼 물에 넣으면 물고기가 중독되어 죽는다!

이러한 쐐기풀 종류 중에는 식물계에서는 유일하게 venom을 지닌 짐피짐피나무가 알려져 있다. 가장 큰 고통을 주는 나무로 독성물질로 완전 무장한 독가시를 셀 수 없이 가지고 자신을 보호한다. 심한 경우, 찔렸던 고통이 몇 년 동안 남아있기도 한다는 악명 높은 이 나무에 대해 알아보기로 하자. 참고: 박성웅 외(2015) 등

• 짐피짐피나무 *Dendrocnide moroides*

끔찍한 고통을 주는 1~3m 나무로 뿌리를 제외한 식물체 전체가 독성의 화학물질을 지닌 실리콘 유리섬유 같은 가시 형태의 털들로 뒤덮여 있다.(이후 털 → 가시로 표기) 이 가시들은 닿거나 살짝 스치기만 해도 피부를 뚫고 들어가면서 독을 주입하며 피하조직에 주사바늘처럼 이곳저곳에 박힌다. 사방에 박힌 이들 조각을 모두 제거하는 것은 거의 불가능하다고 한다. 호주: 응급처치 시 붙였다 떼는 제모용 왁스사용! 특히, 가시가 부러지면서 매우 강력한 신경독소가 흘러들어가 타는 듯한 통증을 일으키는 무서운 나무다. 상처 부위는 가렵고 화끈거림은 물론 붉은 반점들로 뒤덮이며 심하게 부어오른다. 때로는 끔찍한 물집도 생기고, 그 통증이 상처 부위에서 몇 주~수개월동안 이어지는데 몇 년씩 오래 계속된 사례들도 있다. 다량의 독에 노출되는 심한 경우에는 사람/개/말.. 큰 동물들도 사망에 이르게 할 수 있다.

분자의 크기가 작아 생체에 쉽게 흡수되는 독미나리/옻나무.. 다른 식물의 독과는 달리 짐피짐피나무의 독은 분자크기가 훨씬 큰 venom 베놈이다. 베놈=분자크기가 훨씬 크다! 이 독의 특이한 점은 분자크기가 큰 뱀독의 신경독과 비

슷하고, 화학적 특성도 다른 식물의 독과 다르다는 점이다. 상처를 통해 독이 전달되는 뱀독과 비슷한 독 전달방식을 택한 것이 특이한 일이다. 베놈으로 채워진 유리섬유성 독가시는 동물의 가죽이나 옷을 뚫고 통과할 만큼 강해 거의 모든 섬유재질을 뚫을 수 있다고 한다. 또한, 짐피짐피가 서식하는 곳 근처에는 이들 미세한 조각이 떠다니기도 해서 호흡 시 유입될 수 있다고 주의를 주고 있다. 강력한 방어체계를 지닌 독과 가시로 인한 통증은 타의 추종을 불허해 해당 지역에서는 '고통의 대명사'로 알려져 있을 정도다.

짐피짐피나무는 가장 특이한 식물 중 하나인 이유는 상처를 통해 독을 전달하는 베놈을 가지는 유일한 식물이란 것! 알려진 30여 종류의 짐피짐피나무들은 모두 유리섬유 같은 미세하고 날카로운 독가시를 가지고 있다. 가시의 독액이 닿으면 극심한 고통이 오는데, 이때 눈여겨 볼 점은 독에 쏘인 부위를 찬물에 넣으면 뜨겁게 느껴지고, 뜨거운 물에 넣으면 차게 느껴진다는 특성! 이런 독특함 때문에 신약개발에서 대단한 잠재력을 지닌 놀라운 효능을 발휘할 수 있다고 보고 있다. 더 흥미로운 점은 이들의 독가시가 모든 동물에게 생리적으로 영향을 주지는 않아 일부 달팽이/딱정벌레 벌레나 패더멜론 포유류는 문제없이 이 나무의 잎을 갉아먹는다. 언급된 이런 점들로 미루어보건대 짐피짐피나무는 큰 잠재성을 지닌 유독식물이라 할 수 있다. 어쩌면 짐피짐피 같은 예상치 못한 독특한 생물종에서 차세대 신약 후보물질을 찾을 수 있을지도 모른다. 가시를 가진 나무는 많지만 베놈을 가진 식물은 없기 때문에...

※ 참고: 짐피짐피나무는 대체로 가파른 경사에 자란다. 등산하다 급경사에서 굴러 이 나무 위로 떨어진 사람이 수차례 이 식물체에 접촉돼 너무 많은 venom 베놈의 신체 유입으로 하루 만에 사망했다고 한다. 이들 독침 접촉에 통증 느끼는 동물은 사람, 개, 말 등 대체로 호주에 새로이 들어온 생물들이라 한다.

6. 피마자 *Ricinis communis*

파마자 종자

가장 치명적인 식물 – 피마자 종자는 일상에서 가장 치명적이라고 하는 청산칼리보다 독성이 6,000배나 강한 식물독을 만들어낸다. 종자 중량의 40~50% 이상을 기름성분이 차지해 영양분이 많을 것 같지만, 거의 모든 동물에 치명적인 유독단백질 리신이 들어 있어 먹지 못한다. 가장 위험한 리신은 아이는 종자 5~6개, 성인은 7~8개 분량으로 사망한다. 바로 죽지는 않아도 경련과 특히 간.. 장기가 제 기능을 하지 못해 서서히 죽음에 이른다. 대부분 우연히 종자를 먹고 중독되지만, 분무살포/음식/물.. 다른 경로를 통해 호흡기로 들어올 수 있고, 피부주입도 가능해 살해용 독극물로 이상적인 화학물질이란 평을 듣는다. (예-마르코프 암살사건) 특히, 해독제가 없어 리신 중독에 대한 치료가 어려우나, 최근 BT기술을 이용하여 무독성 피마자를 개발하려는 시도 및 연구가 진행되고 있다.

종자로부터 기름 추출도 쉬워 4천년↑ 이집트유적에 사용 흔적 예부터 비누 등의 원료로 쓰였고, 많은 병의 치료약으로 유용하게 이용해 왔다. 고대 이집트 사람들은 피마자기름을 미라의 방부액 제조에서 주요 성분으로 사용했다고 한다. 피마자기름은 특이한 냄새가 조금 있으나 민간에서는 심한 변비로 고생할 때 피마자기름 → 설사약, 볶은 기름 → 식중독/급성위장염/이질.. 여러 증상에 활용하고, 무좀치료 목적으로 바르기도 하였다. 화학무기금지협약 등록 식물독소이나 실제 이들 지용성 부분은 포마드/사하제/무좀약.. 의약품의 원료로 많이 쓰인다. 또한, 실온에서 잘 굳지 않아 고급윤활유/섬유염색제/페인트/인쇄잉크/인주/왁스/광택제/초/크레용.. 산업용으로 널리 사용된다. 피마자종자에는 이처럼 쓰임새가 다양한 피마자기름이 들어있지만, 다른 유독성분들도 포함돼 있다. 많은 화학물질을 포함하고 있어 미래의 종양치료약이 여기서 나올 수 있다는 기대도 있다.

맹독성 식물독

세계 3대 독 중에서 강력한 세균독을 제외하면 리신은 유일한 식물독이다. 독성순위표에서 보듯이 지상 최강의 1, 2위 세균독에 이어 피마자의 리신은 무려 3위가 된다. 리신의 독성은 1위 보툴리눔톡신의 1/1000에도 못 미치지만 독화살개구리-바트라코톡신, 복어-테트로도톡신, 코브라-오피오톡신보다 강력하다. 식물독에서의 강도는 1 리신 → 2 아코니틴 → 3 니코틴 → 4 쿠마린 → 5 아트로핀 순이라 보면 된다. 생물이 만들어낸 독은 일반적으로 화학물질이나 합성된 독보다 독성이 강하다. 청산칼리와 비소는 아트로핀에 비해 독성이 강하지만 식물독 니코틴보다 약하며, 인위적으로 합성된 독으로는 VX가스가 가장 강해도 리신에는 크게 미치지 못한다.

리신은 최강의 세균독들에는 못 미치지만 동식물 독 가운데에서는 가장 강력한 독성을 갖는다. 그러나 독 작용기작은 달라 보툴리눔 독소처럼 신경에 작용하지 않고 리보솜RNA 염기의 일부 절단 → 단백질합성 방해 → 세포사를 일으키는 기전을 갖는다. O-157 대장균의 베로독소 작용과 비슷하다! 리신은 즉효성의 신경독이 아니기 때문에 유입되면 어느 정도 시간이 흐른 뒤 그 효과가 나타난다. 리신은 매우 안정된 물질로 손에 넣기 쉬우며, 에어로졸 분무형태로 뿌릴 수 있어 악용될 우려가 있다. 리시닌은 여러 가지 신체 이상을 일으키는 성분이지만 독성이 약하고 함량이 적어 크게 문제되지 않는다.

※ 참고: 뜨거운 물에 잘 녹기 때문에 독 있는 잎도 잘 데쳐서 말리면 독성분의 영향을 받지 않는다.

피마자종자 중량의 대부분이 기름성분이고, 찌꺼기 중 5% 정도가 리신이다. 피마자기름은 연간 100여만 톤 생산되는 기름으로 공업적으로 중요하나 대부분 리신은 정제하지 않고 그대로 가열 후 소각시킨다. 종자에는 피마자기름과 독성 리신이 함께 있으나, 기름 추출 시 먼저 열매부터 가열하므로 단백질 일종인 리신은 특성상 독성을 잃게 된다. 이것이 피마자기름에 의한 피해를 크게 우려하지 않아도 되는 이유이다. 피마자기름은 무독성 원료로 활용이 다양한데, 언급한 것처럼 불포화지방산의 지방성분이 실온에서 녹지 않기 때문이다. 리신독의 단백질합성 억제작용과 열에 안정적인 특성은 예부터 잘 알려져 있다. 리신은 액체나 결정체, 동결건조 분말형태 등 어떤 형태로든 제조할 수 있고, 더 문제가 되는 것은 이들 재료 구하기가 아주 쉽고, 대량생산도 쉽다는 것!

최강의 식물독 리신

리신은 수용성 독성단백질로 치사 독인자와 혈구응집인자를 갖는 생체분자이다(분자량 77,000~85,000). 극미량도 치명적이어서 유입되면 몇 시간 이내 열/구토/기침.. 독감증세 → 간/폐/신장.. 장기와 면역기능↓ → 손상, 괴사 → 사망에 이른다. 리신은 유입된 후 시간이 지나며 독성이 발현되고, 증상은 독에 노출된 방법/시간/양에 따라 다르다. 노출과정 가운데 호흡기나 소화기 유입 시 증상이 더 심각하다. 종자를 생으로 먹거나 주사되면 장기출혈이 일어나며, 에어로졸 형태로 흡입되면 8시간 → 심한 호흡기 증상, 36~72시간 → 호흡부전을 일으킨다.

※ 참고: 피마자에서 리신을 분리해낸 것은 1800년대 후반으로 리신이 혈액 속에서 적혈구와 단백질을 응집시키는 기능도 알아냈다. 또한, 리신에 항종양의 기능이 있다는 사실도 1951년 발견되었으나 크게 활용되지 못하다가 최근에 다시 주목을 받고 있다.

피마자종자에는 유독단백질 ricin 리신과 알칼로이드 ricinine 리시닌이 함유되어 있다. 리신은 당단백질로 아미노산 사슬 2개 결합된 모양을 하며, 3-D 입체구조도 이미 밝혀져 있다. 2개 사슬이 연결된 형태를 띠는 리신은 A와 B사슬로 구성돼 있다. 리신은 세포의 탄수화물에 결합하여 단백질합성을 방해하는데, A사슬의 리보솜 불활성화 작용에 의해 저해되는 것이다. 세포에 필수적인 단백질이 합성되지 못하므로 유입 후 몇 시간 지나며 세포사가 시작되고, 신체에서는 일련의 증상이 나타난다. 반면, B사슬은 렉틴으로 세포표면의 당 사슬과의 결합에 관여하는 것으로 알려져 있다. 리시닌은 구토, 간/신장 장애, 경련, 혈압 및 호흡저하 등을 일으키는 물질이다.

실험 생쥐에서는 LD50=20ng/g이고, 이를 사람 체중으로 환산하면 70kg에서 20x1000x70=1400000㎍=1.4㎎! 하지만 실제에선 체중 70㎏ → 0.5㎎으로도 치명적일 수 있다. 리신의 LD50=0.03㎎/㎏, 최저치사량=0.05㎎/㎏으로 추정하나 인체 대상 실험이 불가능하므로 단지 추정치일 뿐이다.

피마자 독소를 쉽게 추출하는 방법의 개발로 1990년대부터 군사적 활용에 대한 관심이 커지게 되었다. 특히, 이 독에 대한 해독제나 치료제 개발과 같은 해결책은 1990년대 무기로서의 가능성이 크게 대두되기 시작하며 더 부각되었다. 리신의 생물무기로서의 사용 가능성에 인식이 크게 들게 된 것은 강력한 독성과 용이한 제조 때문이다. 에어로졸화 분무형 리신은 생물무기나 화학무기로 악용될 수 있으며, 미국의 CDC 질병관리센터에서는 사린, VX와 함께 리신을 화학작용제로 구분해 놓고 있다.

최근 첨단으로 BT가 발전함에 따라 난치병 등을 치료하기 위한 세포내 물질과 신호전달 기전에 작용하는 매개약물 개발 분야에 선진 각국들이 온힘을 쏟고 있음은 우리 모두 잘 알고 있다. 그 연구의 일환으로 신경전달물질이 세포막 상에서 물질수송에 관여하는 채널/펌프/운반체.. 분자적 미세기작 작용물질을 치료제로 개발하려는 연구가 급물살을 타고 활발히 진행되고 있다. 특히, 리신독이 탄수화물과의 결합과정에서 경쟁적으로 억제작용을 하는 물질들에 대해 집중적으로 연구되고 있다. 현재 치료제로의 가능성 탐색을 위한 동물실험이 진행되고 있지만 아직 의미 있는 효과는 나오고 있지 않다.

리신이 항종양 기능을 지니고 있다는 사실도 1951년 몇 십 년 전에 발견되기는 하였다. 하지만 크게 활용되지는 못하다가 최근에 면역요법이 발전하면서 면역독소(immunotoxin) 항암치료제 개발을 위해 연구되고 있다. 현재는 종양세포에 특이 반응하는 단클론항체 항체에 리신을 접합시켜 얻은 여러 물질의 항암효과에 대한 임상시험이 진행 중에 있다.

※ 단클론항체(monoclonal antibody): 하나의 항원결정기에만 항체반응을 하는 순수한 항체로 항암제를 이 항체에 결합시켜 사용하면 정상적인 세포는 손상시키지 않고 치료효과를 거둘 수 있다.

피마자는 이와 같이 생활 속에서는 유용한 식물자원이나 동시에 함유한 독이 심각한 문제가 되므로 독 없는 피마자를 만들려는 시도가 적극 추진되고 있다. 20세기 말 비약적으로 발전한 BT산업기술을 근간으로 무독성 피마자 생산시도 실험에서는 리신단백질 생성 유전자의 발현 억제나 관련 유전자제거 혹은 antisense 안티센스 DNA 이용 등의 생물공학적 방법이 접목된다.

※ 안티센스 DNA(antisense DNA): 원래 전사해야 할 mRNA(센스DNA)에 대해 상보적 염기순서를 하는 DNA

이와 함께 리신을 이용한 항암제 개발이 최신의 연구동향이다. 리신을 구성하는 아미노산 사슬이 세포의 필수불가결한 단백질합성을 막아 세포사가 시작되므로 이 특성을 암세포에 적용하여 그 증식을 막는 기작을 찾아내는 것이다. 물론 해결해야 할 문제점들이 많겠으나 리신의 독성을 잘 조절하면 난치병 등의 해결에 큰 가능성이 보인다고 예측하고 있다.

파마자 식물

파마자 열매

파마자 종자

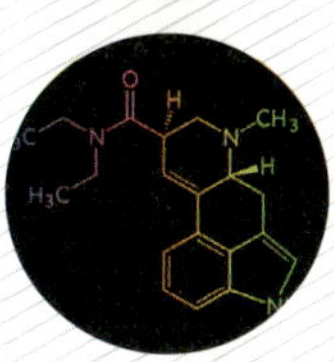

생물독5: 죽음을 부르는 버섯독

Chapter

10

Chapter 10

생물독5:
죽음을 부르는 버섯독

버섯의 독

버섯은 균류의 일종이나 90%↑ 수분과 단백질/지방질/당질/미네랄.. 10% 영양분을 지닌 유용한 식용자원이다. 하지만 많은 버섯을 자연에서 채취하므로 독버섯에 노출될 위험성이 항상 있다. 일반적으로 1만종↑ 버섯의 1/3 정도는 독버섯이라 하며, 우리나라 1,670여종 버섯류 中 식용버섯은 약 320종, 독버섯은 90여종으로 알려져 있다. 독버섯하면 눈에 띄는 화려한 색을 연상하지만 일부 광대버섯류 외에는 대부분 식용버섯들과 비슷하여 구별이 어려운 편이다. 맹독성 독성분은 많은 경우, 가열 조리해도 없어지지 않기 때문에 위험하다.

독버섯도 중독증상과 성분에 따라 여러 종류로 나뉘고, 독의 종류와 효과도 다양하다. 독버섯의 상징인 광대버섯류는 버섯중독 사망의 ~90%

대부분이 이들에 의해 발생하기 때문에 유명세를 탄다. 독성분은 복잡한 구조의 amanitin 아마니틴을 비롯한 무스카린/이보테닌/뷰포테닌.. 여러 성분이다. 이들 독은 신경전달물질로 위장하여 신경전달물질이 제 기능을 하지 못하게 한다. 신경전달은 신경세포 간 신호전달체계를 통해서 일어나는데, 신경계에 작용하는 버섯독은 신경전달물질로 위장한 유사체로 신경세포나 근육의 수용체에 붙어 문제를 일으킨다. 위장 물질이 붙은 신경세포와 근육은 이를 정상의 정보로 알고 행동으로 옮기면서 정보체계에 혼란이 야기된다. 또한, 정상적으로 작동하던 효소가 이들 위장 유사체를 분해할 수 없어 신경세포/근육조직 긴장상태 → 생명 위협의 상황이 된다.

1. 광대버섯 *Amanita muscaria*

광대버섯

동서양을 막론하고 독버섯의 대명사로 전 세계적인 분포에 널리 알려져 있다. 몇몇 종류는 맹독성 독버섯이나 모든 광대버섯이 치명적인 것은 아니다. 빨간색.. 화려한 색으로 독이 있고 흥분/착란/환각.. 이상 증상을 일으킬 것이란 오해를 받곤 하지만 일시적인 경우에는 시간이 지나면서 이런 증상들은 사라진다. 사망률은 1%↓ 높지 않고, 오히려 광대버섯을 역으로 이용하는 지역도 있다. 러시아-버섯주/프랑스-요리/일본-파리약.. 광대버섯도 오랫동안 종교의식에 사용됐는데, 위에 언급됐듯이 신경전달물질 유사체를 갖고 있어서 인체 중추계 혼란 → 환각작용을 한다. 예부터 광대버섯에 주목했던 이유는 이런 환각작용 때문이다. 오늘날 마약의 일종으로 유통되는 광대버섯류의 남용은 사회적인 문제가 될 수 있어 대부분의 나라에서 이들을 1급 마약류로 분류해서 규제하고 있다.

광대버섯 가운데 독버섯으로 제일 먼저 떠오르는 흰색의 광대버섯들! 가장 위험하고 여름~가을에 볼 수 있고, 버섯중독 사망의 90% 정도가 이들에 의해 발생하기 때문에 유명세를 탄다. Top 3 독버섯은 독우산광대버섯, 알광대버섯, 흰알광대버섯으로 그 치사율이 무려 50~90%! 맹독성 독버섯 1위를 달리는 독우산광대버섯을 간단히 살펴보자.

- **독우산광대버섯** *Amanita virosa*

버섯 전체가 순백색으로 함유한 아마톡신은 청산칼리 수십 배 독을 지니는 것으로 알려져 독우산광대버섯 섭취 = 죽음을 연상할 정도로 매우 위험한 독버섯! '죽음의 천사/Destroying Angel' 주요 독성분으로 복잡한 구조의 아마톡신을 비롯한 phallotoxin 팔로톡신, phyrotoxin 피로톡신 등 펩티드 계열의 맹독성 물질이 들어 있다. 이들 성분이 유입되면 세포내 RNA합성 방해 → 단백질합성 저해, 심한 설사, 간/신장.. 주요 장기에 기능장애가 일어나며, 심하면 사망한다. 중독되면 6~24시간 긴 잠복기를 거친 뒤 구토/복통/설사/탈수.. 증상이 시작되면서 수일에 걸쳐 주요 장기에 치명적인 손상을 입힌다. 열이나 화학약품에도 안정적이고, 요리과정을 거쳐도 분해하지 않는 독으로 중간크기 버섯 1개 → 성인 1人 치사량으로 충분하다.

독에는 아마톡신, 무스카린, 무시몰, 이보텐산, 용혈성 단백질 등 많은 성분이 있어 중독증상은 복잡하게 나타난다. 무스카린과 뷰포테닌도 흥미로운 구조를 갖고 있다. 무스카린은 부교감신경 자극물질이고, 환각작용은 이보텐산, muscimol 무시몰에 의한다. 예를 들어, 이보텐산 분해산물 무시몰은 척추신경계에서 신경전달을 촉진하고, 이보텐산은 신경흥분을 전달한다. 무스카린에 의해 섭취 30분정도 지나 땀/눈물/침이 나오고 혈압↓, 시력이 저하된다. 광대버섯의 독은 대상에 따라 다르게 작용하는 경우도 있어 인체엔 중추신경 흥분을 야기하는 트리콜롬산은 살충의 기능이 있어 파리.. 벌레 잡는데 이용되기도 한다. 밝혀진 여러 종류의 버섯독 성분에 대해 간략히 알아보자.

- **아마니틴:** *Amanita phalloides* 광대버섯의 맹독성 펩티드 독소로 α-, β-아마니틴 등의 독소가 분리되었고, 총칭하여 amatoxin 아마톡신이라 한다. 아마니틴이 들어 있는 광대버섯류 버섯을 먹으면 사망할 수 있다.
- **무스카린:** 맹독성 아민의 일종으로 부교감신경의 말초부위 흥분작용이 있다. 주요한 인체 증상은 섭취 15~30분 후에 나타나 침, 눈물이 나며, 호흡이 빨라지고 구토와 설사를 한다. 환각증세도 올 수 있으나 독성이 약해 ~10시간 몇 시간 지나면서 증상이 사라진다. 하지만 다량 유입되면 쇼크/경련/혼수.. 심각한 상태로 이어진다. 해독제로는 atropine 아트로핀이 사용된다.
- **뷰포테닌:** 세로토닌과 관련된 물질의 하나로 환각효과 있는 알칼로이드로 인디언들이 사용하던 코호바/cohoba 환각제 성분이다. 독성이 약해서 몇 시간 정도 지나면 증상이 사라진다.
- **이보텐산:** 아미노산으로 신경전달물질 글루타민산과 유사한 구조를 지녀 그 수용체와 작용 → 흥분을 유발한다. 구조가 글루타민산과 유사하여 사람에게는 단맛을 내나 파리가 핥으면 신경마비를 일으켜 파리 잡는 약으로 이용하기도 했다. 이보텐산 건조 → 5~10배 강력 신경계 영향물질 → 흥분효과 무시몰로 전환된다.
- **무시몰:** 신경전달물질의 방출 빈도↓ → 뇌 활동둔화 → 진정작용을 유발한다. 신경계의 도취/환각/착란.. 이상 증상은 무시몰에 기인

하는 것이다. 무시몰에도 글루탐산 10배↑ 향미가 있어 이를 지닌 버섯은 맛이 있다고... 하지만 10개↑ 많이 섭취하면 치사량에 이른다. 파리를 죽이는 살충효과도 있어 향후 가정용 살충제로의 개발이 기대되는 물질이기도 하다.

독버섯 중독에서

독버섯에 중독증상을 나타내는 섭취량은 자세히 알려지지 않았다. 쥐를 대상으로 한 실험에서 밝혀진 버섯독의 LD/50 수치는 아마니틴 0.1, 무스카린 0.23, 무시몰 0.8, 실로사이빈 280 순이다(단위: mg/kg). 우리나라에서도 독우산광대버섯 중독이 많은 것으로 알려져 있는데, 치료할 수 있는 특효약은 딱히 없다. 하지만 새로운 치료법으로 비타민 C와 당근 이용법이 개발되어 좋은 성과를 얻은 사례가 다른 나라에서 보고된 바 있다. 광대버섯 등에 국한되나 독버섯 섭취 직후 3일간 비타민 C+항생물질주사+같은 당근 섭취하게 하는 방법이다. 치료받은 환자 50명 中 46명 회복됐고, 사망자 4명 中 3명도 증상발현 후 48시간 경과 후 치료센터에 온 치료의 골든타임을 노친 경우였다고 전해진다. (프랑스/11개 독극물센터)

2. 밤의 화경버섯 *Lampteromyces japonicus*

화경버섯은 나무에서 무리지어 자라는 대표적인 독버섯으로 포자의 물질 → 화학반응 → 야간 푸른빛 생물발광으로 유명하다. 화경버섯은 일명 '달버섯' 이라고도 하며, 청백색 빛을 발산하는 luciferin 루시페린을 이용하여 밤에 선형동물 선충류가 화경버섯

화경버섯(발광 밤)

을 먹도록 유도한다. 포자를 먹은 선충류가 이리저리 이동하면서 포자를 다른 나무에 옮기게 되면 화경버섯은 새로운 곳에서 자랄 수 있다.

※ 루시페린 – 생물발광에서 루시페린 – 발광효소반응을 나타내는 내열성을 지닌 발광성 물질의 총칭. 발광효소 下에서 산화되어 빛이 발생, 즉 루시페린 + O_2 → 기저상태 → 옥시루시페린 → 가시광 발생의 과정을 거친다. 발광하는 생명체에 따라 독특한 구조의 루시페린이 존재한다.

화경버섯은 맹독성의 무서운 버섯으로 궁중의 사약재료이기도 했다. 화경버섯은 외견상 표고버섯이나 느타리버섯과 아주 비슷해 실수로 따는 경우가 많다. 특히, 느타리버섯과 비슷하여 잘못 먹고 중독되는 사고가 종종 있다.

화경버섯의 독성분은 illudin 일루딘으로 섭취 30분~1시간 지나면 눈물/콧물과 함께 복통/메스꺼움/구토/설사/어지러움/호흡장애.. 중독 증상이 일어난다. 심하면 탈수/경련/쇼크.. 심각한 증상으로 사망할 수 있어 주의해야 한다. 중독 치료에는 독성 발현이 언제 진행되었는가가 중요하여 증상이 30분~3시간 빨리 나타났다면 대개 수일 내에 치유되지만, 6~8시간 늦게 발현되면 심각한 상황에 이를 수 있어 빠르게 병원/의료기관 → 응급처치를 받아야 하는 것으로 주의를 요한다.

화경버섯에는 일루딘 계열의 독성화합물이 들어 있고, 일루딘 S에는 Iunamycin이 들어 있어 항생물질도 된다. 화경버섯의 발광물질은 lampteroflavin 람푸테롤플라빈으로 이미 1970년대 그 구조가 밝혀졌고, 버섯중독과 발광유발 성분으로는 일루딘 S가 보고되어 있다. 일루딘은 화경버섯에서 추출된 lampterol 람푸테롤과 같은 맹독 성분이다.

일루딘.. ?

- 항생물질의 일종으로 일루딘M($C_{15}H_{20}O_3$)과 일루딘S($C_{15}H_{22}O_4$) 2종류가 있다.

- 여과시킨 *Clitocybe illudens* 발광버섯 배양액에서 유기용매를 달리하여 추출하면 각각 일루딘M과 일루딘S가 생성된다.
- 유기용매에 녹는 비교적 안정적인 중성의 물질이다.
- 교차 내성: 일루딘M 저항성 ⇄ 일루딘S에 대해서 서로 저항성이 나타난다.

버섯독에서 항암제 개발

대표적인 독버섯에는 마귀광대버섯, 화경버섯 등 20여 가지가 있다. 최근 과학계에서는 독버섯에서 종양억제 등 항암제 기능성 후보물질들을 추출하는 단계에 있어 특유의 성분들이 주목을 끈다. 그 중의 하나가 화경버섯의 독성분이다. 함유 성분이 새로운 암 치료제로 개발되어 아주 유용한 독소로 취급되는데, 그것은 바로 람푸테롤에서 개발된 항암제 Irofulven 이로풀벤! 이로풀벤은 화경버섯으로부터 일루딘S와 똑같은 람푸테롤의 추출로부터 시작되었고, 여기서 암 치료에 효능 있는 신약성분이 개발되어 임상실험이 승인되었다. 2001년/미국/FDA 약제 개발은 람푸테롤을 근간으로 람푸테롤과 같은 일루딘S → 화학적 변형 → 이로풀벤 탄생으로 이어져 새로운 항암제로 각광을 받고 있다. 이로풀벤은 악성종양의 세포분열을 방해하여 암세포증식 차단 및 소멸시키는 물질로 2002년/텍사스대학교/암치료연구센터 연구결과, 정상세포는 이로풀벤의 세포파괴 작용에 최저의 반응을 보이지만, 악성의 종양세포는 민감하게 반응한다는 것이 밝혀졌다. 그러한 발표는 이로풀벤 → 항암치료제 개발에 근간이 될 수 있음을 알리는 계기가 되었고, 일루딘은 탁월한 항암성분의 유망한 항암물질로 많은 관심을 받게 되었다.

또 다른 제약회사+국립암연구소(미국) 연구팀에 의해 실시된 제1+제2단계의 임상실험에서는 이로풀벤이 더 고질적인 악성종양을 축소시킨다는 한층 놀라운 결과가 나왔다. 특히, 항암치료제에 거의 치료반응이 없던 췌장암에서도 반응을 보여 치료제 가능성에 빛을 비추는 계기가 되었다. 이 과정을 거쳐 개발된 이로풀벤 신약은 의약업계에서 현재 암 치료에 활용되고 있으며, 일루딘 성분과 합성 유도물질에 대한 약리학적 연구도 활발하게 진행되고 있다.

3. 환각버섯 *Psilocybe*

환각버섯

'마법의 버섯' 환각버섯은 환각작용을 일으키는 psilocybin 실로사이빈 성분을 가진 버섯으로 주로 *Psilocybe* 환각버섯류에 들어 있는 성분이다. 실로사이빈은 환각성분이 포함된 버섯독($C_{12}H_{17}N_2O_4P$)으로 섭취하면 인체 내 작용물질 즉, 실로신으로 바뀐 후 환각/정신착란/지각상실.. 이상 증상을 발현한다. 인체 유입 시 소리/색채/형태.. 환상이 6~12시간 몇 시간씩 길게 지속되는데, 이는 psilocin 실로신 성분이 뇌 속 기분과 관련된 신경전달물질 세로토닌과 작용하여 환각작용을 일으킨 것이다.

실로사이빈과 실로신의 환각작용은 일찍이 동물실험을 통해서 밝혀졌고, 경험자들은 ~4mg 미량의 실로사이빈 섭취만으로도 환각상태에 도달한다고 말한다. 실로사이빈 중독 증상은 사람에 따라 행동 양상은 다양하게 나타난다. 실로사이빈 → 가수분해 → 실로신이 된 후 되고 쉽게 산화되어 청색 색이 변한다. 따라서 환각버섯류인지는 버섯을 찢으면 공기 중에서 청색으로 변하므로 환각물질이 있다는 것을 간단히 알 수가 있다.

환각버섯은 삿갓모양 버섯으로 함유한 실로사이빈이 강력한 환각작용을 갖고 있어 오랫동안 주목을 받아왔다. 1950년대, 미국/버섯연구자 왓슨과 연구자들이 멕시코 남미원주민 현장조사를 하면서 외부로 알려지게 되었고, LSD와 함께 psychedelic boom 사이키델릭 붐의 중심에 있기도 한 내력을 지닌

버섯류이다. 옛날에는 종교의식에서 이들을 사용하였고, 중남미 일부 지역에서는 지금도 환각성 버섯을 병 치료나 종교의례 이용하고 있다. 하지만 요즘은 대부분의 나라에서 이 버섯을 1급 마약류로 분류해서 규제하고 있다. 우리나라에서도 허가받지 않은 경우, 환각버섯에 대해서는 향정신성의약품 법에 의해 재배/취급/판매/양도/복용.. 일체가 금지되어 있고, 적발 시 마약법에 준하는 처벌을 받는다.

※ 호프만: 1958년 환각버섯에 있는 환각성 물질이 실로사이빈이라는 것을 알아내고 그 구조도 밝혀냈다. 자기 몸을 대상으로 한 실험을 통해 밀 곰팡이/맥각균의 균핵에서 분리된 LSD가 사람의 정신에 작용하는 것을 발견한 인물로도 유명하다.

환각성분을 지닌 생물독으로는 맥각균독과 환각성 독버섯이 가장 잘 알려져 있다. 하지만 이들은 위험한 물질로 취급되는데 그 이유는 이들이 만드는 독성분이 인체를 혼란 속으로 빠져들게 하기 때문이다. 특히, 실로사이빈과 실로신은 10㎎으로도 정신병 치료제로서 뇌의 신경전달물질에 작용하여 몇 시간씩 효과가 지속된다. 감정은 물론 여러 감각기능이 민감해지고, 맥각균독의 LSD와 유사한 지각적 효과를 지니나 LSD보다 더 큰 시각적 변화를 경험한다고 한다.

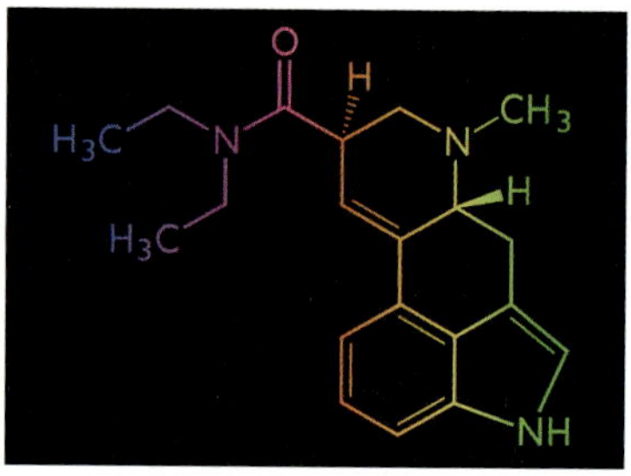

LSD

얼마 전 존스홉킨스대+뉴욕대학병원 연구에 따르면 실로사이빈의 환각효과가 말기 암 환자의 정서적 안정에 도움이 되는 것으로 나타나 많은 관심을 끌고 있다. 실험에 따르면 실로사이빈을 복용한 말기 암환자들은 임종 때까지 긍정적인 태도를 지녔던 것으로 나타났다. 이에 힘입어 영국에서는 환각버섯 성분을 우울증 일부 증상 치료에 대한 임상시험에 최초로 실시하려다 불발로 그친 적이 있다. 그 이유는 영국에서 실로사이빈은 아주 위험한 약물 Class A 약물로 규정돼 있어 그 사용이 불법이기 때문이었다.

※ 향정신성 물질에 대한 유엔 1971년 국제협약: 실로사이빈은 의학적 활용성이 확인되지 않고 남용의 가능성이 매우 높아 Schedule 1 약물로 분류해 놓았다.

2011년 존스 홉킨스대학의 연구팀은 실로사이빈은 환자 간-감정의 문이 열리고, 미적감각↑, 창조력↑ 시킨다고 발표했다. 수년 전, 캘리포니아/psychedelic science conference 대규모의 전문 학회에서 세계 연구자들이 말기 암 환자들의 우울증/신경증/임종불안/PTSD/약물중독.. 정신적 치료를 위해 환각작용을 일으키는 실로사이빈 사용과 임상실험 결과를 환각학과 함께 논의한 바 있다. 이미 오래 전부터 중남미 원주민들이 치료목적으로 사용해 오던 환각버섯들이 새로운 관심과 치유가능성에 초점을 두고 다시 등장한 것이다. 최근 이러한 마법의 버섯에 대한 의학적 연구 성과들이 재조명되고 있다. 그러나 한편으로는 이들 환각성분이 대뇌 중추에 직접 작용하므로 원치 않는 정신적 작용도 표출될 수 있으므로 기대와 함께 우려의 눈길도 보내고 있다.

4. 무당버섯 *Russula emetica*

무당버섯

동물이나 식물은 외견상 화려한 색깔을 가지는 경우가 많은데, 이들 중 붉은 색은 많은 경우 적에게 위협을 주는 색깔로 여겨져 자기 보호전략으로 붉은 색깔로 진화를 한 것으로 생각되고 있다. 버섯에서도 빨강색을 지닌 버섯이 있어 마치 무당의 붉은색 옷의 울긋불긋함을 연상케 하여 이름을 얻은 무당버섯이 있다. 하지만 모든 무당버섯이 붉은색을 띠지는 않으며, white/black.. 다른 색을 띠는 것들도 있다. 무당버섯 종류에 있는 매운 성분은 위장을 자극하여 염증을 일으키나 물에 담그거나 건조 저장했다 먹으면 문제가 발생하지 않는다. 대표적으로 (냄새)무딩버섯과 애기무당버섯을 예로 들어 설명하고자 한다.

- **무당버섯** *Russula emetica*

  자실체 표면은 평활하며 점액이 있고 선홍색이지만, 비 등으로 쉽게 퇴색 → 백색이 된다. 강한 매운맛과 위장자극 중독을 일으키는 버섯으로 유명하다. 주요 독성분은 무스카린류, 용혈성 단백질 성분으로 섭취 후 수십 분~3시간 지나 메스꺼움/구토/복통/설사.. 위장계통의 중독증상이 나타난다. 무스카린은 유독 알칼로이드로 부교감신경 흥분과 다양한 구토/설사/발한/타액분비/환각/시력장애.. 증상을 일으킬 수 있다. 심한 중독으로 이어지면 탈수/경련/쇼크.. 등을 일으키며, 다량 섭취한 경우 사망에 이르기도 한다. 대부분 몇 시간 이내에 증상이 감소하다가 수일 이내에 회복된다. 입에 닿았을 때 타는 것 같이 매운맛을 나타내는데, 혀안 신경자극 → 뇌 전달 → 매운 맛 느끼게 된다. 작게 조각내어 살짝 씹어보면 곧바로 혀끝이 타는 듯한 느낌을 강하게 받아 침을 계속 뱉어도 한동안 입안이 아릴 정도로 얼얼하고 맵게 느껴진다.

- **애기무당버섯** *Russula densifolia*

  맛이 무척 매운데 독성분은 불분명하지만 구토, 설사 등의 중독을 일으키며 심할 때는 사망할 수 있다. (냄새)무당버섯과 비슷한 종류로 구분이 쉽지 않아 절대로 먹어서는 안 된다.

5. 붉은사슴뿔버섯 *Podostoloma cornudamae*

붉은사슴뿔버섯은 버섯을 전혀 닮지 않은 독버섯이다. 오렌지

색을 띤 선명한 적색의 외형은 그리 짧지 않고 손가락 모양으로 2~3개 갈라져 있다. 맹독을 가진 붉은사슴뿔버섯이 일부 약용버섯으로 오인되어 사고가 발생하니 주의해야 하는 독버섯이다.

붉은사슴뿔버섯은 *Podostroma* 사슴뿔버섯속에 속하는 버섯으로 여름~가을에 나무 주변에서 발생한다. 자실체는 원통형으로 뿔이나 손가락 모양으로 분지를 형성하고 있으며 정단부는 둥글거나 뾰족하다. 동충하초 같은 종류로 착각하여 따서 먹으면 사고가 일어날 수 있다. 또한, 약용버섯인 영지버섯으로 잘못 알고 채취해 중독되는 사례가 자주 발생하므로 각별한 주의가 필요하다. 영지버섯과 붉은사슴뿔버섯은 외형상으로 매우 다른데 사고가 일어나는 시기는 자실체 형성 전이다. 이 시기 붉은사슴뿔버섯의 모양이 어린 영지버섯과 겉모습이 거의 흡사하고, 건조시킨 것도 모양과 색이 비슷하기 때문이다. 버섯 중독사고 중 빈번히 일어나는 종류 중 하나로 일반적으로는 이들 종을 구별하기 힘들어 영지버섯으로 오인·복용할 수 있어 중독 사고를 조심해야 한다.

붉은사슴뿔버섯이 함유한 trichothecene 트리코테신의 독성작용은 세포내 리보솜 작용 저해 → DNA/RNA 합성 방해하는 것이다. 이와 함께 세포분열, 세포막의 구조와 합성, 미토콘드리아 기능에도 영향을 끼친다. 트리코테신의 급성 독성증상은 구역질/구토/복통/설사.. 위장관계 증상, 독에 접촉된 피부의 이상, 신부전/간부전.. 다발성 장기부전으로 인한 사망에까지 다양하게 나타난다. 독성분의 중독증상 발현에 가장 중요한 영향을 미치는 것은 다른 버섯독에서처럼 이들 버섯에서도 복용량이다.

최고의 맹독성을 지닌 독버섯의 하나로 곰팡이독소 가운데 가장 강력한 트리코테신 성분의 치사량은 180*ml* 정도! 소량만 섭취해도 죽음에 이를 정도로 무서운 독이다. 먹은 후 30분이 지나면 위장 및 신경계에 이르는 구토/설사/복통/두통/오한/마비.. 다양한 증상이 나타난다. 다량 유입되면 혈액 내 백혈구와 혈소판 감소되기 시작하고, 복합적인 간/신장.. 장기부전과 뇌장애가 일어나 며칠 안가 심각한 상황에 이르러 사망한다는 기록이 있다.

독성분은 피부에 대한 자극성이 높아 끈적끈적한 버섯의 점액이 피부에 접촉되면 심한 짓무름이나 피부괴사 등이 일어나기 때문에 절대 닿지 않게 해야 한다. 회복되어도 후유증이 남아 예후가 나쁜 상태로 남는다.

놀라운 것은 붉은사슴뿔버섯의 독이 생화학무기로 사용됐을 정도로 강력한 곰팡이독소 中 최악의 독성을 자랑하는 트리코테신계 맹독 성분을 가진다는 것이다. 특히, 이 독소는 1891년 오래 전 러시아에서 처음 보고된 T-2 톡신과 같은 종류라는 것! 인체에는 면역계에 치명적인 무백혈구증 등을 유발할 수 있어 어떤 경로라도 몸에 유입되지 않도록 조심해야 한다. 이 버섯 중독에 대한 명확한 치료법은 알려진 바 없고, 트리코테신 독에 대한 해독제도 없는 실정이다.

※ 트리코테신계 독소: 트리코테신 종류로 총칭하는 독소로 약 50종류 천연화합물이 알려져 있다. 곡류 등의 자연 오염물질에서 검출되는 대표적인 화합물은 T-2 톡신, 디아세톡시시르페놀, 디옥시니발레놀, 니바레놀 등 *Fusarium*균 대사산물이다. 트리코테신계 독소의 LD50=3~20 ㎎/㎏ 범위로 실험 대상 동물에 따라 다르지만 약리작용으로는 소장 점막이나 피부 상피에 자극성이 있는 것으로 밝혀져 있다.

※ T-2 톡신: 트리코테신계 독소 中 하나로 위스콘신대학의 연구진이 곰팡이 *Fusarium tricinctum* T-2 균주에서 최초로 추출하여 그 구조를 결정하였다. 다양하게 생물활성을 나타내는 트리코테신계 곰팡이 독에서도 T-2 독소작용이 강한 것으로 알려져 있다.

생물독6:
최강의 세균독 & 곰팡이독

Chapter

11

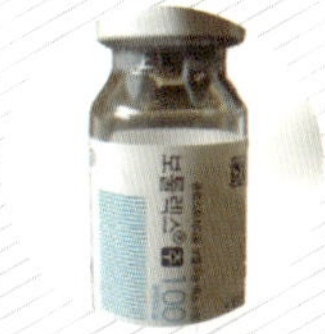

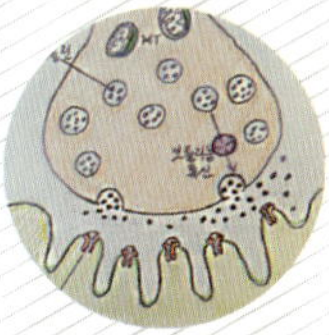

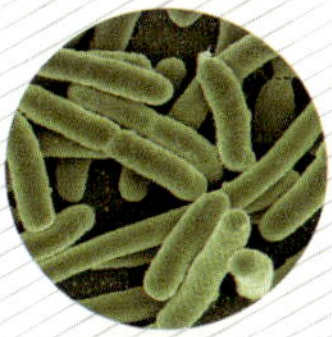

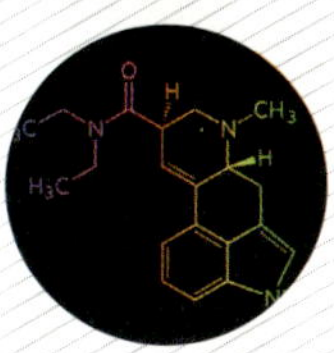

Chapter 11

생물독6:

최강의 세균독 & 곰팡이독

I. 세균의 독

1. 보툴리눔 독소 botulinum toxin

식중독을 일으키는 *Clostridium botulinum*/혐기성 간균 보툴리누스균이 만드는 치명적인 신경독으로 생물독 가운데 최강의 독소! 보툴리누스균은 독특한 flat sour 세균이라 더 위험하고, 산소 下에서는 포자를 생성하나 O_2 부재 시 증식하기 시작한다. 상처부위의 세균오염, 상한 소시지/육류.. 음식섭취, 통조림 식중독 등으로 보툴리눔 독소중독이 일어나면 목숨을 잃을 수 있다. 어원-라틴어로 '검은 소시지'라는 뜻의 botulus에서 유래 의외로 보툴리누스균은 잘 죽지 않아도 자연계에서 가장 치명적인 이들의 독소는 쉽게 파괴된다. 열에는 약해 가열하면 활성이 사라져 무독화 된다.

보툴리눔 독소는 독성이 강한 만큼 치사율도 높아 극소량으로도 대량 학살이 가능한 성분이다. 쥐 실험결과, 독소 1g → 10억 마리, 사람 2백만 명을 죽음에 몰아넣을 수 있을 것이라 추정되었다. 독성의 강도는 청산칼리 ~30만 배, 인공독 1위 화학무기 VX가스보다 ~5만 배 강하고, 이론적으로 1g → 1000만 명까지 殺傷 가능하여 200g → 전 세계 인구를 죽게 할 수 있다고 한다. 몸무게 60kg 성인의 치사량은 0.6~0.02㎍, 다시 말해 0.6~0.7㎍만으로도 사망에 이르게 할 수 있는 지상 최강의 독이다(LD50=0.0003㎍/kg). 테러 목적으로 공중살포 또는 물이나 음식물에 투입할 경우 그 파장은 상상을 초월할 것이다.

보툴리즘(Botulism) - 보툴리누스균 신경독에 의해 발생하는 신경마비성 식중독으로 사망률 30%↑. 이들 독은 신경전달을 강력히 차단하는 저해제 역할을 하여 근육 움직임에 문제를 일으킨다. 섭취하면 12~72시간 잠복기를 거쳐 구토/복통/설사.. 증상이 나타나고, 이후 신경-근육의 접합 부위에서 신경전달물질인 아세틸콜린 분비가 억제되어 근육이완 및 마비가 온다. 중독에 의한 사망은 대부분 호흡기 근육 마비에 의한다. 보툴리즘 증상에는 보툴리즘 면역글로불린 해독제를 주입하고, 설사제로 독소를 체외로 신속히 배설시켜야 한다. 해독제가 개발된 이후에는 중독 치사율은 크게 개선되었다. ~60% → 10%↓

보툴리눔 신경독소는 생물독 중 특이하게 분자량이 큰 단백질이다($C_{6760}H_{10447}N_{1743}O_{2010}S_{32}$, 분자량 149,320). 이들 독소는 글로불린과 유사 단백질이나 단백질분해효소에 의해 분해되지 않는 특성을 갖는다. 균 독소의 항원특이성에 근거하여 분류된 A/B/C1/C2/D/E/F/G형 8가지 중 중독을 일으키는 독소는 A/B/E/F 4 종류이다. 이들 가운데 A형 독소는 분리와 정제가 쉽고, 안정적이며, 독성이 가장 강해서 주로 임상적으로 이용된다(다이옥신 100만배 독성).

보툴리눔 독소는 독과 약은 본질적으로 같은 것이라는 사실을 보여 주는 전형적인 예라고 할 수 있다. 이런 지상 최강의 독성분도 약으로 쓸 수 있어 신경의 말단부위에서 아세틸콜린이 방출되는 것을 막아 신경전달을 저해시키는 약제로 이용된다. 이 치명적 독소를 유용한 치료용 물질로 전환시킨 계기는 독소가 전신에 작용하면 생명을 위협하나 극미량을 국소적으로 주입하면 신경/근육.. 이상 증상을 효과적으로 제어할 수도 있을 것이란 생각에서 온 것이라 한다. 인체 사용에는 먼저 독소단백질 → 나노그램 수준 정제 → 전신에 영향주지 않는 용량 이하로 만드는 과정을 거쳐야 한다. 극소량으로 희석된 독소는 주입 부위 근육만 국소적으로 이완시키는 약리작용을 지닌다. 살균 처리된 A형 보툴리눔 독소는 아세틸콜린 분비억제 작용으로 적절한 근육 이완을 가능케 하는데, 대표적인 것이 보톡스의 원료이다. 극소량을 잘 사용하면 여러 질병의 치료제로 쓸 수 있어 근육질환 치료제로 이용되고, 주름살 치료제로도 유명하다. 보툴리눔 독소를 희석시켜 의료용으로 상품화 한 것이 바로 보톡스Botox! 21세기에 들어서는 의료적 응용이 더 넓어져 다한증, 사각턱 등 다양한 치료에 사용되고 있다.

그 유명한 '보톡스(botulinus toxin)'는 운동신경-근육 접합 부위에서 아세틸콜린의 분비를 막아 근육의 마비를 일으키는 물질이다. 보톡스도 일종의 단백질이고 분자량도 꽤 크기 때문에 열에 약하다. 이를 잘 개발하여 최초로 미국/FDA 허가받아 상품화된 보툴리눔 독소 A형의 상품명 'Botox'에서 유래된 말이다(미국/알러겐사). 오늘날에는 'Botox=보톡스를 이용한 주름제거시술'을 뜻하는 방법으로 명사화되어 있다. 보톡스는 수술 없이 주사로 주름개선의 미용효과를 나타내어 일반에게 많은 환영을 받아 널리 보편화되고 있다.

※ Botox: 1991년, 미국 Allergan 제약회사는 보툴리눔 독소 A형 → '보톡스'라 명명하였고, 현재는 다양한 질병의 치료 및 미용 목적으로 전 세계가 이용하고 있다. 2002년, '보톡스'라는 새로운 단어로 일반 명사화되어 영국 옥스퍼드 사전에 등재되었다.

보툴리눔 독소가 신경의 말단부위에서 아세틸콜린을 분비하지 못하는 이유는 보톡스 개발과정 중 그 구조적 특징을 알아내면서 밝혀졌다. 20C 말에 규명되고 21C 초에 미국 FDA로부터 미용목적 치료제로 최초 사용 승인을 받은 이들 독소의 발현기작은 다음과 같다. 보톡스는 A형 독소를 분리 정제한 것으로 독소단백질과 비독소 단위체로 이루어져 있고, 독소 분자는 길고 짧은 2개의 펩티드사슬로 구성되어 있다. 독소 전구물질로 서로 연결되어 있다가 신경세포로 들어가면서 단백질분해 → 펩티드사슬 절단 → 2개 구조로 분리 → 활성화 → 고유의 기능을 수행하게 된다. 긴 펩티드사슬(heavy chain)은 신경말단, 즉 운동신경에 부착 → 독소가 신경 속으로 침투해 들어가는데 필수적이고, 작은 펩티드사슬(light chain)은 신경 내 근신경 말단에서 아세틸콜린 분비를 억제하여 신경전달을 차단하는 역할을 한다. 특히, 아세틸콜린 분비소낭과 작용하여 신경말단 세포막에 이들 소낭이 접합(docking)할 때 관여하는 단백질에 결합하여 아세틸콜린의 분비를 막는 작용을 한다.

그렇다면 이들 독소에 의한 효과는 왜 영구적이지 못한 것일까? 그것은 보톡스 주사에 의해 신경-근육 간 신경전달이 차단되면 인체의 항상성이 작동하여 독소가 투입된 부위에 새로운 신경곁가지를 만들어 신경-근육 간 의사소통을 다시하기 때문이다. 새로이 생성된 이들 신경으로 신경자극 전달 → 근육 움직임이 일어나 점차 마비가 풀리게 된다. 보톡스는 적절히 사용되면 비교적 안전하다는 평가를 받으나 신경마비를 부르는 신경독 기원의 약이므로 부작용이 전혀 없다고는 할 수 없다(안검하수/눈꺼풀 부종..). 하지만 부작용이 발생해도 시간경과-효과반감의 특징이 있기 때문에 몇 개월 후 원상태로 회복된다. 이러한 특징은 단점도 되어 보톡스 주름제거 효과도 대략 ~6 수개월 지속되고 이후 사라진다는 것을 의미한다. 보툴리눔 독소 투여 시 문제점으로 제기되는 것은 독소에 대한 항체형성이다. 보툴리눔 독소도 세균이 생성하는 단백질이므로 반복투여 시 항원이 되어 항체형성의 가능성이 있다. 항체가 형성되면 이 독소에 효과가 없거나 효과가 떨어지게 된다는 것은 자명한 사실이다.

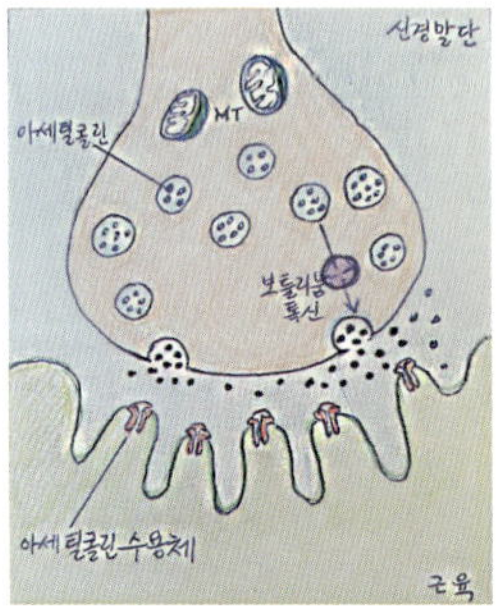

보툴리눔 독

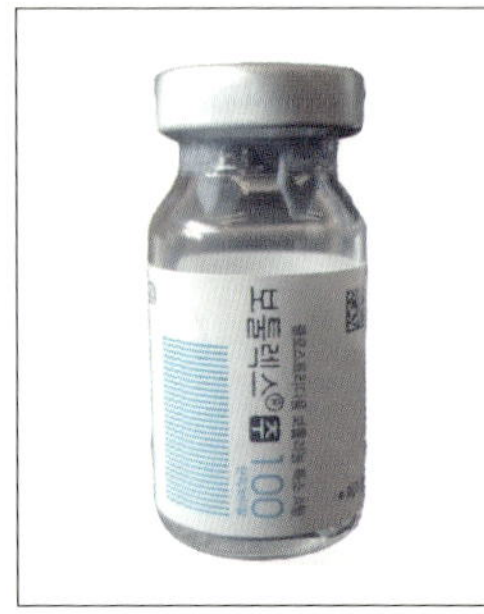

보톡스 약

보툴리눔 독소 관련 연구동향

독소 중화용 항체개발 – 보툴리눔 독소의 강력한 살상효과로 인해 20세기 초에 이 독소를 생물학적 무기로 개발하려는 시도가 있었다. 특히, 소량의 독소단백질 자체를 생물테러 무기로 사용할 수 있어 손쉽게 선택할 가능성이 다분히 있다. 기반 연구로는 독소의 유전정보나 항독소 관련, 미용적 관점에서 연구가 이루어지는데 반해 생물테러 무기로서의 보툴리눔 독소에 대한 연구는 부족한 실정이다. 이들 신경독에 대한 연구는 계속 진행되었으나 의미 있는 결과가 발표된 것은 그리 오래전의 일이 아니다.

보툴리눔 독소를 이용한 생물테러에 대한 대비 및 자연발생 보툴리즘에 효과적 대응책 마련을 위해 기반연구, 백신 및 치료제 개발 등의 연구는 활발히 진행되고 있다. 특히, 생물테러 및 자연발생 보툴리즘 대비가 가장 큰 이슈가 되어 많은 연구가 집중되고 있다. 한 예로 이들 독소를 생물테러 무기로 사용할 경우, 독소 중화용 항체를 개발하여 그 공격에 대비한 보툴리즘 예방 및 치료용 항독소 생산과 비축이 가능해지고 있다. 미국의 연구팀이 만들어낸 단클론항체 3개 결합시킨 재조합 올리고클론항체 항체는 인간의 과다면역 글로불린보다 보툴리눔 신경독 중화에 90배 강력한 효과를 보인 것으로 나타났다. 놀랍게도 이들 항체는 엄청난 시너지효과를 지녀 반수치사량 LD50 수치에 무려 500배에 이르는 보툴리눔 독소를 주입한 쥐도 생존시켰다는 것이다.

백신에 대한 연구에서는 아직 큰 성과가 없어 예방을 목적으로 사용 가능한 백신은 아직까지 없다. 2000년대 초반부터 다양한 관점으로 접근하여 안정적이고 다양한 기능을 가지는 여러 형태의 백신 연구개발이 시도되고 있다. 특히 유전자재조합 백신이 최근 개발되어 임상 2단계에서 평가 중에 있는 것으로 알려져 있다. 물론, 이와 함께 치료제 등 약제 개발에 대한 연구도 활발히 진행 중에 있다. 성과로 치료용 항독소 중에서는 미국/CDC 시험용으로 개발된 *Ephedra* 마황에서 추출한 독소가 대표적이다. 최근 국내에서도 마황독소를 대체할 수 있는 치료제 개발연구에 전력을 다하고 있다.

※ 미국은 생물테러 발생에 대비하여 수십만 명이 사용할 수 있는치료용 마황독소를 비축하고 있다.

2. 탄저균 *Bacillus anthracis*

탄저는 탄저균 포자에 의해 발생하는 전염병으로 보통 소/양/염소/말.. 초식동물들이 풀을 먹을 때 감염되는 경우가 많다. 사람에서는 낮은 빈도로 나타나나 탄저균 감염동물에 접촉하면 사람도 감염될 수 있다. 사람의 탄저균 접촉경로는 주로 감염된 가축이나 사체 취급 또는 흙을 통하며, 피부나 호흡기를 통해 체내로 들어오거나 곤충에 물려서 감염되는 경우도 있다. 사람 간 전염은 일어나지 않으며, 탄저균 감염은 3가지 경로에 따라 일어난다. 대부분 가축감염 경유로 피부탄저, 기관지탄저, 소화기감염 내장탄저로 발생한다. 약한 편에 속하는 피부탄저는 ~20% 사망률, 위험한 내장탄저는 ~60%, 기관지탄저는 90%↑ 사망률을 보인다.

Anthrax 탄저병은 증상 부위가 검게 썩어 들어가는 치사율 높은 무서운 토양서식 간균 세균성 질병이다. 탄저균은 자연에서도 포자를 형성하여 공기중에서 24시간 버틸 수 있고, 열악한 조건에서는 포자상태로 10년 이상 토양에서 100년까지도 생존할 수 있다. 일반적으로 '백색가루' 라고 불리는 것은 탄저균의 포자이다. 생물이 탄저병으로 죽으면 그 지역이 오염되고, 그 지역에 있던 생물체가 다른 지역으로 이동하여 죽으면 그 지역도 오염된다. 탄저균의 포자는 땅 속에 묻은 시체에서도 몇 년간 생존한다. 탄저균은 가열/일광/소독제.. 강한 내성이 있어 오염된 것은 모두 소각하든지 아니면 철저하게 소독해야 한다.

탄저균에 대한 실질적인 연구들은 19세기로 거슬러 올라간다. Koch/1876년 코흐는 균을 발견 및 분리하였고, Pasteur/1881년 파스퇴르는 가축용 탄저백신의 실용화를 성공시켰다. 탄저병은 탄저균 포자 유입으로 일어나며, 초기에는 병이 잠복한 상태로 감기와 유사한 증상이 나타나고, 탄저균 섭취 일정시간 경과 → 병원균 증폭 → 탄저균 포자생성 독소 → 혈액內 면역세포 손상 → 쇼크 유발하며, 심한 경우 급성으로 사망한다!

자연적 감염은 대부분 피부탄저로 ~95% 가장 많이 일어나 탄저균에 감염된 가축으로 만들어진 울/가죽/털 제품 취급 시 → 탄저균 → 피부 상처 → 발열/권태감.. 증상 수반하고, 가려움증 → 1~3㎝ 중앙이 검정색 염증으로 발전하고, 주위에 부종이 생기기도 한다. 이때 적절한 치료를 받지 못하면 중증이 되어 패혈증으로 ~20% 사망하게 된다. 조기치료 시 피부탄저의 사망률은 1%↓! 포자 함유 먼지흡입 시 폐렴의 가능성 있어 매우 위험하다. 가장 심각한 것은 기관지탄저로 초기엔 감기와 비슷하나 이후 급성 호흡곤란과 패혈증이 나타나면 항생물질을 투여해도 사망률이 90%↑ 이른다. 내장탄저는 탄저균 오염식품/음료수 섭취 → 감염 → 구토/복통/토혈/하혈/복수.. 위장장애가 나타나고, 방치 시 → 패혈증 → 25~60% 사망률 치명적인 상황이 된다. 대략 100~200명 피부감염 당 내장탄저 감염 사례 1건 정도 발생한다. 가장 무서운 사망률 90%↑ 호흡기 감염은 테러의 경우가 아니면 거의 발생하지 않는다.

탄저균이 유입되면 숙주 혈청에서 균은 먼저 자신을 보호하는 협막 형성 → 백혈구 공격으로부터 벗어난다. 균 내부에서는 단백질성 외독소 부종인자+치사인자 2종류를 생산하고, 외독소들을 숙주세포 속으로 운반하기 위해 방어항원 단백질을 만들면 이 독소들이 악성 감염증상을 유발한다. 치료에는 현재 페니실린을 주로 하는 페니실린/테트라사이클린/뉴퀴놀린.. 각종 항생물질이 효과가 있어 '칵테일 치료법'으로 여러 항생제를 칵테일처럼 섞어 처방하는 시프로플록사신 방법이 쓰인다. 일부에서는 백신의 부작용과 항생제 내성, 균의 강한 환경변화 적응력 등등으로 사용 효과에 의문을 달기도 한다. 탄저균은 42.5℃에서 혈액 배양의 약 독화를 유인할 수 있는 특성을 나타내 간단한 生생백신 제작법이 이용되며, 미국/영국.. 死菌 사균백신이나 러시아/중국.. 生菌 생균백신으로 판매되고 있다.

탄저균, 문제를 일으키다!

탄저균과 인류에 대한 역사는 기원전으로부터 올라가 여러 번 발병해 많은 사람들이 죽거나 나라나 문화를 붕괴시켜 버린 기록들이 남아있다. 탄저균은 비교적 간단하게 대량 배양이 가능하고, 포자상태로 수십 년 생존하기 때문에 생물무기로 사용될 가능성이 높다. 하지만 이렇게 무서운 탄저균의 위력을 아는지 모르는지(?) 동물실험이 진행된 영국/1940년대 경우가 있어 다른 여러 나라에서의 문제 사례들과 함께 살펴보도록 하자.

- **영국:** 1942년 그뤼나드 섬에서 80마리 양떼를 대상으로 비밀리에 탄저균을 이용한 실험이 진행된 바 있다. 이 실험이 세상에 드러난 건 수 십년 후! 실험에 이용된 양들은 모두 소각됐지만 이후 48년간 출입이 금지되었고 羊의 수를 계속 확인하고 방호복을 입어야만 섬에 들어갈 수 있었다고 한다. 정화 요구가 빗발침에 따라 오염이 심한 지역은 섬의 흙을 깎아내고 바닷물에 희석한 포름알데히드 2,000톤 살포하면서 잔존 탄저균 포자를

죽이는 작업을 했다고... 수년 간 집중 제염작업 끝에 1990년 정부 관료가 섬의 안전함을 선포하고 출입통제 표시를 철수하여 탄저병 징후는 발견되지 않고 있지만 섬은 아직 무인도! 일부 학자들은 중세 유물에서도 살아있는 탄저균 포자가 발견되는 적이 있다고 하며 섬에 들어가는 것을 꺼린다고 한다.

- **일본:** 옴진리교 탄저균 배양에 성공 테러목적으로 1993년 도쿄에서 2회 살포 시도했지만, 살포 시 균 사멸로 독성이 약해져 피해자 없이 미수에 그쳤다. 다시 1995년/지하철 보툴리눔독+탄저균을 뿌린 적 있으나 독소가 제거된 예방접종 균이 사용되어 피해는 발생하지 않았다.
- **미국:** '백색가루'라 불리는 탄저균을 우편물에 넣어 사람들에게 보낸 2001년 테러가 발생하여 22명 감염, 5명이 사망한 적이 있다. 우편에 넣은 가루는 열기 전에는 알 수가 없어 당시 우편물 공포가 한동안 이어졌다. 탄저균은 소량으로 수많은 인명을 앗아갈 생물테러에 이용될 수 있는 고병원성 세균이기 때문에 미군은 탄저균 예방접종을 의무화하고 있다.
- **한국:** 이러한 탄저균이 2015년 5월 국내 미군기지에 택배로 배달되어 사회적 이슈가 된 바 있다. 살아있는 탄저균이 페덱스 일반화물로 배달되어 문제가 된 것이다. 살아있는 탄저균은 ~80% 치사율 무서운 균으로 강한 저항성 있는 독성으로 생화학무기로 위협이 되고 있다. 감염력 낮은 액체 상태로 3중 포장+냉동배송 → 포장 열기 전에는 안전하다고 하기는 하였으나 걱정되는 일이었다.

※ 탄저균 사건: 당시 우리나라 및 미국 11개 주, 캐나다, 호주, 영국 등 68개 연구시설로 보내졌다고 함!

- **기타:** 구소련에서 탄저균 유출사고가 발생한 바 있고, 짐바브웨 내전

지역에서 탄저균 감염자들이 대량 발생하기도 했다. 인도와 파키스탄에서도 탄저균이 들어 있는 우편물이 발견되어 동시다발성 테러에 이은 탄저균 테러공포로 전 세계가 불안에 떨어야 했다.

생물테러 무기가 되는 탄저균

탄저균이 무기로 사용된 것은 WWI 1차 세계대전으로 추정되나, WWII 당시 생물병기로 사용하기 위해 연구된 세균들 중 하나이다. 특히, 감염된 후 24시간 내 항생제를 다량 복용하지 않으면 치사율 80%↑ 살상능력이 뛰어나 1993년 보고서 탄저균 100*kg* 살포 시 → 300만 명까지 사망할 것으로 추정한다. 가히 탄저균 감염 시 치사율은 수소폭탄보다 더 위력적일 것이라고 하는 이유이다. 이와 더불어 분말형태로도 만들 수 있어 보관과 이용이 편리하고, 배양과 대량생산이 비교적 쉽다는 점 때문에 생화학무기로 관심을 받으며 등장하게 되었다. 이에 탄저균을 무기로 사용하려는 시도는 여러 번 전쟁과 함께 있어 와서 그 역사는 다른 생물테러 무기에 비해 깊다 할 수 있다.

WWI 당시 독일이 연합군 가축을 몰살용으로 연구하여 실전에 이용했지만 효과는 없었고, WWII 당시 미국/일본/독일/소련/영국.. 여러 나라가 경쟁적으로 탄저균을 생물학무기로 개발하기는 하였다. 이중에서는 영국의 그뤼나드섬 탄저균폭탄 실험과 일본 731부대 실험이 유명하다. 1978년 구소련에서는 탄저균 유출사고로 많은 가축과 70여명 사람들이 사망하였다. 이라크 및 앞서 언급한 일본 옴진리교, 미국 우편테러 등이 알려지면서 생물학무기의 대명사가 되었다.

3. O-157 식중독의 대명사!

식중독은 세균의 독소로 인해 여름철에 가장 걸리기 쉬운 병으로 심하면 혈변성 설사/발열/쇼크.. 심각한 상태에 빠질 수 있다. 여름에 식중독에 잘 걸리는 이유는 고온 다습한 환경으로 세균 번식이 쉽고, 음식 속에 세균이 번식해도 잘 모를 수 있기 때문이다.

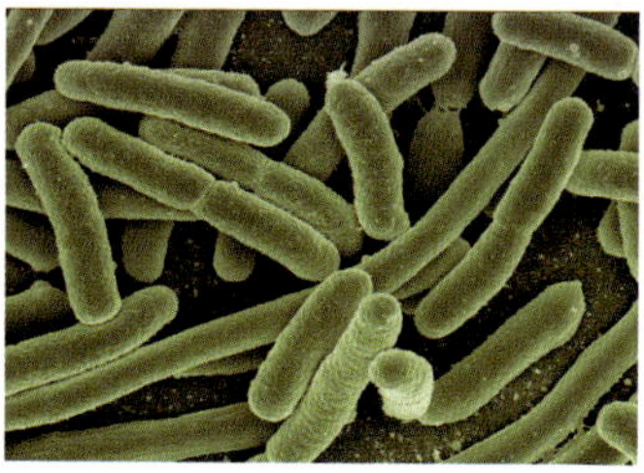

식중독균

세균의 독소는 크게 외독소와 내독소로 나누는데, 외독소는 세균이 균 밖으로 분비하는 단백질 독소이다. 내독소는 LPS리포다당+지질 복합체로 세균의 세포벽을 구성하여 균의 일부가 독이 되는 것이다. 단백질성 외독소는 항원-항체반응이 잘 되나, 리포다당류 내독소는 항원이 거의 되지 않아 항독소를 만들 수 없다. 외독소 생성 보툴리누스/콜레라/파상풍/황색포도상구균.. 균이 만드는 외독소 독성으로는 용혈독, 신경독, 출혈독 등이 있으며, 열과 항생물질에 강한 것이 많아 가열해도 식중독을 유발하기 쉽다. 외독소 치료에는 항생물질이나 항독소혈청 등이 사용된다.

반면, 내독소는 균이 살아 있는 동안에는 독소가 나오지 않고, 항생물질 투여 시 → 균 死 → 세포벽 파괴 → 독소를 방출한다. 내독소에는 O-157과 이질균이 만들어 내는 verotoxin 베로독소가 있다. 따라서 내독소를 가진 균에 항생물질을 사용할 때는 각별한 주의가 필요한데, 증상 진전 후 항생물질 사용하면 균들의 細胞死 → 균들의 내독소 배출 → 전신 확산 → 혈압↓↓ 쇼크 증상 → 사망할 수 있다. 내독소를 가진 세균성 설사 증상에 지사제 사용하면 내독소 → 장내 잔류 → 증상이 악화될 수 있다. 식중독 세균 중 가장 강력한 것으로 알려진 O-157에 대해서 알아보도록 하자.

치명적인 O-157 식중독

사람과 동물 장내에 있는 대장균은 대부분 해가 없지만, 사람의 장관에 침입하여 설사 등을 일으키는 대장균은 병원성 대장균이 된다. 병원성 대장균 O-157은 사람의 장에 감염 → 증식 → 베로독소를 생산한다. O-157의 정식 명칭은 '베로독소 생산성 대장균' 혹은 '장관출혈성 대장균 O-157:H7'이다. 세균표면의 단백질 O 항원체 中 157번째로 발견되어 O-157이라고 명명되었다. O-157은 소의 대변에서 발견된 항원이기는 하나 O-157 항원을 갖는 대장균이 모두 병원성을 갖는 것은 아니며, O-157 외 다른 대장균 종류에서도 이들 독소가 발생한다.

- **베로독소** - 베로독소는 이질균 독소로 알려진 shigatoxin 시가독소와 형태가 아주 비슷하다. 베로독소는 독소 활성이 있는 A subunit, 세포와 쉽게 결합하는 B subunit 2 부분으로 구성된 단백질이다(분자량 70,000). 독성 발현에서는 리보솜 RNA 염기 중 일부를 절단해서 단백질합성을 막아 세포사를 일으키는 독으로 이런 종류의 독에는 피마자의 리신과 O-157이 만들어내는 베로독소가 있다.

  O-157 베로독소는 강력한 독소로 LD50=0.001㎎/㎏, 전염성이 강하고 잠복기간이 4~8일 길기 때문에 주의해야 한다. 독소는 대장 점막에 흡수되어 점막세포內 리보솜 파괴 → 단백질합성 방해 → 세포사를 일으켜 인체에는 장출혈 → 혈변+복통이 나타난다. 장내에서 강력한 독소를 생산하여 물 같은 설사를 유발하고 경우에 따라 복통과 많은 혈변을 동반하기도 한다. 혈변은 장 점막에 베로독소가 붙어 혈관을 파괴해서 일어나는 현상이다. 또 혈액 속으로 들어간 베로독소는 적혈구 파괴+신장의 세뇨관세포 파괴 → 용혈성 요독증후군을 발생시킨다.

이 독소는 혈액뇌관문 통과 → 증상 진전 → 경련/의식장애..
뇌 장애를 일으키기도 한다.

※ 혈액뇌관문: 뇌 모세혈관에 있는 혈액뇌관문은 독성물질이 들어오지 못하도록 차단하는 역할을 한다.

O-157균은 법정전염병 1군의 장출혈성 대장균 일종이다. 1982년 미국/햄버거 집단 식중독사건 원인균 처음 알려졌고, 그 후 세계 각지에서 발견되고 있다. 초기증상은 설사/발열.. 일반 식중독과 비슷하지만 大腸 증식과정에서 배출하는 독소가 장출혈과 용혈성 요독증을 일으킨다. 신장 기능저하, 뇌장애 일으켜 심하면 죽음에 이른다. 1996년 일본과 2000년 미국에서 집단 발병하여 사회적으로 큰 파장을 일으킨 바 있다. 우리나라에서도 몇 년 전 O-157균이 일부 수입산 쇠고기에서 검출됐다 해서 논란이 되기도 했다. 심할 경우 용혈성빈혈, 혈소판감소, 급성신부전의 증상을 보이나 치사율은 0.5% 미만이다. 하지만 주의를 요하며, 하루 5회↑ 설사 또는 종일 설사기가 있을 때는 O-157균에 감염됐을 가능성이 크다. 그러나 공기나 사람 간에는 전염되지 않는다.

소 분변 오염고기/균 보유 가축/인변에 오염된 식재료/식수감염.. 여러 감염경로가 있으나 야채를 덜 익히거나 상한 햄버거/샐러드/달걀 등에 의해서도 잘 감염된다. O-157 감염력은 아주 높아 일반 식중독균은 증상발현에 세균 100만개↑ 필요하나, O-157은 소수~몇십 적은 수로도 증상을 일으키며 2차 감염도 쉬운 것으로 알려져 있다. 저온에 강해 냉동에서도 생존하며, 酸산에도 내성이 있어 위액 속에서도 살아남는다. 하지만 열에 약한 O-157는 75°C 이상, 3분↑ 가열하면 죽기 때문에 O-157 식중독 예방으로 가장 좋은 것은 식재료를 잘 익히는 것이다. 생고기 조리 후 그 기구들은 철저히 소독하고, 생고기를 만진 후에는 반드시 손을 씻도록 한다.

O-157균 연구동향

2000년, 농림수산성 일본에서는 O-157균 감염 소에 유산균제제 투여하여 O-157 배출 저지효과를 밝혀 야외실험으로 효과적인 균주 선별 검사하여 실용화를 목표로 하고 있다고 보도한 바 있다. 연구팀은 대량의 유산균 투여 → 소 체내 미생물균형 개선 → O-157 배출 억제효과가 있을 것으로 예측하였다. 그리고 다른 유산균에 대해서도 O-157 배출 억제효과를 검사할 계획이라고 발표하였다. 이처럼 O-157균이 주의를 끄는 것은 위에 있듯이 인체에 미치는 여러 가지 대사 작용 및 생리적 위험성 때문이다. 또한, 예전에는 흔치 않던 O-157 식중독이 현대인들의 청결한 위생 및 생활환경 변화에 의한 면역력 저하에 잦은 발병의 원인이 있는지 이들 간의 연관성 여부에 대해 많은 관심이 쏠리고 있다.

II. 곰팡이 독 mycotoxin

일반적으로 곰팡이 자체는 해가 없다고 하더라도 곰팡이에 의해 만들어지는 곰팡이독 mycotoxin 마이코톡신은 해로운 경우가 많다. 하지만 곰팡이 독은 대개 열에 강해 가열 조리해도 쉽게 파괴되지 않아 독소를 배출한 곰팡이가 죽더라도 곰팡이독은 식재료 속에 그대로 남아 있을 가능성이 크다. 곰팡이독에 오염된 식품을 먹으면 대개 구토/복통/설사.. 초기의 증상과 조혈기능장애/면역기능억제.. 중증의 증상이 나타날 수 있다.

곰팡이가 배출하는 독은 아스퍼질러스 *Aspergillus*속 아플라톡신 이외에도 300종↑ 있다. 아스퍼질러스류의 다른 곰팡이독인 오크라톡신 A에는 간이나 신장장애 및 발암 성분도 들어있다. 붉은곰팡이 *Fusarium* 종류는 곡류에 증식하여 여러 가지 디옥시니발레놀/니발레놀/제랄레논.. 곰팡이독을 방출한다. 또한 *Penicillium citrinum*이 만드는 시트리닌은 신장 세뇨관의 상피세포에 변성을 일으킨다.

※ 시트리닌: 벼에 기생 → 누렇게 변색시키는 성질이 있어 이 독에 오염된 쌀을 黃變米황변미라고 한다.

1. 맥각균독

Ergot 맥각은 곰팡이 일종으로 곡류에서 자라는 기생곰팡이 *Claviceps purpurea*가 생성하는 독성 알칼로이드이다. 맥각균 독(이하 맥각독)은 뿔 모양의 ~1.2㎝/곰팡이덩어리 균핵으로 곡류 기생 곰팡이가 만들어내는 여러 가지 독성분을 지닌다. 이들 독은 곰팡이가 곡류를 먹으며 성장하는 동안 곤충으로부터 자신을 보호하고자 만드는 강력한 보호독이지만 인체에 유입되면 맥각독 중독증상이 나타난다. 내열성 있는 독으로 맥각에 오염된 곡물을 먹으면 심각한 독성 증상이 나타날 수 있다.

맥각의 존재는 이미 고대에도 알려져 있었고, BC600년경 고문서에도 관련 기록이 있다. 19세기에 맥각이 중독의 원인으로 밝혀지고 기술이 발달하면서 맥각 중독은 점차 줄어들었고, 1950년대까지 중독되는 사건들이 드물게 보고되었다. 현재는 맥각 알칼로이드를 추출하기 위한 용도가 아니면 볼 수 없다.

주요 작용성분은 ergotoxine, ergotinine 및 아민 화합물, 마이코톡신으로 다양한 구토/설사/맥박↓/호흡↑/경련.. 독성 증상을 유발한다. 중독은 맥각균 함유 곡물에 0.5~1% 있으면 일어나고, 7.0%↑ 있으면 사망하게 된다. 맥각 건조 균핵에는 활성 있는 에르고타민, 에르고톡신, 에르고메트린 및 활성이 없는 물질들, 그리고 기타 아세틸콜린/히스타민/티라민.. 성분들이 포함되어 있다. 이들 알칼로이드의 작용에서 항아드레날린 작용이 강한 것은 에르고타민, 에르고톡신 등이고, 자궁수축 작용이 강한 것은 에르고메트린이다. 에르고메트린 유도체 메티셀디드는 항세로토닌 작용을 가진다. 주로 아미노산형에 의해 혈관수축, 혈전, 괴사, 구토, 정신장애 등이 일어난다.

맥각의 독은 맥각 알칼로이드로 크게 2가지 독성반응을 나타낸다. 일부는 신경독으로 작용 → 환각/통증/경련 일으키고, 다른 일부는 혈액독으로 작용 → 혈관 수축 → 말초혈관 혈액순환 악화 → 혈류흐름 방해하고, 심하면 → 조직괴사를 유발한다. 맥각에는 에르고타민과 리세르그산(lysergic acid)이 고농도로 들어있어 괴저 및 신경증상이 일어난다. 에르고타민은 혈관수축을 유도하지만 나머지 알칼로이드는 신경독성을 일으킨다. 유럽/19세기까지 예전에는 이런 특성을 이용해 자궁 평활근 수축 → 분만촉진 목적으로 이용하거나 자궁수축 → 유산의 원인이 되기도 하였다. 맥각함유 빵 → 집단중독 발생, 맥각 생긴 목초 → 임신가축 유산도 일어난다.

LSD 탄생 – 1930년대 뉴욕/록펠러연구소 호프만이 맥각을 이용한 분만촉진제 개발을 목적으로 맥각화합물을 연구하다가 리세르그산 분리에 성공하면서 LSD 발견의 기초가 되었다. 신경계 영향 → 환각 유발물질을 발견한 것이 바로 합성물 LSD! 리세르그산은 환각작용과 관련

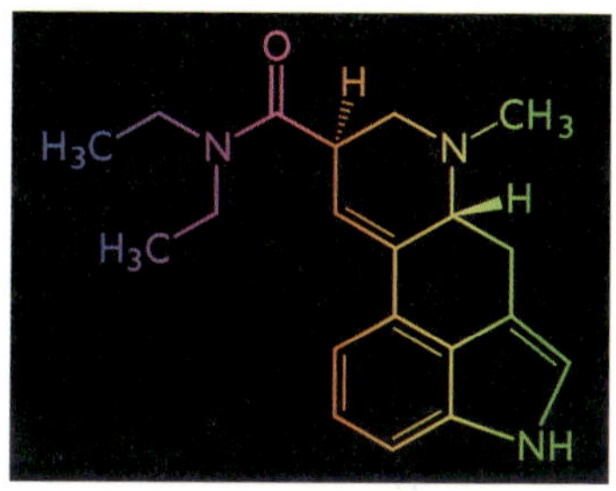

LSD

있는 강력한 합성환각제로 마약인 LSD(lysergic acid diethylamide/리세르그산 디에틸아미드) 원료물질이 된다. 맥각 알칼로이드는 모두 리세르그산의 특징적인 구조를 가지는데 그중 25번째 물질은 맥각 알칼로이드는 아니지만 그 유도체 중에서도 세계적으로 유명한 물질이다. 즉, 에르고타민으로부터 새로운 화합물 합성에 1938년 성공하여 'LSD-25'라고 명명한 것이다. 맥각 추출물질 LSD는 마약류 중 강력한 환각제로 쓰이고 있다. LSD는 한때 학자와 예술가들이 다양한 증상을 경험하게 하기 때문에 애용하기도 했던 물질이다. 리세르그산도 대량으로 사용하면 에르고틴중독 맥각 중독을 일으킨다.

※ 호프만: 자기 몸을 대상으로 한 실험을 통해 밀에 생기는 맥각 곰팡이에서 분리된 LSD가 인체 정신에 작용하는 것을 발견하여 유명해졌다. 버섯에 들어있는 환각성 물질이 실로사이빈이라는 것을 알아내고 그 구조도 밝혀냈다.

- **리세르그산디에틸아마이드** - LSD 또는 LSD-25 맥각 알칼로이드의 구성성분인 리세르그산에서 합성되어 얻어진 환각 유발성분으로 화학식은 $C_{20}H_{25}N_3O$. 1938년 호프만에 의해 맥각균에서 발견 및 1943년 합성된 무색-무미-무취 백색 분말이다. 1943년 정신병 증세를 일으키는 작용이 있다는 것이 알려졌으며, 정신이상과 시각/촉각/청각.. 감각을 왜곡토록 유도한다. 특히, 액체 상태로는 체중의 7억분의 1 초극미량으로도 효과를 나타낸다고 하는 초강력 물질이다. 정제/캡슐/액상.. 다양한 방법으로 유통되며, 주로 각설탕이나 껌/과자/압지/우표뒷면.. 묻혀서 사용되거나 주사로 사용된다.

강렬한 환각작용의 LSD는 세로토닌의 작용을 억제하여 0.5㎍/㎏ 소량 → 정신상태 변화 → 도취/환각 체험하게 된다. 환각증상은 유입 후 30분~10시간까지 지속된다. 환각상태로 기분이 좋아질 수도 있으나 대개는 공포감/두려움/불안.. 부정적 감정을 느끼게 된다. 남용 시 뇌와 염색체 손상, 눈동자 풀림, 안면 창백, 심박동/혈압↑, 수전증, 오한 등을 일으킨다. 생생한 환각증상, 중독성 없고, 빠른 성분 분해로 뇌에 영향을 남기지 않는다. 1950년대까지 효과적인 약물로 정신과에서 치료약으로 처방되기도 했고, 의식을 깨우는 각성제 같다는 칭찬을 받기도 하였다. 하지만 오늘날 LSD는 많은 나라에서 마약으로 규정되어 함부로 다룰 수 없다. 미국-1967년 LSD 사용금지/일본-1970년 LSD 마약으로 규정

맥각은 강한 자궁 수축작용, 분만의 촉진, 분만 시 지혈작용을 하여 예로부터 의약으로 사용되어 왔다. 맥각은 향정신성의 다양한 독소를 생산하지만 독성분 에르고타민은 분만/월경 과다출혈, 편두통에 효과 있는 치료제로 이용된다. 현대에는 맥각알칼로이드를 편두통 치료제, 분만촉

진, 자궁수축제 원료로 쓰고 있다.

2. 아플라톡신

진균류 곰팡이가 만들어내는 곰팡이독 아플라톡신은 신경독 사린에 맞먹는 독성을 지녀 LD50=0.3㎎/㎏이다. 진균독 중 독성이 매우 강해 발암성, 돌연변이성이 있어 사람이나 동물에게 급성이나 만성장애를 유발한다. 아플라톡신은 누룩곰팡이 일종인 *Aspergillus flavus, A. parasiticus*가 주로 생산하는 독소로 옥수수, 땅콩 등을 오염시켜 암을 유발하는 것으로 널리 알려진 물질이다. 땅콩 곰팡이에서 1962년 조류급사 원인물질로 분리된 후 치명적인 곰팡이독으로 알려져 요주의 대상이 되고 있다. 이를 계기로 곰팡이 독소에 대한 공중보건 분야에서의 인식이 크게 바뀌게 되었다. 이 독소의 발견과정을 간단히 살펴보도록 하자.

아플라톡신(Aflatoxin/이후 AF로 표기)은 *Aspergillus*속 독소로 1960년/영국 스코틀랜드 농장에서 *A. flavus*와 그 독소에 오염된 땅콩사료를 먹은 칠면조 100,000마리↑ 폐사하면서 알려지게 되었다. 이들 조류의 급사 원인을 추적하는 과정에서 발견되었는데, 처음에는 원인불명으로'Turkey X Disease' 사료인 땅콩에 증식한 곰팡이가 원인일 것으로만 추정되었다. 이후 1962년 '아스퍼질러스 플라부스(*Aspergillus flavus*)' 곰팡이가 생성한 독소(toxin) 원인으로 밝혀져 학명의 첫 글자 등을 따서 독성분을 '아플라톡신'이라 명명하였다. AF 발견 이후 전 세계적으로 곰팡이독에 대한 연구가 본격화되기 시작하였다.

AF 생성 *Aspergillus* 곰팡이는 자연에 널리 분포되어 거의 모든 식품에서 발견될 수 있다! 농산물의 수확이나 저장과정 중에 곰팡이오염이 일어나면 쉽게 생성된다. 탄수화물이 풍부한 곡류/두류/견과류.. 종자류에 잘 번식하여 저장 곡류나 농산물 등을 오염시키며, 땅콩과 콩에서 주로 발견된다. 특히 24~35℃/수분 7%↑ 습도가 높으면 빠르게 증식하여 변패 등 오염도는 더 높아진다. AF는 가공 처리해도 남아 땅콩버터, 식물성기름, 화장품, 우유에서도 발견될 수 있다. 특히, 땅콩 및 견과류를 원료로 사용한 가공식품에서 종종 AF이 검출된다.

AF에는 알려진 이성질체 18종 가운데 B1, B2, G1, G2가 주요 독소이다. AFB1은 발생빈도와 독성 측면에서 가장 위험해 보통 곰팡이독이라 하면 AFB1을 연상하게 되며, 일반적으로 AF=AFB1 의미한다. 또한, 가장 널리 발견되고, 천연독 中 가장 강력한 발암성분으로 유전독성을 나타내는 독소이다. 우유에서 검출된 AFM1 → 독소 유래가 milk라는 의미로 AFB1에 오염된 사료를 먹은 젖소의 대사산물을 뜻한다.

순수한 AF B1은 무취의 흰색~노란색 밝은 결정체로 1964년 규명 화학식은 $C_{17}H_{12}O_6$이며, 유기용매에 녹는다. AF 검출은 간단히 자외선으로 조사할 수 있다. 자외선조사 시 B → 푸른색, G → 녹색, M → blue-violet 형광을 나타내므로 자외선 → 특정 형광색의 AF → 특정 형광색 표출 → AF 종류의 확인이 가능하다.

AF B1은 실험동물 → 돌연변이/발암/기형.. 유발, 인체 → 간암 유발물질로 알려져 있다. 동물실험 결과에 의하면 B1 → G1 → B2 → G2 순으로 LD50 독성, 발암성, 돌연변이 유발성이 강했다. 쥐 실험에서 AFB1 15㎍/㎏ 사료 먹은 개체들 모두 간암이 발생했고, 오리/기니피/양/원숭이.. 여러 실험동물에서도 간암을 일으키는 것으로 밝혀졌다. AF B1은 간과 신장에서 대사 관여 특정효소에 의해 활성화되거나 변형되어 DNA 결합 → DNA 변이 → 강력한 발암작용을 나타낸다. AFB1은 강력한 간독성 및 간암을 일으키는 물질로 고농도 AF에 노출되면 급성 간 괴사가 나타날 수 있다. 국제암연구소에서는 이런 AF를 1군(Group 1) 발암물질로 정의하고 있다.

발생빈도가 높은 AF에 오염되기 쉬운 식품에 대해서는 전 세계적으로 엄격한 규제치가 마련돼 있다. 대부분의 나라에서는 AFB1 또는 B1/B2/G1/G2 포함 총 AF 허용기준치가 정해져 있고, AFM1도 규제를 하고 있다. 모든 식품에서 20ppb↓, M1은 우유에서 0.5ppb↓, 미국에서 발견되는 총 AF 양 → 1-3 ppb이다(ppb=μg/kg). 곡물이나 가공식품의 FDA의 AF 허용 한계는 20, 일본 10, KFDA 우리나라는 10이고, AF M1 허용기준은 더 엄격하여 CODEX 및 미국 0.5, 유럽 0.05, 스위스 0.01, 한국 0.5이다(단위=ppb).

※ AF에 대한 국내외 기준규격:

- EU: 땅콩/견과류/건과일/곡류/가공식품 AFB1 → 5 μg/kg, 총 AF → 10 μg/kg
- FDA: 브라질넛/식품/땅콩과가공품/피스타치오넛 총 AF → 20 μg/kg
- CODEX국제규격위원회: AFB1 → 15 μg/kg|
- 한국: 곡류/두류/견과류+단순가공품 AFB1 → 10 μg/kg↓

AF가 주목을 끌자 우리나라 간장/된장.. 장류에 쓰이는 메주의 발암성 문제가 크게 논란거리가 된 적이 있다. AF 곰팡이는 발효식품 만들 때 쓰는 효모와 비슷한 종류로 같은 속에 속하는 누룩곰팡이 *A. oryzae* 혹은 *A. sojae* 종류가 사용되기 때문이다. 개량식 메주 → 삶은 콩 → 이들 곰팡이 접종+발효 → AF 생성위험 無! 반면, 재래식 메주 → 삶은 콩 → 덩어리 형태 → 자연적인 미생물 발효 → *A. flavus* 섞일 가능성 有! 그 과정에서 AF가 형성된다는 추측이지만 이 논란은 AF B1 독이 미량 체내에 유입된다 하더라도 건강한 인체는 가수분해 등을 통한 무독화 과정으로 체외로 배출할 수 있다고 일축되었다.

오랜 기간에 걸쳐 재래식 메주 관련 연구를 한 전문가들에 의하면 이들 재료는 취급만 잘 하면 AF 위험이 없고 오히려 항암작용이 있다고 반박한다. 연구는 재래식 메주 발효의 핵심 미생물은 *Bacillus subtilis, A. oryzae* 등으로 *A. flavus*는 이들에 비해 경쟁력이 약해 번식이 어렵다고 밝혔다. 또한 생성된다 하더라도 미량의 AF는 숙성과정에서 다른 미생물에 의해 분해되며, 햇빛이나 숙성에 사용되는 숯에 의해 제거될 수 있다고 한다. 메주나 된장에서 AF 검출사례는 70년대/90년대 가끔 있었고, 식약청 조사결과 된장/고추장/수입 고춧가루 등에서 발견된 바 있다. 이에 종전에 곡류/두류/견과류.. 종자류 농산물에 적용하던 허용기준 10μg/kg → 2007년 12

월부터 된장/고추장/고춧가루.. 장류 등에 확대하여 적용하게 되었다.

AF는 pH 3↓ 강산 또는 pH 10↑ 강알칼리로 분해되나 열에는 안정적이라 270~280℃↑ 고온으로 가열해야 분해된다. AF는 자연계에 존재하는 가장 강력한 발암물질로 생리적 장애를 유발한다. AFB1, B2, G1, M1, M2가 대표적 발암물질이며, 강력한 합성 발암물질인 dimethylnitramine 디메틸니트로아민보다 4000배 강한 발암성을 보이는 것으로 알려져 있다. 여러 나라에서 사람과 동물에 집단중독을 일으켜 사망한 사례들이 보고되어 있어 AF 생성이 잘 되는 농산물이나 가공품들을 조심해야 한다. 특히, 위에 언급한 AF 허용기준은 AF에 의한 발암의 위험을 억제하는 기준일 뿐 발암의 위험성이 없다는 것을 의미하는 것이 아니라는 것을 기억해야 한다!

독 - 약의 관계:
독과 약,
21C 생물독의 비전

Chapter

12

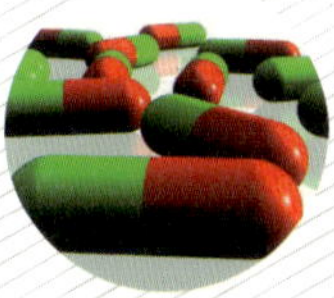

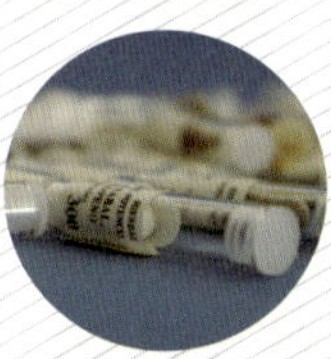

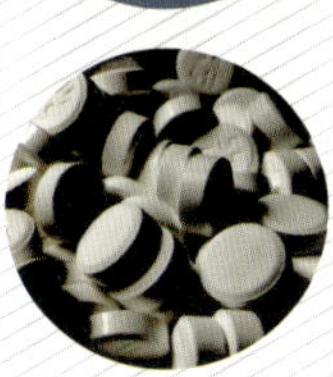

Chapter 12

독-약의 관계: 독과 약, 21C 생물독의 비전

I. 독과 약, 그리고 해독제

해독제란? – 해독제란 말 그대로 독기를 풀어 없애는 약으로 독 효과 제거작용을 하는 물질을 가리킨다. 그러나 이 세상에는 모든 독을 다 해독할 수 있는 만능 해독제란 존재하지 않는다. 종에 따라 상이한 생물독은 생체 내에서 매우 다른 반응을 보이기 때문에 어떤 독에 대해서는 정확히 그 독을 중화시키는 해독제를 사용해야 한다. 해독제는 기원전을 거슬러 올라가 아주 오래전부터 있어왔다. 역사적으로 많은 군주들이 독의 위력으로부터 살아남은 이야기들이 전해온다. 세계 최초로 해독제를 만든 사람은 BC 1세기 Pontos 폰토스의 미트리다테스 왕이라고 하는데, 역사에서는 그가 독살의 위험이 도처에 있던 당시 왕궁에서 죄인들을 대상으로 실험하며 해독제를 찾는 연구에 몰두했다고 전해진다.

해독제가 효과가 있으려면 독성물질이 특정돼 있어 그 독의 성질을 토대로 독 효과를 상쇄할 수 있는 다른 물질을 주입해야 한다. 화학적으로 사용되는 대표적인 해독제로는 독소를 중화시킬 수 있는 산과 알칼리이다. 또 다른 해독의 과정으로는 독소분자를 침전시키거나 흡착 또는 흡수 방지, 아니면 이미 흡수된 독성물질에 특이적으로 작용하는 길항제 등을 들 수 있다. 아래에서는 지금까지 알려진 독성물질 해독에 대한 다양한 방법 및 해독제 개발에 대한 연구현황 등을 소개하고자 한다.

1. 해독제로 사용하는 독

보툴리늄 독소의 경우

식중독을 일으키는 보툴리누스균은 매우 위험한 세균으로 1g → 수천만명을 죽일 수 있는 최강의 신경독을 생산한다. 보툴리늄 독소가 신경세포에 침투하면 아세틸콜린이 분비되지 않아 심각한 신경증상이 동반되며, 중증이 되면 근육마비, 호흡곤란 등으로 죽게 된다. 이런 맹독성의 두려운 세균이지만 최근에는 뇌졸중 후유증 치료에 이들 독소를 이용하는 방법이 보급 중에 있다. 소량의 살균 처리된 A형 보툴리늄 독소의 아세틸콜린 분비억제 → 적절한 근육 이완작용을 이용하는 것이다. 이를 이용해 뇌졸중의 과도한 근육 긴장이완, 안검경련, 사시 등에 이들의 독소를 치료제로 이용하고 있다.

또한, 치료제로 사용되는 보툴리늄 독소가 해독제로의 방법이 개발되고 있어 사람들의 이목을 집중시켰다. 몇 년 전 미국의 국립연구소 연구팀이 발표한 바에 의하면 이 독소에 대한 효과적인 해독제가 개발될 가능성이 있는 것으로 나타났다. 보툴리늄 독소를 차단할 수 있는 단백질을 개발했다고 밝히며 이 같은 단백질이 현재로서는 뚜렷한 치료법이 없는 이들의 8가지 독소 중 가장 강력한 독소에 작용한다고 설명했다. 연구팀은

이 같은 성분의 해독제가 기존에 나와 있는 제품에 비해 10~15배 효과적이라고 밝혔다.

복어독의 경우

독성 복어 간을 복어가 먹어도 중독되지 않는 이유를 찾는 연구에서는 흥미로운 결과가 도출된 바 있다. 독 있는 복어 간을 먹은 메기 다른 물고기와 비교하는 실험에서 복어의 간과 대조군의 간은 해독기능에 차이가 있음이 발견되었다. 복어의 간에는 중독이 된 다른 물고기에 비해 시스테인 함량이 많음이 확인되었고, 이를 토대로 해독제가 개발되는 성과를 얻게 되었다. 쥐 실험에서도 복어를 먹인 쥐에게서 시스테인 주사 여부에 따라 극명한 차이가 발생하여 시스테인을 즉시 주사한 그룹은 생존하였으나 그렇지 않은 그룹은 중독되어 사망하였다. 이러한 결과들로부터 시스테인이 복어 독을 해독한다는 사실을 밝혀냈다.

버섯독의 경우

독우산광대버섯.. 독버섯에 중독되면 무스카린 → 부교감신경 흥분 → 혈압 ↓↓, 땀+눈물 연속 분비증상이 나타난다. 중독에 대한 해독제로는 이 경우에도 부교감신경 억제효과가 있는 강한 독성의 아트로핀이다. 그러나 이처럼 서로 반대 작용을 하는 독을 섞으면 독이 상쇄되는 효과가 있다. 이 또한 독으로 독을 없애는 대표적인 사례라 할 수 있다. 아트로핀은 오늘날 임상적으로 안과 영역이나 파킨슨병 등에 이용되고 있다.

또 다른 독버섯 중독 해독제의 개발에서 지금까지의 해외 연구에서 밝혀진 결과는 식나무에서 추출한 배당체 aucubin 성분이 유의미한 것으로 나타났다. Aucubin 성분이 개/쥐 실험동물에서 독버섯중독 후에도 해독효과가 뛰어나고, 정맥주사로 주입한 경우 안전성도 좋아 해독제로서의 개발가치가 높다고 예상되고 있다.

청산칼리의 경우

인체에 청산칼리가 들어오면 혈액 내에서 세포호흡 시 촉매제 역할을 하는 cytochrome oxidase 효소와 결합 → 세포호흡 방해 → O_2 부족 → 사망한다. 청산칼리의 작용을 막으려면 촉매 효소와 결합하지 못하도록 청산칼리와 쉽게 반응하는 물질을 투입하면 된다(예-아초산나트륨/티오황산나트륨). 이들은 혈액 속에서 메트헤모글로빈 형성 → 청산칼리+메트헤모글로빈 결합하거나 해가 없는 다른 물질로 바꾸어 준다.

사린의 경우

신경계통에 작용하는 화학무기로 사용될 가능성이 높은 신경독으로 인체에서의 치사량은 ~100㎎으로 청산칼리보다 강한 것으로 추정된다. 응급 시에 효과가 있다고 알려진 것으로는 미치광이풀/벨라돈나/독말풀.. 가지科 독초에 있는 독성분 아트로핀이다. 아트로핀은 근육으로 하여금 신경전달물질 수용부위 차단 → 아세틸콜린 결합 불가 → 근육 수축이 일어나지 않게 한다. 이런 과정이 진행되는 동안 새로 합성되는 효소가 기능을 수행할 수 있어 독으로부터 벗어나는 계기가 된다. 이것이 바로 독으로 독을 치료하는 해독의 원리다.

2. 해독제 개발사례들

인간의 질병치료에 도움이 되는 동물의 독은 자연에서는 빠른 작용과 치명적인 효과를 가진다. 독을 구성하는 펩티드라고 알려진 각종 아미노산과 독성 단백질들은 세포 수용체들과 이온 채널들에 작용하여 세포에서 일어나는 작용들을 조절한다. 학자들은 이들 독이 특정 세포에 어떻게 작용하는지를 모방하거나 변형시킴으로써 이미 판매 중인 약보다 부작용이 적은 약성분을 개발할 수 있다고 믿고 계속 연구한 결과 현재 독을 이용한 치료제들이 나오게 된 것들이 많다. 현재 개발하거나 사용하고 있는 동물의 독들은 다양한 분류군에서 알려져 있다. 많은 사례들이 알려져 있으나 위에 언급된 해독제로 사용되는 사례들을 제외한 앞의 1장~11장에서 설명된 주제와 내용을 중심으로 요약 정리하도록 하겠다.

동물독

최근에는 동물 관련 독에 대한 연구가 활발하게 진행되고 있는데, 대부분이 동물의 독이 인체에 어떠한 영향을 일으키는지에 대한 연구이다. 과학자들은 독을 이용하여 인간의 질병을 치료할 수 있는 또 다른 가능성을 기대하고 있다. 이러한 동물독의 치료적 가치에 대한 관심은 콜롬비아 의과대학 데이터과학자들 기존에 알려진 동물독과 그들이 인체에 미치는 생리적 영향을 요약한 자료인 치료용 독 데이터베이스 '독 지식 베이스(Venom Knowledge Base, VenomKB)'를 만들 수 있게 하였다. 독이 인체에 미치는 ~4,3000 수 만 사례의 영향을 기록한 실로 방대한 정보라 할 수 있다. VenomKB는 당뇨/비만/암/진통제.. 각종 질병에 대한 치료제로서의 독과 그 사용에 대해 5117개 수천개의 연구 결과들이 요약되어 있음을 인터넷 과학전문매체/EureKalert 유레칼레트는 밝히고 있다. 오늘날 의학적으로는 VenomKB에 있는 지극히 일부 독들만 이용되고 있지만 이들 자료가 향후 새로운 화합물 합성으로 이어져 새로운 치료제 개발에 초석이 되기를 모두 바라고 있다.

• 뱀독

최근 연구는 뱀독에 들어 있는 유효물질이 특정 질환에 어떤 영향을 미치는지를 분자학적으로 규명하는 수준에까지 이르렀으며, 뱀독을 이용한 질병치료제 개발에 희망을 갖고 있다. 일찍이 말레이살무사 살무사 독에 있는 ancrod 단백질이 다리의 혈전치료에 효과 있음이 알려져 '아빈(Arvin)'이라는 항응혈제로 개발되어 인기를 얻은바 있다고 전해진다.(1960년대 후반) 항응혈제는 물론 당뇨병치료제나 진통제 등으로도 성공적으로 이어졌다. 뱀의 독성분은 심혈관계에 작용 → 혈압강하 → 쇼크를 유발할 수 있는데, 바로 이런 점을 이용해 뱀독 추출물 → 고혈압 치료제 개발에 문을 열었다. 뱀독을 이용한 의약품 중 가장 많이 쓰이는 것은 혈전용해제로 혈액응고를 이들 성분이 급성 심장질환이나 뇌졸중에 효과적으로 사용된다. 이와는 반대로 혈액응고 성분을 가진 러셀살무사 뱀독은 혈액응고제로 개발된다.

이들의 독성분은 지금도 뇌졸중/심근경색/뇌경색.. 심혈관계 질환 및 여러 질병의 치료제로 끊임없이 연구되고 있다. 현재까지 이뤄진 연구결과 뱀독은 고혈압/뇌졸중/혈액응고.. 심각한 질환을 예방할 수 있는 약제의 가능성이 있음은 물론 최근에는 대장암/난소암/전립선암.. 여러 종류의 암에도 효과가 있는 것으로 확인되고 있다. 예로 인도코브라 뱀독에서 분리한 효소 PLA2는 피부암 일종 흑색종을 없애는 것이 확인되었으며, 다른 연구에서도 살무사 뱀독 추출 단백질이 유방암 암세포 성장을 70%정도 억제하는 것으로 밝혀지기도 했다. 이외 진통작용, 급성염증 지연작용 등이 있어 집중적인 연구가 진행될 경우 심장질환 및 혈관질환, 통증, 암 등의 여러 질병에 대해 신약 개발의 중요한 소재로 떠오를 가능성이 충분하다고 보고 있다. 더 이상 공포의 대상이 아니라 신약개발의 신소재로 떠오르는 뱀의 독성분이 주목받고 있음은 새삼스러운 일이 아닐 것이다.

뱀독은 암세포의 자가사멸을 유도하고, 암의 증식과 관련된 단백질복합체의 활성 억제하며, 일부 난소암 암에서는 특정 단백질의 신호를 억제함으로써 효과가 있는 것으로 알려졌다. 이는 뱀독 성분이 세포사멸 과정에서 신호전달에 관여하는 세포사수용체(cell death receptor) 발현을 증가시키고, 세포사 유도물질의 내성 감소효과가 있어 암세포만을 선택적으로 죽이는 차세대 항암제로 주목받고 있다.

이외에도 맹독성 까치살무사에서 추출한 단백질로 항암제 개발이 기대되고 있다. 암이 주변조직으로 퍼지는 것을 막는 기전을 이용하는데, 바로 국내의 한 연구팀이 까치살무사로부터 암의 전이를 강력히 억제하는 삭사틸린을 찾아내어 신약개발에 청신호를 보낸 것이다. 삭사틸린 단백질은 신생혈관 생성에는 영향을 주지 않고 암조직 내 신생혈관 생성을 억제하여 암의 확산을 막는다고 보고돼 있다. 삭사틸린은 이전에 알려진 혈관생성 억제유전자(안지오스타틴) 보다 활성은 훨씬 강하나 독성은 매우 낮아 그 효율성에 주목이 쏠리고 있다. 연구팀은 삭사틸린 유전자 분리 → 균주 *Pichia pastoris*/효모의 일종 삽입 → 대량 배양하는 기술을 이용하였다. 이러한 생산법으로 여러 나라에서 특허를 취득하였고, 가까운 미래에 신약으로의 개발이 점쳐지고 있다.

최근, 외과수술 시 뱀독추출 효소로 섬유성 점착제를 개발하여 이용하는 사례가 늘고 있다. 수술부위를 의료용 실로 꿰매어 상처 봉합하고자 할 때 뱀독으로 만든 점착제는 실을 사용하지 않고도 상처 부위를 마치 풀처럼 붙여 준다. 이 접착제를 사용하면 흉터가 덜 남아서 구강/성형외과에서 사용하기 시작했다고 한다.

의료기술의 발달로 인류의 평균 수명이 길어지면서 뇌 건강과 연관된 연구들이 큰 관심 속에서 진행되고 있다. 특히, 노화-뇌-치매 관련 연구는 전 세계적으로 이루어져 독성단백질 아밀로이드반 β-아밀로이드가 알츠하이머병 치매 원인 중 하나라는 것은 여러 연구에서 밝혀졌고, 이 단백질을 제거할 수 있는 열쇠가 뱀의 독에 있다는 것도 최근 알려진 바 있다. 그 일환으로 호주의 연구팀은 뱀독에 알츠하이머병 환자 뇌에 축적되는 아밀로이드반 분해 가능 특정효소들을 활성화시키는 분자가 있다는 것을 발견하였다. 건강한 사람의 뇌에는 β-아밀로이드가 생성되어도 효소에 의해 분해되어 축적되지 않지만, 이들이 제 기능을 하지 못하는 경우에는 뇌세포에 독성단백질이 쌓여 문제가 될 수 있다. β-아밀로이드는 치매 유발 주요 요인으로 치매 초기 뇌에 축적되기 시작한다. 연구팀이 β-아밀로이드 분해효소를 자극할 수 있는 물질을 탐색하던 중 가능한 분자를 남미/중앙아메리카 살무사독에서 발견하여 이와 똑같은 분자를 합성 개발하였다. 사람 세포에 대한 초기실험을 통해 합성된 분자가 뱀독에서 발견한 천연분자와 같은 효과가 있다는 것도 연구에서 확인되었다. 이 연구는 초기 알츠하이머병의 진행을 막는 새로운 치료제의 개발 가능성을 여는 계기가 되고 있다.

- 독화살개구리독

독화살개구리독 바트라코톡신의 LD50=0.002㎎/㎏이나 가장 맹독성 종류는 한 마리에 2㎎ 함유! 이는 1마리 독 → 사람 20여명을 죽일 수 있는 양으로 현재 이들의 독을 의약품으로 이용하려는 연구가 활발하게 이루어지고 있다. 독화살개구리의 독 epibatidine 에피바티딘은 모르핀보다 200배 강력한 진통작용을 갖지만, 모르핀에서 나타나는 중독현상이나 금단증상이 관찰되지 않고 있다. 이에 이 성분 이용 → 모르핀 대체할 진통제로의 개발 연구가 한창 진행되고 있다. 또한, 에피바티딘에는 신경계의 아세틸콜린 수용체와 굳게 결합하는 성질이 있어 파킨슨병/알츠하이머.. 난치병 치료에도 도움이 될 것으로 기대를 모으고 있다.

※ 에피바티딘: 독화살개구리의 피부 분비물에서 발견된 강력한 진통물질로 처음에는 강한 독성으로 인해 임상에 응용하기 어려웠다. 이후 지속적인 연구결과, 약물 중독성이나 금단증상이 없는 물질로 합성하는데 성공하여 모르핀 대신으로 이용하고 있다.

※ 참고: '봄베신(Bombesin)'은 소화기계통 질환을 치료하기 위해 유럽무당개구리 피부에 있는 독을 이용한다.

- 도마뱀독

'바이에타(Byetta)'는 독성이 강한 미국/멕시코 사막지대 자생 큰 도마뱀(*Gila monster*) 침의 타액 성분인 exendin-4(성분명-exenatide)를 합성해 만든 물질로 제2형 당뇨병 치료제로 이용되고 있다. 개발 당시 차세대 당뇨병 치료제로 혈당 조절 효과와 체중 감소에 주목을 받은 치료제 물질이다.

※ *Gila monster* 도마뱀: 1년에 단지 3~4회 먹이를 먹는 섭식활동을 하고, 먹지 않을 때는 인슐린을 생성하는 췌장의 기능을 정지하고 에너지 보전을 한다. 먹이를 먹으면 다시 췌장의 기능이 되살아나는데, 바로 이 짐을 이용히여 바이에타 치료제가 개발되었다. 섭식활동 도마뱀의 타액 성분 → exendin-4 추출 → 합성 → exenatide 주성분 개발 성공!

• 말미잘독

카리브 해안의 수심이 얕은 곳에 사는 *Stichodactyla helianthus* 말미잘은 독성이 있다. 미국/키네타사 해외 생명과학기업에서 개발한 '달라자티드(Dalazatide)'는 칼륨 채널을 막아버리는 펩티드 독을 추출하여 만든 칼륨통로 억제제의 신약이다. 근본 원인을 모르는 자가면역질환은 완치가 어려운 질병인데, 말미잘독 추출 성분으로 만든 달라자티드가 자가면역질환의 난치성 피부질환 치료에 효과 있음이 임상시험 결과 밝혀져 있다. 또한, 다른 종류의 자가면역 치료에도 효과가 있을 것으로 기대되어 다발성 경화증, 루푸스, 염증성 腸질환을 중심으로 임상시험이 진행되고 있다고 한다.

※ 자가면역질환: 면역체계가 자신의 기관/조직/세포를 침입자로 오인해 공격함으로써 발생하며, 류머티즘 관절염, 루푸스, 1형 소아당뇨, 건선, 아토피성 피부염, 다발성경화증, 염증성 장질환 등이 여기에 해당한다.

• 청자고둥독

청자고둥은 신경독 중에서도 다양한 독을 생산하는 것으로 알려져 있다. 최근 신약 후보물질 가운데 청자고둥의 독이 신경전달계를 마비시키는 ~20종류 다양한 물질의 조합으로 구성된 것이 연구에서 발견되었다. 이들의 일부 성분을 추출해서 사용하면 인체 고통을 가라앉히는 진통제로 뛰어난 효과를 발휘한다는 사실을 알아냈다. 청자고둥의 독은 모르핀에 비해 중독성이나 부작용이 없는 것으로 나타나 상업성도 뛰어난 것으로 알려져 있다. 청자고둥이 사용하는 독성분은 크게 2가지로 conotoxin 코노톡신, conantokin 코난토킨이다. 코난토킨을 사용한다면 신경마취만 시킨

채 수술을 할 수 있어, 근육마비 없이 수술이 가능한 장점이 있다고 한다. 최근, 코노톡신 → '지코노타이드(ziconotide)'라는 진통제로 의약품 허가를 받았다. 코노톡신은 통증을 느끼는 통각신경을 마비시켜 모르핀보다 탁월한 진통효과를 얻을 수 있다고 한다. 쥐를 이용한 실험에서 코노톡신은 모르핀보다 진통효과가 1만 배나 높은 것으로 밝혀져, 이미 미국.. 외국에서는 진행성 암이나 급성 피부질환의 통증 경감에 코노톡신을 이용하고 있다.

※ 참고: 독성이 강한 원뿔달팽이가 만드는 5가지 화합물은 가스트린 위산분비 촉진 역할을 하며, 모르핀과 비슷한 진통제로 쓰인다.

• 벌독

벌독을 항암제로 - 영국의 연구팀이 브라질말벌의 벌침 독에서 정상세포에는 영향을 미치지 않으나 암세포만 선택적으로 파괴하는 강력한 항균 펩티드 성분 'MP1(Polybia-MP1)'을 찾아낸 바 있다. 이 성분을 세포에 주입한 결과 백혈병/전립선암/방광암.. 다양한 암세포를 빠르게 죽이는 것으로 나타났다. 암세포는 세포막 바깥쪽에 일종의 방어막인 특정 지질을 갖고 있는데 MP1은 이들 지질층을 만나면 파괴해 구멍을 뚫었다. 구멍이 난 암세포는 생명활동에 RNA/단백질.. 필수적인 성분들이 흘러나와 죽게 된다. MP1이 암세포 파괴에 걸린 시간은 불과 1~2초! 하지만 MP1은 정상세포에는 영향을 미치지 않았다고 하니 MP1이 암세포만 골라 죽일 수 있다는 것은 새로운 암치료법 개발이 가능하다는 것을 뜻한다.

벌독이 질병 치료에 중요한 역할을 하는 사례는 이외에도 더 있다. 국내 대학의 한 연구에서 벌독이 약물 부작용에 따른 간 손상을 완화하는 효과가 있다는 것을 밝혔다. 벌독에 포함된 PLA2 성분을 급성의 간 손상 생쥐에게 투여하자 간의 독성 수치가 줄어들고, 간 조직의 손상도 억제됐다는 것! PLA2 성분이 체내 면역계에서 중요한 T세포의 기능을 증강시킨 결과로 분석되었다. 또 암에 걸린 쥐에 항암제와 함께 투여했더니, 신장의 정상세포까지 파괴하는 항암제 부작용이 확연히 준 것을 확인했다고 한다. 이외 다발성경화증/파킨슨병.. 질환에서도 벌독성분이 병의 진행을 지연시킨다는 연구결과가 보고된 바 있다.

• 지네독

미국 전문학술지에 지네독의 한 성분이 모르핀보다도 강력한 진통제로 작용한다는 연구결과가 발표된 적이 있다. 뱀, 벌, 지네 독은 보통 수십~수백 종류의 성분으로 이루어져 동시에 작용하면 조직에 손상을 주지만 개별 성분은 때로 유익한 효과를 가져 올 수 있다고 한다. 중국/호주 연구에서는 왕지네 독을 성분별로 분리하여 분석한 결과, Ssm6a 특정단백질이 탁월한 진통효과를 보인다는 사실이 발견되었다. 실험쥐를 대상을 한 연구에서 다양한 통증을 유발한 뒤 지네독과 모르핀의 진통효과 비교한 결과 화학물질에 의한 통증에는 지네의 독이 더 뛰어났고, 열이나 산에 의한 통증 완화효과는 비슷하게 나왔다. 오늘날 전 세계 인구의 약 20%는 만성통증에 시달리고 있다고 말한다. 만성통증에는 일반 진통제는 별로 소용이 없고 마약성 모르핀처럼 강력한 약물을 사용하는데, 이들은 중독성과 부작용이 크다. 동물실험에서 지네의 독성분은 모르핀보다 약효가 크면서 부작용은 특별하게 없는 것으로 나타났다. 이것이 바로 지네독에서 영감을 얻은 차세대 진통제 개발에 기대가 모아지는 이유다.

놀랍게도 호르몬 → 독으로 만들어 무기화 하는 일은 거미류와 다른 방식을 통해 지네류에서도 있다고 발표하였다. 호주+미국 공동연구팀은 연구자들은 독 단백질과 다른 분자들의 유사성을 비교하던 중에 이 2가지 물질의 연관성을 발견했다. 그리고 이들은 독소와 호르몬이 서로 다른 유전자 서열을 가지고 있음에도 불구하고 유사한 분자모양을 가지고 있음을 알아냈다. 독소의 과거를 아는 것은 새로운 약품이나 생물학적 살충제를 개발에 유용하다. 독 분자들은 엄청나게 복잡해서 어떤 종류는 3,000개↑ 펩티드로 이루어져 있다. 구조가 일단 밝혀지면 염기서열에 변화를 주어 기능을 넣거나 빼면서 더 쉽게 독소를 진화시킬 수 있다. 이런 실험을 통해 만들어진 것들은 혈압약, 진통제, 생물학적 살충제 등이고, 이들은 모두 유기화합물에 바탕을 두므로 자연적으로 분해가 된다. 이 연구에서 지네류의 독이 호르몬의 더 미묘한 변화들을 통해 더 안정적으로 되었다는 것을 밝혀냈다. 시험관 내에서 거미 및 지네류의 독소에 대한 진화 관련 실험을 하고 있는데, 실험목적은 독소에서 독성 제거 → 농업, 의학의 문제들을 해결하는데 사용하는 것이다.

• 전갈독

곤충의 마비독이 의약품에 이용되는 예는 전갈독에서 찾아볼 수 있다. 비슷한 신경독이라 하더라도 뱀독은 근 골격에 작용해 마비를 일으키나, 전갈독은 말초신경에 작용해 극심한 통증을 유발해도 마비는 일어나지 않는다. 전갈독에서 발견된 펩타이드 독소는 신경계와 근육계의 Na^+ 채널과 상호작용을 한다. 이들 Na^+ 채널 중 일부가 통증과 관련 있다고 추정된다. 코브라의 덴드로톡신 신경독이 세포막 Ca^{2+} 통로를 막아 신경세포가 제 기능을 못하게 하는 것처럼 벌, 거미, 전갈 등에서도 구조는 다르지만 같은 작용을 하는 독들이 발견된다. 이는 수렴진화의 좋은 예라 할 수 있다. 전갈독은 펩티드의 단백질성 신경독으로 신경세포의 Na^+ 통로를 계속 차단하는 테트로도톡신과 달리 몸에 들어오면 신경섬유의 Na^+ 통로를 계속 열어놓아 신경세포가 제 기능을 할 수 없게 만든다. 그 결과, 시냅스에서는 아세틸콜린이 계속 분비되어 신경도 흥분상태에 있고, 근육은 수축한 상태로 있게 돼 이어서 경련과 마비증상이 나타난다. 이를 치료하기 위해서는 抗항전갈독 혈청이 필요하다.

전갈독 클로로톡신은 뇌종양 세포와 결합하기 쉬워 독성분이 종양세포를 붙들어서 주변조직으로 퍼지지 못하게 막는다. 일부 전갈독 추출물은 시험 단계에서 뇌종양에 뛰어난 효과를 보이고, 다른 물질은 당뇨병 치료에 탁월한 효능을 나타내는 등 이들 독에서 추출한 물질들은 만성질환이나 난치성 질환에 좋은 효과를 보이고 있다. 클로로톡신은 신경교종에 효능이 있어 의약품으로서의 활용 가능성이 커서 큰 주목을 받고 있다. 펩티드성 클로로톡신에는 신경교종세포와 결합하기 쉬운 성질이 있음이 밝혀진 바 있다. 전체 뇌종양의 30% 정도는 신경교종이라고 하는데, 클로로톡신은 신경교종세포의 이온통로를 막아서 이동을 차단한다. 특히, 이들 세포는 뇌에서 분열증식을 반복하면서 주변으로 퍼져 나가는데, Cl^- 이온을 세포 밖으로 내보내 부피를 작게 만들면서 세포사이를 빠져 나간다. 이때 클로로톡신이 Cl^- 통로에 결합함으로써 신경교종세포가 세포사이를 빠져나가지 못하게 하여 종양세포의 확산을 막는다. 의학계에서는 전갈독을 이용한 신경교종 치료제가 머지않아 개발될 것으로 기대하고 있다.

식물독

식량 확보나 약품개발 같은 자원 활용 가능성의 측면에서 볼 때 앞에서 다루었던 유독식물들은 보존되어야 한다. 많은 독초들은 고부가가치 잠재력의 활성물질을 지니나 멸종위기에 처한 종들도 꽤 된다. 위기에 처한 약제개발에서 활용가능성이 매우 높은 독초들의 보전은 매우 중요한 일로 우리에게 이미 다가와 있다. 인류를 고통에서 벗어나게 해주는 많은 약들이 식물이 지닌 알칼로이드 등의 많은 성분에서 기원한다. 그 예는 양귀비-모르핀(마취제), 버드나무-아스피린(진통제), 대회향-타미플루(인플루엔자 치료제), 키나나무-키니네(말라리아특효약) 등등 수 없이 많다. 다양한 효능의 생리활성 성분을 갖는 이들 식물이 빛을 보기도 전에 지구상에서 멸종되었다고 가정해보자. 아마도 특정 질환을 치료할 수 있는 약제가 개발되지 않았거나 개발까지의 기간이 훨씬 길어졌을 것이다. 이로 인한 인적 경제적 피해 및 손실도 크게 증가했었을 것은 두말할 나위가 없다. 이들에 대한 지속적인 관심과 보존, 그리고 활성성분을 이용한 약제개발 연구에 정진하여야 할 것이다!

다른 식물독들은 차치하고라도 독성 순위 3위의 최강의 식물독 피마자

독에 대해 먼저 알아보자. 이어 그 외 부분에서는 가지科 솔라닌, 고추-캡사이신, 복숭아 추출물에 대해서도 간단히 살펴본다. 이외의 또 다른 식물독이나 버섯독 관련 치료제 개발내용에 대해서는 앞의 9장 '무서운 식물독', 10장의 '죽음을 부르는 버섯독'을 참고하기 바란다.

• 피마자독

피마자는 세균독을 제외하면 가장 독성이 강한 생독독 리신을 만들어 낸다. 리신은 지상 최강의 독에 다가가는 강한 독성을 가지고 있으며 매우 안정된 물질로 손에 넣기 쉽다. 신약개발에서는 세포막 물질수송에 관여하는 작용물질을 치료제로 개발하려는 연구가 활발하게 진행되고 있는데, 바로 이 리신이 집중 연구대상이 되고 있다. 그것은 리신이 세포 내 탄수화물과의 결합과정에서 경쟁적인 억제작용으로 단백질합성을 방해하는 기능을 갖기 때문이다. 또한, 리신은 항종양 기능도 지니고 있어 최근 면역독소라는 항암치료제 개발을 위해 연구되고 있다. 따라서 리신의 독성을 잘 조절하면 난치병 해결에 가능성이 보인다고 할 수 있다. 그러나 효용 가치가 많은 피마자이지만 독성이 문제가 되므로 독성을 없애려는 시도 또한 진행되고 있다. 리신독이 단백질이라는 점에 착안하여 리신단백질 생성 유전자발현 억제나 유전자 제거, 안티센스 DNA 이용한 BT산업 기술로 독성 없는 무독성 피마자를 생산하려 하고 있다.

• 그 외

체르노빌 원전사고 이후 러시아의 식물학자들은 감염 예방의 가능성 있는 식물성 후보 화학물질을 찾는 연구를 시작한 바 있다. 모스크바/의학식물연구소 많은 식물을 대상으로 실험하여 가지科 *Solanum* 가짓속 식물의 솔라닌/차코닌.. 글리코알칼로이드(glycoalkaloid) 성분 → 저농도 사용 → 쥐 실험동물 면역계 강화시킨다는 사실을 알아냈다. 이 성분은 고농도에선 독성이 강해져 간에 치명상을 입혀 사망할 수 있는 물질이나 낮은 농도에서는 치료효과가 있었던 것이다. 이후 연구에서도 소량 솔라닌 투여 → 살모넬라균 감염 예방효과 있음을 추가 발견했다. 솔라닌 접종이 없던 쥐는 균 감염 이후 죽어 이 결과로부터 솔라닌이 동물의 면역계를 돕는 기능이 있음을 밝혀냈다. 작용기작은 아직 다 규명되지 않았으나 솔라닌 투여 쥐 혈액에는 살균을 돕는 미지의 어떤 화합물이 있을 것으로 추정되고 있다. 이 화합물을 찾는 것이 면역력을 강화시키는 약제 개발에 한발 더 다가가는 일이 될 것이다.

고추 – 매운 맛의 향신료로 사용되는 고추의 매운 성분은 capsaicinoid 알칼로이드 계열로 주성분은 캡사이신! 최근, 이 캡사이신이 파킨슨병에도 도움이 된다는 연구결과가 나왔다. 파킨슨병은 도파민신경세포가 소실되어 운동기능이 저하되는 병으로 기존에는 대부분 도파민신경세포의 사멸속도를 늦추거나 증상 완화에 머무르는 수준이었지만, 국내의 대학 연구팀이 캡사이신이 도파민을 보호하는 신경영양인자의 생성을 돕는다는 것을 새롭게 밝혀냈다. 즉, 뇌를 구성하는 별모양의 성상교세포에서 TRPV1을 활성화해 신경영양인자(CNTF: 뇌의 영양인자 발달과정에 작용)가 생산, 분비되게 함으로써 도파민신경세포를 보호하고 행동기능을 회복시키는 것이다. 실험에서 도파민신경세포가 파괴된 뇌 방향으로 빙빙 돌던 흰쥐가 캡사이신 투여 후 도파민신경세포 기능이 회복되면서 이상행동이 크게 개선되었다고 한다. 캡사이신이 앞으로 파킨슨병의 새로운 치료가 기대되고 있다.

복숭아 – 복숭아를 이용한 해독제 개발 연구가 주목을 받은 적 있다. 복숭아 추출물을 구강 투여하였을 때 생쥐에 이식한 종양의 성장이 현저히 억제되었고, 특히, 시스플라틴 항암제와 병용하면 항암제의 항암효능은 증가시키고 독성은 억제하는 것으로 나타났다. 복숭아 과피 추출물이 파골세포 형성 및 골 흡수를 억제하여 암세포의 뼈 전이 치료 및 골다공증 예방에 유용한 기능성 소재인 것도 밝혀져 이에 대한 연구가 계속되고 있다고 한다.

기타 – 점토 **흙으로 독소를 해독한다?** 점토는 전통의학에서 오랫동안 해독물질로 사용되었고, 일부 문화에서는 오늘날까지도 점토는 독소를 포함한 음식과 혼합하여 독성을 제거하는 기능을 하고 있다. 특, 유독물질을 중화시키는 데 사용되는 것이다. 체내에서 독소는 점토분자에 흡착되어 배설됨으로써 독성을 발휘하지 못하는 성질이 있다. 점토는 세균/진균독/내독소/합성 독 화학물질.. 독을 포함한 각종 이물질을 흡착해서 독성을 없앤다. 또한 점토에는 유용한 의학적 성질이 있어 여분의 액체 흡수, 산에 대한 중화작용으로 소화기에서 설사를 예방하는 기능도 있다.

II. 신약개발의 현실과 미래

과학자들은 생물체 유래 독성물질을 연구하는 세포수준에서의 생물학적 기전과 독성학 분야에 큰 관심을 쏟고 있지만, 또 다른 한편으로는 이에 맞먹는 신중한 주의를 당부하고 있다. 그 이유는 개발된 신약들에서 치료효과도 있지만 치명적인 부작용을 초래하기도 하기 때문이다. 여러 과정을 거치며 힘들게 개발된 대부분의 합성물질들은 초미세 분자적 수준에서 target 표적을 가지고 있고 최상의 효과를 나타내기 위해 이들을 한치의 오차도 없이 정확하게 지정하는 것은 생각처럼 그리 쉽지 않은 일이다. 또한 물질의 독성발현에 있어서도 임상에서의 결과가 동물실험의 결과와 다르게 나타날 수 있기 때문에 특히 주의해야 한다. 여러 가지의 많은 요인들을 함께 고려되어야 하기 때문에 인체에 유익한 신약물질을 개발한다는 것은 정말 어려운 일이다.

신약의 개발은 다른 산업에 비해 높은 부가가치와 성장률을 지녀 세계 제약시장의 규모는 수천억을 넘어 1조 달러에 이를 수 있다고 예측하는 이들도 있다. 막대한 시간과 비용을 투자가 예상되지만 대략적으로 신약개발에 소요되는 개발비용은 평균 2억~10억 달러, 그리고 개발기간은 약 10~15년에 달한다고 보고 있다. 그러나 성공률은 불과 1/5000 혹은 1/10,000...! 하지만 단 한 개라도 성공하면 그 결과는 엄청날 수 있어 많은 과학자들은 인류에게 유용한 물질을 발견하고 개발하기 위해 끊임없이 연구하고 있다. 과학적인 견해에서 독과 약은 같은 물질일 뿐, 그 물질이 사용되는 환경, 다른 물질과의 연관성 또는 사용 대상에 따라 유해한지 유익한지가 결정된다. 해마다 많은 신약들이 개발되고 실험되고 있지만 이러한 신약들을 맹목적으로 신뢰하는 것은 위험하다. 특히 독성물질에서 추출되거나 변형된 물질들을 연구하는 경우에 우리는 보다 높은 주의를 기울여야 한다. 치명적인 결과를 초래한 많은 사례들이 있기 때문이다. 인류에게 독으로 작용할지, 약이 될지를 알아내기 위해 끊임없이 연구해야 한다. 인류는 끊임없이 이런 독성물질을 지니는 생명체들을 연구하고 있지만, 그에 따라 생물들도 끊임없이 진화하고 있기 때문에 지속적지속적이고 실용적으로 신물질 연구 개발을 위해 노력해야 할 것이다.

오랜 동안 살아남아 지금까지 종을 이어온 수많은 동식물은 생존에 필요한 독성분들을 자신이 만들든가 아니면 다른 생물로부터 취하면서 살아오고 있다. 세균의 경우도 크게 다르다고 할 수 없다. 하지만 지구상에는 아직 알려지지 않은 더 많은 새로운 생물종들이 있다. 특히 미지의 환경 속에 사는 생물들은 어떤 성분을 가지고 있는지 그 중에 독성물질은 어느 정도 있는지 등은 전혀 알 수 없는 상태다. 그러므로 심해나 극지 또는 열대우림 등 미지의 세계에 서식하는 생물신종에 대한 끊임없는 탐색 및 연구는 향후 해독제나 항암제 등 각종 치료약들의 개발에 한줄기 밝은 빛을 기대하게 한다.

독은 생명체를 죽음으로 몰 수 있는 두려운 물질이나 반대로 독=약의 가능성이 있는 모순적인 양면성을 지니고 있다. 현재, 많은 나라에서는 세균독/식물독/동물독.. 여러 종류의 독성물질로 해독제 등 신약을 개발하려고 많은 노력을 하고 있다. 초극미의 양으로도 생명을 앗아 갈 수 있는 독도 어떤 질환에는 약이 될 수 있음을 앞의 주제들에서 다양하게 설명되었다. 물론 독은 무서운 물질이지만 끊임없는 관심과 연구로 지혜롭게 사용하면 '효자가 되는 약'이라는 친구로 옆에 둘 수 있는 존재가 된다! 이것이 바로 생물 유래 성분이나 물질 등의 자원탐색 및 그의 보호가 그 어느 때보다도 중요한 21세기 생물독의 비전이자 나아가야 할 방향이라 할 수 있다.

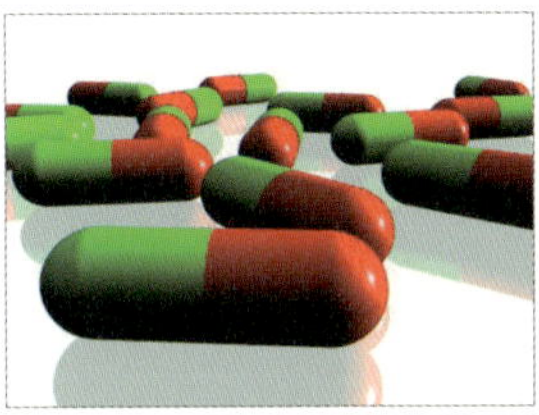

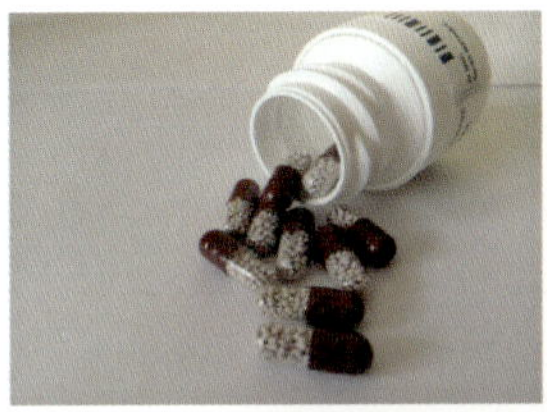

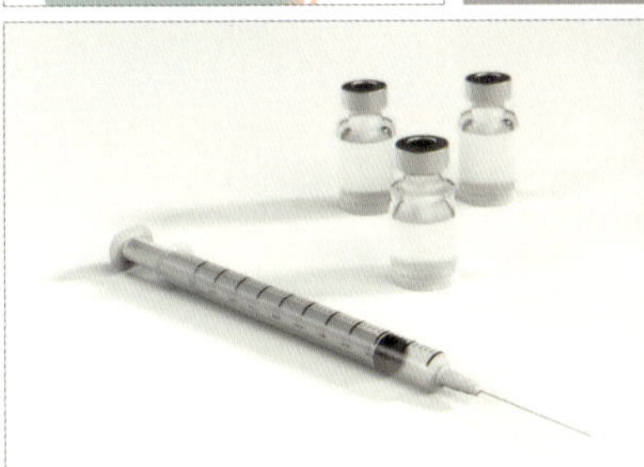

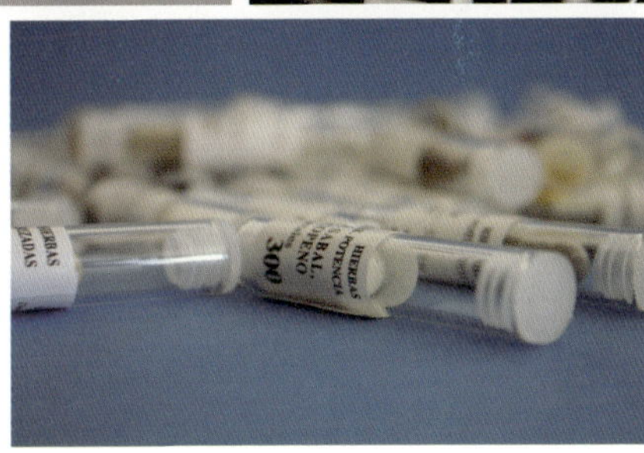

끝맺음말 Closing Remarks

독을 알면 약이 보인다는 말이 있다. '생물과 독'은 동물독, 식물독, 버섯독, 세균 및 곰팡이독 등 천연에서 기원하는 다양한 생물독을 대상으로 이들 독이 우리 몸에서 어떻게 독성을 나타내는지, 어떤 경우에 독이 되고 어떤 경우에 약이 되는지, 그리고 예방법과 해독법은 무엇인지 등을 알기 쉽게 정리하였다. 다시 말해, 다양한 독들을 알기 쉽게 설명한 생물독에 관한 입문서라 볼 수 있다. 아울러 이 책은 천연의 생물독의 작용 메커니즘과 이를 근거로 한 새로운 약물의 개발에 대해서도 구체적으로 언급하고 있어, 천연물을 이용한 독의 과학 분야에 발을 들여놓고자 하는 이들에게도 실질적인 도움이 되는 정보와 읽을거리를 제공하고 있다.

또한, 이 책은 전문적인 독성물질 관련 내용뿐만 아니라 우리 주변에서 흔히 볼 수 있는 생활 속 주변의 독이나 자격증 소지자만 다룰 수 있는 복어독, 아나플락시스의 대명사 벌독, O-157 식중독 이야기에 이르기까지 다양한 독에 대해서도 소개하고 있다. 그리고 역사적으로 유명한 독과 관련된 죽음이나 최근의 가습기살균제 사건에 이르기까지 실제로 있었던 일화들을 첨가하여 읽는 사람들의 이해와 흥미를 더하고자 하였다.

'생물과 독'을 읽고 생물독과 관련된 정보, 이와 함께 양면성을 지닌 이들을 잘 이용하면 효자물질이 되는 약으로 가는 길, 즉 독-약의 관계를 이해하는 계기가 되었는지 궁금하다. 흔히 독과 약은 결국 같은 것으로 약 → 독이 되기도 하고 또 독 → 약이 되기도 한다고들 말한다. 이렇듯 독과 약은 두 얼굴의 양면성을 지녀 언제라도 돌변할 수 있음을 기억해야 하고, 각각의 자리에 남아 있게 하려면 우리가 독에 대해서 잘 알아야 할 것이다. 하지만 생물들이 생산하는 많은 독들은 그 생산 및 저장의 과정들이 여전히 수수께끼로 남아 있다.

전문적인 학술도서로 독성학과 관련된 서적은 다수 출판되었으나, 과학에 관심 있는 사람들이 생물독과 관련된 주제를 기초부터 심도 있는 내용까지 가까이 할 수 있을만한 생물독 관련 도서는 그리 많지 않은 편이다. 독성학 관련 전문도서들은 의·약학적으로 접근하여 이해하기 어려운 점들이 이곳저곳에서 나타난다. 하지만 '생물과 독'에서는 말 그대로 생물학적으로 접근하여 내용을 읽고 접하는 이들이 쉽게 이해할 수 있는 생물학적 독성학 입문서가 되기를 희망하며 시작하였고, 또 끝을 맺었다. 이런 실정에서 독과 관련된 내용을 주제에 따라 상·중·하 난이도를 갖추어 심도 있게 다룬 이 책이 소개된다는 것은 생명과학에 몸담고 있는 저자에게는 매우 의미 있는 일이라 생각되어 뿌듯한 마음이 든다.

참고문헌 Reference

간호학대사전, 대한간호학회, 1996, 한국사전연구사

건강과 약, 손의동 저, 2000, 신일상사

건강과 약, 정성현 저, 2013, 신일북스

과학상식: 공포 독 가스, 신혜영 저, 2011, 글송이

과학상식: 독 희귀 동식물, 신혜영 저, 2007, 글송이

과학의 순교자, 이종호, 2014, 사과나무

금속의 세계사, 김동환, 배석 저, 2015, 다산에듀

끝나지 않은 수은의 공포, 하라다 마사즈미 저/한국환경보건학회 역, 2006, 대학서림

당신의 세포가 녹슬어가고 있다, 강경환 저, 2008, 아름다운사회

독과 약의 비밀, 사이토 가쓰히로 저/이정은 역, 2009, 아르고나인

독과 약의 세계사, 우나야마 신지 저/진정숙 역, 2017, 에이케이커뮤니케이션즈

독버섯도감, 석순자, 2011, 푸른행복

독버섯 이야기, 조덕현, 2007, 양문

독에 관한 50가지 궁금증, 타냐 로이드 카이 저/김미진 역, 2013, 톡

독약의 박물지, 다치키 다카시 지음/김영주 옮김, 2007, 해나무

독의 세계사, 조엘 레비 지음/정원식 옮김, 2012, 세경북스

독이야기 33가지, 최연정, 2009, 올파소

독 있는 동식물, 정수은 저, 2006, 예림당

독성학, 이영순 외 편집, 2003, 청구문화사
독성프리, 데브라 린 데드 저/제효영 역, 2012, 윌컴퍼니
독한 것들: 슬프도록 아름다운 독의 진화, 박성웅 외 지음, 2016, MID
리핀코트의 그림으로 보는 약리학, Whalen K 저/임동윤 역, 2015, 신일북스
면역학 7판, Coico R 저/ 정용석 역, 2017, 월드사이언스
면역생물학 6판, Janeway et al. 저/진종률 외 역, 2005, 라이프사이언스
문학이 사랑한 꽃들, 김민철, 2015, 샘터
미나마타병: 끝나지 않은 아픔, 하라다 마사즈미 저/임양호 역, 2006, 한울아카데미
미생물의 도전 3판, Krasner RI 저/ 권명희 외 옮김, 2017, 라이프사이언스
바이오 신약 개발 실태와 전망, 데이코산업연구소 편집부, 2011, 데이코산업연구소
범죄과학, 그날의 진실을 밝혀라, 브리짓 허스 저/조윤경 역, 2017, 동아앰앤비
병원미생물학 2판, Talaro KP 저/김정배 외 편역, 2017, 라이프사이언스
산나물, 들나물 나물 대사전: 산나물과 비슷한 유독식물 40종, 정구영 저, 2016, 글로북스
산업미생물학, Sahm et al. 저/방원기 옮김, 2015, 라이프사이언스
생명과학대사전 2판, 강영희, 2014, 아카데미서적
생어가 물려주는 인슐린 이야기, 고문주 저, 2011, ㈜자음과모음
생활 속의 유해물질사전, 이즈미 쿠니히코 저/정동효 역, 2007, 유한문화사
생활 속의 화학물질, 봄봄 스톨리 저, 2018, 아이세움
세균전쟁, 주디스 밀러 저/김혜원 역, 2002, 황금가지
세상을 바꾼 독약 한 방울 1: 죽음을 부르는 독극물의 화학사, 존 엠슬리 저/김명남 역, 2010, 사이언스북스
세상을 바꾼 독약 한 방울 2: 제국을 멸망시킨 화학 원소이야기, 존 엠슬리 저/김명남 역, 2010, 사이언스북스
세포와 해독, 강경환 저, 2011, 아름다운사회

세포생물학 2판, 조지 플로퍼 지음/김인선 외 공역, 2017, 범문에듀케이션
식물독성학, 임경수 외 지음, 2010, 군자출판사
식물은 똑똑하나, 폴커 아르츠트 지음/이광일 옮김, 2013, 들녘
식품의 천연독, 정동효 편저, 2002, 유한문화사
신경생물학의 원리, Liqun Luo/김경진 외 옮김, 2017, 라이프사이언스
신약 개발의 비밀을 알고 싶니? 김선 저, 2013, 비룡소
신약개발 이야기, 이토 마사하루 저/최병학 역, 2015, 대성의학사
알기 쉬운 인체해부학, 이영기 저, 2017, 고문사
암에 대해 알아야 할 모든 것, 서울대학교암병원 저, 2016, 서울대학교출판문화원
약물과 사회 그리고 인간행동 9판, Ray & Ksir 저/주왕기 외 옮김, 2003, 라이프사이언스
약물 중독, 드리 리샤르 저/윤예니 역, 2011, 출판사 눈
약이 되는 독 독이 되는 독, 다나카 마치 저/이동희 역, 2008, 전나무숲
약이 되는 버섯 독이 되는 버섯, 석순자, 장현유 저, 2012, 가람누리
약용식물 효능 어디까지인가?, Enna et al. 저/강해묵 옮김, 2015, 라이프사이언스
약품미생물학 2판, 감염미생물·면역약학분과학회 저, 2016, 라이프사이언스
예방의학과 공중보건학, 대한예방의학회, 2015, 계축문화사
우리가 몰랐던 항암제의 숨겨진 진실, 후나세 슌스케 저/김하경 역, 2018, 중앙생활사
유독생물도감, 손승업 외, 2013, 인민위생
위대하고 위험한 약 이야기, 정진호, 2017, 푸른숲
위험천만 자연독 섬뜩섬뜩 인공독, 닉 아놀드 저/이충호 역, 2009, 주니어김영사
위험한 제약회사, 피터 괴체 저/윤소하 역, 2017, 공존
응급처치, 박상규 외 지음, 2014, 라이프사이언스

의학의 진실, 데이비드 우튼 저/윤미경 역, 2007, 마티
인체생리학, 소명숙 외 저, 2008, 고문사
인체 완전판, 앨리스 로버츠 저/박경한 외 역, 2017, 사이언스북스
인체 원리, DK 편집위원회 편저/김호정 외 역, 2017, 사이언스북스
임상독성학, 김기운 외 저, 2006, 군자출판사
임상독성학, 손의동, 2014, 신일북스
임상독성학, 테츠오 사토 외/한국약학교육협의회 역, 2015, 도서출판 신일북스
인체생리학 7판, Silverthorn DU 저/고영규 외 옮김, 2017, 라이프사이언스
종양생물학의 원리, Kleinsmith L 저/서영준, 나혜경 옮김, 2008, 라이프 사이언스
종합 약용식물학, 한국 약용식물학 연구회 저, 2005, 학창사
중금속 오염의 진실, 오모리 다카시 저/서승철 역, 2011, 에코리브르
창조의 탄생, 케빈 에슈턴 저/이은경 역, 2015, 북라이프
천연물 이용학, 하야시 나나오 외/한승관 외 공역, 2006, 월드사이언스
필수생물학 2판, Hoefnagels M 지음/이황희 외 공역, 2016, 범문에듀케이션
하리하라의 청소년을 위한 의학이야기, 이은희 저, 2014, 살림Friends
한국의 독버섯, 독식물, 배기환, 1997, 교학사
한국의 독초, 임경수 외 지음, 2013, 군자출판사
한국의 버섯도감, 2011, 산과사람, 글로북스
해양생물의 독, 전중균, 2017, 라이프사이언스
해양바이오, 이희승/이정현 저, 2017, 한국해양과학기술원
화학으로 이루어진 세상, 크리스틴 외 저/권세훈 역, 2007, 에코리브르
환각제 이야기, 주왕기 저, 1997, 신일북스
Why? 질병, 허순봉 저, 2005, 예림당

An Introduction to Environmental Toxicology, 3rd ed., Dong MH, 2014, Createspace Independent Publisher

Children's Environmental Health, Landrigan PJ & Etzel RA, 2013, Oxford
Environmental Health, 4th ed., Moeller DW, 2011, Harvard University Press
Fundamentals of Analytical Toxicology, Flangan et al., 2008, Wiley-Blackwell
Human Biology, Chiras DD, 2015, Jones & Bartlett Learning
Occupational and Environmental Health, 7th ed., Levi BS et al., 2017, Oxford
Principles of Biochemical Toxicology, 4th ed., Timbrell JA, 2009, CRC Press
Toxicologic Biomarkers, Deaprio AP (ed), 2006, Taylor & Francis

인터넷 사이트

〈독의 세계 관련〉

• 독이란?

https://ko.wikipedia.org/wiki/%EB%8F%85

• 독과 약

http://www.seehint.com/hint.asp?no=12244

http://www.seehint.com/hint.asp?no=10943

• 독성순위표

http://blog.naver.com/paciboy/220851149596

http://blog.naver.com/PostView.nhn?blogId=nhm91&logNo=20115547464

• 사린

https://namu.wiki/w/%EC%82%AC%EB%A6%B0

http://dl.dongascience.com/magazine/view/S199504N041

https://health.hawaii.gov/docd/files/2016/12/Sarin_flier_Korean.pdf

http://www.hankookilbo.com/m/v/b43a1b5ad0ce42b58ab0d13ad790cd8b

http://news.chosun.com/site/data/html_dir/2017/02/16/2017021600308.html

• 생물독

http://blog.daum.net/_blog/BlogTypeView.do?blogid=0BmIi&articleno=18316069

• 수분중독

http://arisumer.tistory.com/1900

http://egloos.zum.com/blueswane/v/699710

• 탈리도마이드

http://firerisk.blog.me/220810110222

https://en.wikipedia.org/wiki/Thalidomide

http://www.cancerline.co.kr/html/2428.html

https://ko.wikipedia.org/wiki/%ED%83%88%EB%A6%AC%EB%8F%84%EB%A7%88%EC%9D%B4%EB%93%9C

http://www.alamy.com/stock-photo-the-picture-shows-an-original-packing-of-%20%20contergan-medicine-in-ulm-58448425.html

• LD50

http://dovescry.blog.me/220552816741

https://www.quia.com/jg/1915218list.html

· VX

http://www.wowtv.co.kr/newscenter/news/view.asp?bcode=T30001000&artid=A201702240308

〈인간과 독 관련〉

• 납

http://ko.healthline.com/health/lead-poisoning#원인2

http://www.amc.seoul.kr/asan/healthinfo/disease/diseaseDetail.do?contentId=33386

• 니코틴

http://terms.naver.com/entry.nhn?docId=1078706&cid=40942&categoryId=32315

http://terms.naver.com/entry.nhn?docId=2119733&mobile&cid=51007&categoryId=51007

• 디메틸니트로아민 발암물질

http://homescare.kr/220083067226

• 로마 황제 납중독

http://www.huffingtonpost.kr/2016/09/05/story_n_11863436.html

http://www.hani.co.kr/arti/culture/culture_general/332776.html

• 맥각독

http://m.blog.naver.com/lkjacademy13/220677698086

http://webbuild.knu.ac.kr/~app-mic/resources/lecture/Food%20hygiene/chapt-5-4.pdf

https://ko.wikipedia.org/wiki/%EB%A7%A5%EA%B0%81_%EC%A4%91%EB%8F%85

• 비소

http://omedicine.info/ko/arsenic-toxicity.html

http://www.nifds.go.kr/toxinfo/SearchUtil_getDetailChemTcd.action?hddnToxicCode=T2000000201

http://www.amc.seoul.kr/asan/healthinfo/disease/diseaseDetail.

do?contentId=33386

http://terms.naver.com/entry.nhn?docId=1106101&cid=40942&categoryId=32799

• 비소박테리아

http://blog.joins.com/media/folderlistslide.asp?uid=kwansooko&folder=19&list_id=12235791

• 에탄올

http://www.doctorkorea.com/pharmacology/index_in.asp?no=3&id=1685&c3_idx=253&c4_idx=626&title=%C1%DF%B5%B6%C8%AF%C0%DA%C4%A1%B7%E1

• LSD

https://namu.wiki/w/LSD

• 우리나라, 2012년 불산 사고

http://www.redian.org/archive/78159

https://namu.wiki/w/%EA%B5%AC%EB%AF%B8%20%EB%B6%88%EC%82%B0%EA%B0%80%EC%8A%A4%20%EB%88%84%EC%B6%9C%20%EC%82%AC%EA%B3%A0

https://ko.wikipedia.org/wiki/2012%EB%85%84_%EA%B5%AC%EB%AF%B8_%EA%B0%80%EC%8A%A4_%EB%88%84%EC%B6%9C_%EC%82%AC%EA%B3%A0

• 인도, 1984년 보팔 참사

https://ko.wikipedia.org/wiki/%EB%B3%B4%ED%8C%94_%EC%B0%B8%EC%82%AC

https://namu.wiki/w/%EB%B3%B4%ED%8C%94%20%EA%B0%80%EC%8A%A4%20%EB%88%84%EC%B6%9C%20%EC%82%AC%EA%B3%A0

• 클레오파트라의 죽음

http://news.sbs.co.kr/news/endPage.do?news_id=N1000764992

https://ko.wikipedia.org/wiki/%ED%81%B4%EB%A0%88%EC%98%A4%ED%8C%8C%ED%8A%B8%EB%9D%BC_7%EC%84%B8_%ED%95%84%EB%A1%9C%ED%8C%8C%ED%86%A0%EB%A5%B4

〈독의 과학 관련〉

• 보툴리눔톡신

http://btxfiller.tistory.com/4

https://ko.wikipedia.org/wiki/%EB%B3%B4%ED%88%B4%EB%A6%AC%EB%88%94_%EB%8F%85%EC%86%8C

• 리신

https://namu.wiki/w/%EB%A6%AC%EC%8B%A0

http://ko.medicine.wikia.com/wiki/%EB%A6%AC%EC%8B%A0

• 신경독

https://brunch.co.kr/@imit/38

http://www.seehint.com/r.asp?no=10826

https://ko.wikipedia.org/wiki/%EC%8B%A0%EA%B2%BD%EB%8F%85

• 테타누스톡신

http://cdc.go.kr/CDC/cms/content/mobile/61/68961_view.html

https://translate.google.co.kr/translate?hl=ko&sl=en&u=https://en.wikipedia.org/wiki/Tetanus&prev=search

〈독의 메커니즘 관련〉

• 가습기살균제 사건

http://blog.daum.net/nhicblog/2778

http://www.hani.co.kr/arti/society/environment/743235.html

http://www.breaknews.com/sub_read.html?uid=488393&section=sc2

https://ko.wikipedia.org/wiki/%EA%B0%80%EC%8A%B5%EA%B8%B0_%EC%82%B4%EA%B7%A0%EC%A0%9C_%EC%82%AC%EA%B1%B4

https://namu.wiki/w/%EA%B0%80%EC%8A%B5%EA%B8%B0%20%EC%82%B4%EA%B7%A0%EC%A0%9C%20%EC%82%AC%EB%A7%9D%EC%82%AC%EA%B1%B4

• 살충제 DDT

https://namu.wiki/w/DDT

https://ko.wikipedia.org/wiki/DDT

http://www.sciencetimes.co.kr/?p=151813&post_type=news

http://www.archives.go.kr/next/search/listSubjectDescription.do?id=006669

http://www.sciencetimes.co.kr/?news=%EC%B6%95%EB%B3%B5%EA%B3%BC-%EC%9E%AC%EC%95%99-ddt%EC%9D%98-%EB%91%90-%EC%96%BC%EA%B5%B4

• 생체막

http://www.doopedia.co.kr/mo/doopedia/master/master.do?_method=view2&MAS_IDX=101013000847034

• 세포

https://ko.wikipedia.org/wiki/%EC%84%B8%ED%8F%AC

• 세포막

https://ko.wikipedia.org/wiki/%EC%84%B8%ED%8F%AC%EB%A7%89

〈독성발현 관련〉

• 세포외기질

http://terms.naver.com/entry.nhn?docId=4337100&cid=40942&categoryId=40942

• 표적분자

https://ko.wikipedia.org/wiki/%ED%91%9C%EC%A0%81_%EC%B9%98%EB%A3%8C

• 아포토시스

https://ko.wikipedia.org/wiki/%EC%84%B8%ED%8F%AC%EC%9E%90%EC%82%B4

• 염증

https://ko.wikipedia.org/wiki/%EC%97%BC%EC%A6%9D

• 신경전달물질

https://ko.wikipedia.org/wiki/%EC%8B%A0%EA%B2%BD%EC%A0%84%EB%8B%AC%EB%AC%BC%EC%A7%88

〈동물독 관련〉

• 뱀독

http://cafe.naver.com/laip/491

https://namu.wiki/w/%EB%8F%85%EC%82%AC
http://dl.dongascience.com/magazine/view/S201204N004
http://sgsg.hankyung.com/apps.frm/news.view?nkey=5384
http://snakekorea.com/bbs/board.php?bo_table=snakeinfo&wr_id=4
http://health.chosun.com/site/data/html_dir/2017/04/26/2017042602492.html
https://ko.wikipedia.org/wiki/%EA%B9%8C%EC%B9%98%EC%82%B4%EB%AC%B4%EC%82%AC
http://blog.naver.com/PostView.nhn?blogId=utimegps&logNo=70026811829&viewDate=&currentPage=1&listtype=0
http://www.kliss.co.kr/industry/industry_01-10.php?mode=v&bbs_data=aWR4PTk4NCZzdGFydFBhZ2U9Jmxpc3RObz0mdGFibGU9aWRfYmJzX2RhdGEmY29kZT1pbmR1c3RyeeV8wMS0xMCZzZWFyY2hfaXRlbT0mc2VhcmNoX29yZGVyPQ==%7C%7C

• 개구리독
http://redtea.kr/pb/pb.php?id=free&no=2828
http://www.pgr21.com/pb/pb.php?id=freedom&no=65242
http://blog.naver.com/PostView.nhn?blogId=dyatrima&logNo=70086850240
https://namu.wiki/w/%EB%8F%85%ED%99%94%EC%82%B4%EA%B0%9C%EA%B5%AC%EB%A6%AC

• 두꺼비
http://www.seehint.com/word.asp?no=12029
https://namu.wiki/w/%EB%91%90%EA%BA%BC%EB%B9%84
https://www.flickr.com/photos/29056374@N04/sets/72157626242567018/

• 도마뱀독
http://cilius.tistory.com/227

http://m.cafe.daum.net/VaranusWord/94MS/30?q=D_7_beATEAlUg0&
https://namu.wiki/w/%EC%BD%94%EB%AA%A8%EB%8F%84%EC%99%95%EB%8F%84%EB%A7%88%EB%B1%80

• 새의 독

https://lsy5518.wordpress.com/2013/08/04/%EB%8F%85%EC%9D%84-%EA%B0%80%EC%A7%84-%EC%83%88-%ED%94%BC%ED%86%A0%ED%9C%98pitohui-the-poisonous-bird/

〈해양생물독 관련〉

• 도파민

http://ko.medicine.wikia.com/wiki/%EB%8F%84%ED%8C%8C%EB%AF%BC

• 마이토톡신

https://en.wikipedia.org/wiki/Maitotoxin

• 바다뱀

http://scubadc.com/scuba/eco-bb.htm
http://m.blog.naver.com/cartier182/80198812536#
https://namu.wiki/w/%EB%B0%94%EB%8B%A4%EB%B1%80

• 복어독

http://www.seehint.com/hint.asp?no=11314
http://www.thinkfood.co.kr/news/articleView.html?idxno=42449
http://www.science.go.kr/upload/board/EXHIBIT/48/j04820022305.pdf
https://namu.wiki/w/%ED%85%8C%ED%8A%B8%EB%A1%9C%EB%8F%84%ED%86%A1%EC%8B%A0
https://ko.wikipedia.org/wiki/%ED%85%8C%ED%8A%B8%EB%A1%9C%E

B%8F%84%ED%86%A1%EC%8B%A0

• 시가톡신

http://www.fsis.go.kr/front/contents/cmsView.do?cate_id=0101&cnts_id=3749

http://www.fsis.go.kr/front/contents/cmsView.do?cate_id=0101&cnts_id=1422

http://blog.naver.com/PostView.nhn?blogId=chungjh59&logNo=140037343800&parentCategoryNo=6&viewDate=&currentPage=1&listtype=0&from=postList

• 인슐린

https://www.news-medical.net/health/Insulin-Protein-Structure-(Korean).aspx

• 조개독

http://blog.daum.net/dourira/6838274

http://legacy.www.hani.co.kr/section-014005506/2001/09/014005506200109041404011.html

http://ko.nutri.wikia.com/wiki/%EC%A1%B0%EA%B0%9C%EB%A5%98%98%EC%9D%98_%EB%8F%85%EC%84%B1_%EB%AC%BC%EC%A7%88

http://blog.naver.com/PostView.nhn?blogId=seiyeone&logNo=220648833583&parentCategoryNo=&categoryNo=1&viewDate=&isShowPopularPosts=true&from=search

• 청자고둥독

http://m.blog.naver.com/35free/90191895054

http://m.blog.naver.com/monera/220638485348

http://www.ibric.org/myboard/read.php?Board=news&id=90513

http://www.sciencetimes.co.kr/?news=%EC%B9%98%EB%AA%85%EC%A

0%81%EC%9D%B8-%EC%B2%AD%EC%9E%90%EA%B3%A0%EB%91%A5%EC%9D%98-%EB%8F%85

http://www.sciencetimes.co.kr/?news=%EC%9D%B8%EC%8A%90%EB%A6%B0%EA%B9%8C%EC%A7%80-%EB%8F%85%EC%9C%BC%EB%A1%9C-%EC%93%B0%EB%8A%94-%EC%B2%AD%EC%9E%90%EA%B3%A0%EB%91%A5-%EC%9E%88%EB%8B%A4

• 타우린

https://namu.wiki/w/%ED%83%80%EC%9A%B0%EB%A6%B0

• 파란고리문어독

http://news.donga.com/3/03/20140624/64602322/1

http://www.huffingtonpost.kr/2015/06/29/story_n_7684828.html

http://www.yonhapnews.co.kr/bulletin/2015/05/26/0200000000AKR20150526153300051.HTML

https://namu.wiki/w/%ED%91%B8%EB%A5%B8%EA%B3%A0%EB%A6%AC%EB%AC%B8%EC%96%B4

http://www.sciencetimes.co.kr/?news=%ED%8C%8C%EB%9E%80%EA%B3%A0%EB%A6%AC%EB%AC%B8%EC%96%B4-%EC%82%AC%EA%B3%A0%EC%B3%A4%EB%8B%A4

• 팰리톡신

http://cateyebluestory.tistory.com/746

https://en.wikipedia.org/wiki/Palytoxin

• 해양생물 독

http://blog.kiost.ac.kr/221133525991

• 해파리독

http://blog.daum.net/efishery/106

http://m.blog.naver.com/pdjo/220208002622

http://sgsg.hankyung.com/apps.frm/news.view?nkey=5384&c1=03&c2=06
http://businessnews.chosun.com/site/data/html_dir/2008/06/08/2008060800121.html
• 히스타민
https://ko.wikipedia.org/wiki/%ED%9E%88%EC%8A%A4%ED%83%80%EB%AF%BC

〈곤충독 관련〉

• 벌독
http://www.korapis.or.kr/jsp/sub4-7.jsp
http://www.samna.co.kr/abcd/koa300.htm
http://egloos.zum.com/ghkfshfn/v/3278139
http://m.blog.naver.com/sina7737/110120109539
http://blog.ohmynews.com/eomdy/tag/%EB%B2%8C%EB%8F%85
https://m.blog.naver.com/PostView.nhn?blogId=vespa777&logNo=20208978183&proxyReferer=https%3A%2F%2Fwww.google.co.kr%2F
• 거미독
http://tip.daum.net/question/133517
http://m.blog.naver.com/ever0926/90176938612
https://namu.wiki/w/%EA%B2%80%EC%9D%80%EA%B3%BC%EB%B6%80%EA%B1%B0%EB%AF%B8
• 남가뢰독
http://m.blog.naver.com/treeoflife21/140048815339
http://m.cafe.daum.net/yisangwoo/2nVd/507?q=D_8GUNqi5UjS10&

• 전갈독

http://gkskensk.tistory.com/40

https://namu.wiki/w/%EC%A0%84%EA%B0%88

http://m.blog.naver.com/woorieco/220131275282

http://www.koreadaily.com/news/read.asp?art_id=883899

• 지네독

http://vitaminjun.tistory.com/39

https://en.wikipedia.org/wiki/Ssm6a

http://tip.daum.net/question/3299612

http://www.seehint.com/word.asp?no=12029

http://news.mk.co.kr/newsRead.php?year=2014&no=1505133

http://chimon.tistory.com/entry/%EB%8F%85%EC%9D%84-%ED%92%80%EC%96%B4%EC%A3%BC%EB%8A%94-%EB%8F%85%EC%A7%80%EB%84%A4-%EB%8F%85%EC%9D%98-%ED%9A%A8%EB%8A%A5-%EC%A7%80%EB%84%A4%EA%B0%80-%EA%B0%84%EC%97%90-%EC%A2%8B%EC%9D%80-%EC%9D%B4%EC%9C%A0

• 폭탄먼지벌레독

http://ecotopia.hani.co.kr/282995

https://www.youtube.com/watch?v=nIZQaERn3TQ

〈식물독 관련〉

• 단일클론항체

https://www.news-medical.net/life-sciences/Monoclonal-Antibodies-

(Korean).aspx

• 독당근

http://m.blog.naver.com/s65hin/220655209195

http://medical-best-help.com/ko/pages/694287

http://www.mytreelove.com/board/bbs/board.php?bo_table=birthday_flower&wr_id=75

http://blog.daum.net/_blog/BlogTypeView.do?blogid=09kgt&articleno=18358647&_bloghome_menu=recenttext

• 독미나리

http://www.hani.co.kr/arti/society/environment/300515.html

http://blog.daum.net/_blog/BlogTypeView.do?blogid=0BkvD&articleno=17426217&categoryId=0&regdt=20091103123400

http://www.sciencetimes.co.kr/?news=%EC%98%A8%EB%82%9C%ED%99%94%EC%97%90-%EB%AF%BC%EA%B0%90%ED%95%9C-%EC%8A%B5%EC%A7%80%EC%8B%9D%EB%AC%BC-%EB%8F%85%EB%AF%B8%EB%82%98%EB%A6%AC

• 리신

http://news.hankyung.com/article/2017021902511

• 맹독성 식물독

http://kofpi.tistory.com/191

http://m.hyundaenews.com/6783#05G1

https://www.qia.go.kr/animal/disease/viewWebATPI3439Action.do?type=0&id=125619

http://science.dongascience.com/articleviews/article-view?acIdx=2894&acCode=4&year=2017&month=04&page=1

• 미치광이풀

http://blog.daum.net/wwwbudongsan114/960958

http://www.freecolumn.co.kr/news/articleView.html?idxno=3267

http://www.iksaeng.com/hub/hubMain.jsp?hubnos=ziqc9h2u&with=kr&from=iks

https://ko.wikipedia.org/wiki/%EB%AF%B8%EC%B9%98%EA%B4%91%EC%9D%B4%ED%92%80

http://3vnf.com/bbs/board.php?bo_table=story&wr_id=123&sca=%EC%82%B0%EC%95%BC%EC%B4%88(%E3%85%81)

http://terms.naver.com/imageDetail.nhn?docId=1096622&imageUrl=http%3A%2F%2Fdbscthumb.phinf.naver.net%2F2765_000_1%2F20131014045742055_RK273XV7N.jpg%2F234759.jpg%3Ftype%3Dm4500_4500_fst%26wm%3DN&cid=40942&categoryId=32726

• 벨라돈나

https://ko.wikipedia.org/wiki/%EB%B2%A8%EB%9D%BC%EB%8F%88%EB%82%98%ED%92%80

• 스코폴라민

http://platonian.tistory.com/41

http://blog.daum.net/cctv114d/271

https://en.wikipedia.org/wiki/Atropa_belladonna

http://m.blog.naver.com/doodoophoto/220726716885

http://bmcplantbiol.biomedcentral.com/articles/10.1186/s12870-014-0280-9

https://pubchem.ncbi.nlm.nih.gov/compound/Scopolin#section=2D-Structure

http://calilife.tistory.com/entry/%EC%A2%80%EB%B9%84-%EB%A7%88%EC%95%BDZombie-Drug

http://blog.naver.com/PostView.nhn?blogId=gg6710&logNo=14006617265

0&widgetTypeCall=true

https://m.blog.naver.com/PostView.nhn?blogId=charli2624&logNo=220938208101&proxyReferer=https%3A%2F%2Fwww.google.co.kr%2F

• 올레안드린

https://en.wikipedia.org/wiki/Oleandrin

https://www.google.com/patents/US3833472

https://pubchem.ncbi.nlm.nih.gov/compound/11541511

http://www.qia.go.kr/animal/disease/viewWebATPI3439Action.do?type=0&id=125693

• 쿠라레

https://namu.wiki/w/%EC%BF%A0%EB%9D%BC%EB%A0%88

• 쿠마린

http://www.nifds.go.kr/toxinfo/SearchUtil_getDetailChemTcd.action?hddnToxicCode=T1000000148

• 투구꽃

http://m.blog.daum.net/oceanpro88/191

https://namu.wiki/w/%ED%88%AC%EA%B5%AC%EA%BD%83

http://mlbpark.donga.com/mlbpark/b.php?&b=bullpen2&id=3868671

http://blog.daum.net/_blog/BlogTypeView.do?blogid=0BYa0&articleno=18343632

• 협죽도

https://en.wikipedia.org/wiki/Digitoxin

http://cafe.naver.com/harbsociety/1531

https://en.wikipedia.org/wiki/Gentiobiose

http://www.drugs.com/npp/oleander.html

https://namu.wiki/w/%ED%98%91%EC%A3%BD%EB%8F%84

https://ko.wikipedia.org/wiki/%ED%98%91%EC%A3%BD%EB%8F%84
https://pubchem.ncbi.nlm.nih.gov/compound/Gentiobiose#section=3D-Conformer
http://www.qia.go.kr/animal/disease/viewWebATPI3439Action.do?type=0&id=125693
http://blog.joins.com/media/folderlistslide.asp?uid=eskang&folder=1&list_id=12840739
http://news.khan.co.kr/kh_news/khan_art_view.html?artid=201401232120055&code=940301

• 히오시아민

https://en.wikipedia.org/wiki/Hyoscyamine
https://en.wikipedia.org/wiki/Hyoscine_hydrobromide
http://www.medicalook.com/reviews/Hyoscyamine.html
http://www.qia.go.kr/animal/disease/viewWebATPI3439Action.do?type=0&id=125646
http://news.naver.com/main/read.nhn?mode=LSD&mid=sec&sid1=114&oid=024&aid=0000012378

〈버섯독 관련〉

• 광대버섯

http://blog.daum.net/hanwool9/1829
http://www.jadam.kr/news/articleView.html?idxno=4836
http://www.jadam.kr/news/articleView.html?idxno=6017
http://www.mushroom114.or.kr/gossip/g-35%EB%8F%85%EB%B2%84%EC%84%AF%EB%A5%98.htm

https://lsy5518.wordpress.com/2012/09/03/%EB%8F%85%EB%B2%84%EC%84%AF%EA%B3%BC-%EC%A0%95%EC%8B%A0%EC%B0%A9%EB%9E%80toadstool-and-abailenation/

• 독우산광대버섯

http://www.mushroom114.or.kr/gossip/g15-dogusankwangdae.htm

http://www.mushroom114.or.kr/gossip/g-35%EB%8F%85%EB%B2%84%EC%84%AF%EB%A5%98.htm

• 마귀광대버섯

http://gurum.tistory.com/entry/%EC%95%85%EB%A7%88%EC%9D%98-%EB%B2%84%EC%84%AF-%EB%A7%88%EA%B7%80%EA%B4%91%EB%8C%80%EB%B2%84%EC%84%AF

• 붉은점박이광대버섯

http://simjeon.kr/xe/18995

http://blog.daum.net/win690/15938361

http://www.mushroom114.or.kr/bulgunjeombagikwandae.htm

http://www.koreamushroom.kr/bbs/board.php?bo_table=mushroom_data&wr_id=189&sfl=&stx=&sst=wr_hit&sod=desc&sop=and&page=6

• 알광대버섯

http://blog.daum.net/sa55jung/15973579

http://www.mushroom114.or.kr/alkwandae.htm

http://simjeon.kr/xe/?mid=mushroom&page=9&document_srl=17442&category=13265

http://www.koreamushroom.kr/bbs/board.php?bo_table=mushroom_data&wr_id=18、암회색광대버섯

http://www.doopedia.co.kr/mo/doopedia/master/master.do?_method=view2&MAS_IDX=1010130009500624&page=179

• 애광대버섯

http://simjeon.kr/xe/38865

http://www.mushroom114.or.kr/aekwangdae.htm

http://blog.daum.net/_blog/BlogTypeView.do?blogid=07r0Q&articleno=15855936&categoryId=665104&regdt=20121029201432

http://koreamushroom.kr/bbs/board.php?bo_table=mushroom_data&wr_id=153&sfl=&stx=&sst=wr_hit&sod=desc&sop=and&page=18

• 애기무당버섯

http://simjeon.kr/xe/22803

http://www.mushroom114.or.kr/aegimudang.htm

http://koreamushroom.kr/bbs/board.php?bo_table=mushroom_data&wr_id=2262&page=71

• 흰알광대버섯

http://blog.daum.net/yoosjo/4198590

http://www.mushroom114.or.kr/gossip/g-35%EB%8F%85%EB%B2%84%EC%84%AF%EB%A5%98.htm

http://blog.naver.com/PostView.nhn?blogId=helinaro&logNo=80138832888&parentCategoryNo=&categoryNo=23&viewDate=&isShowPopularPosts=false&from=postView

http://koreamushroom.kr/bbs/board.php?bo_table=mushroom_data&wr_id=202&sfl=&stx=&sst=wr_hit&sod=desc&sop=and&page=25

• 무당버섯

http://blog.daum.net/gwchamsura/3341875

http://www.yasangwha.co.kr/Skin/Productveiw.php?V_Name=%EB%AC%B4%EB%8B%B9%EB%B2%84%EC%84%AF

• 붉은사슴뿔버섯

http://blog.daum.net/kheenn/15855881

https://www.youtube.com/watch?v=7XIO9PaycFI

http://www.mushroom114.or.kr/bulgunsaxumpul.htm

http://m.health.chosun.com/svc/news_view.html?contid=2014121201240&

• 루시페린

https://ko.wikipedia.org/wiki/%EB%A3%A8%EC%8B%9C%ED%8E%98%EB%A6%B0

• 무스카린

http://m.terms.naver.com/entry.nhn?docId=1094871&cid=40942&categoryId=32822

http://simjeon.kr/xe/14059

• 무스시놀, 무스카존

http://blog.daum.net/pjj166/5501536

• 무시몰

http://blog.daum.net/pjj166/5501536

http://genebank.rda.go.kr/microbe/toxicityInfo5.do

• 뷰포테닌

http://seonjija.net/seon.ori/files/siteagent/100.daum.net/encyclopedia/view/b10b1235a

• 실로사이빈

http://www.jadam.kr/news/articleView.html?idxno=6379

http://www.koreadaily.com/news/read.asp?art_id=2533193

https://ko.wikipedia.org/wiki/%EC%8B%A4%EB%A1%9C%EC%8B%9C%EB%B9%88

• 아마니틴

http://simjeon.kr/xe/14059

http://www.jadam.kr/news/articleView.html?idxno=6255

• 아마톡신

https://ko.wikipedia.org/wiki/%EC%95%84%EB%A7%88%ED%86%A1%EC%8B%A0

• 이보텐산

https://ko.wikipedia.org/wiki/%EC%9D%B4%EB%B3%B4%ED%85%90%EC%82%B0

• 일루딘

http://blog.naver.com/PostView.nhn?blogId=helinaro&logNo=80140457086&parentCategoryNo=&categoryNo=27&viewDate=&isShowPopularPosts=true&from=search

http://www.koreafa.or.kr/board_skin/department_board/board_index.asp?code=con&table=department_board&bbscode=&id=4&read=15801&pagec=

• 트리코테신

https://ko.wikipedia.org/wiki/%EC%8B%A4%EB%A1%9C%EC%8B%9C%EB%B9%88

• 화경버섯

http://blog.daum.net/medimush/361

http://blog.daum.net/gwchamsura/3341901

http://www.mushroom114.or.kr/hwakyong.htm

• 환각버섯

http://www.jadam.kr/news/articleView.html?idxno=6017

https://namu.wiki/w/%ED%99%98%EA%B0%81%20%EB%B2%84%EC%84%AF

http://www.drugfree.or.kr/html/data/PDF/Text_Data/paper/2012_winter/2012_paper_winter_16-19.pdf

〈세균독 & 곰팡이독 관련〉

• 고초균(*Bacillus subtilis*)

https://translate.google.co.kr/translate?hl=ko&sl=en&u=https://en.wikipedia.org/wiki/Bacillus_subtilis&prev=search

• 보톡스역사

http://blog.naver.com/PostView.nhn?blogId=art_clinic&logNo=220596239291

https://evitaclinic.co.kr/department/petit-plastic/2010/04/%EB%B3%B4%ED%86%A1%EC%8A%A4%EC%9D%98-%EC%97%AD%EC%82%AC/

• 보툴리눔

http://blog.naver.com/rowkcn?Redirect=Log&logNo=220384392797

https://ko.wikipedia.org/wiki/%EB%B3%B4%ED%88%B4%EB%A6%AC%EB%88%94_%EB%8F%85%EC%86%8C

• 세균독

http://www.dietnet.or.kr/fsafety/fsafety1.html

http://www.dje.go.kr/suppl/meal/020102.do?menuID=020102

http://www.foodnara.go.kr/st_contents/info/fm_03_02_03.html

http://www.mfds.go.kr/fm/content/view.do?contentKey=14&menuKey=125#bacte05

• 탄저균

https://ko.wikipedia.org/wiki/%ED%83%84%EC%A0%80

http://www.rfa.org/korean/in_focus/67297-20011015.html

http://www.seocho.go.kr/site/sh/07/10702080100002015072705.jsp

http://www.hankookilbo.com/v/f684fff41f6e40abbc58ed5f4ae14dbf

• 트리코테신계 독소

http://terms.naver.com/entry.nhn?docId=432316&cid=42411&categoryId-42411

• O-157

http://vod.sejong.go.kr/health/sub03_05_02_10.do

http://blog.daum.net/_blog/BlogTypeView.do?blogid=0FZUX&articleno=12823430&categoryId=0&regdt=20090906153212

• 곰팡이독

https://prezi.com/ymupgyjnsgch/presentation/

http://www.healthlife.co.kr/month02_section01_view.html?no=1160

https://www.studyblue.com/notes/note/n/mycology/deck/15936151

http://blog.naver.com/PostView.nhn?blogId=vetzee&logNo=80010567797

http://www-2.knu.ac.kr/~app-mic/resources/lecture/Food%20hygiene/chapt-5-4.pdf

http://mdskorea.co.kr/new/customer/customer.php?mode=&oper=view&num=253&page=3&key=&keyword=&H=1

http://mdskorea.co.kr/new/customer/customer.php?mode=&oper=view&num=253&page=3&key=&keyword=&H=1&PHPSESSID=84c94f7a15f5e0a11958ccbd080fc874

• 누룩곰팡이

https://namu.wiki/w/%EB%88%84%EB%A3%A9%EA%B3%B0%ED%8C%A1%EC%9D%B4

• 살인진드기

https://www.newdaily.co.kr/news/article.html?no=142786

• 아플라톡신

http://kfsri.or.kr/02_infor/infor_01_02.asp?idx=75

https://pubchem.ncbi.nlm.nih.gov/compound/aflatoxin_b1#section=Top

http://www.nifds.go.kr/toxinfo/web/toxinfo/user/index/pdf/T2000000203.pdf

http://blog.naver.com/PostView.nhn?blogId=slnce2012&logNo=220083067226

• 중증 열성 혈소판 감소 증후군

http://cdc.go.kr/CDC/cms/content/mobile/32/69032_view.html

• 혈액뇌관문

http://www.giievent.kr/chi347571/Blood-Brain-Barrier.html

〈독-약 & 독의 비전〉

• 강심배당체

http://terms.naver.com/entry.nhn?docId=603479&cid=42420&categoryId=42420

• 말미잘 독소

http://www.yonhapnews.co.kr/bulletin/2015/05/08/0200000000AKR20150508073100009.HTML

• 보툴리눔 독소

https://ko.wikipedia.org/wiki/%EB%B3%B4%ED%88%B4%EB%A6%AC%EB%88%94_%EB%8F%85%EC%86%8C

https://www.ted.com/talks/seth_berkley_the_troubling_reason_why_vaccines_are_made_too_late_if_they_re_made_at_all

https://www.ted.com/talks/mark_kendall_demo_a_needle_free_vaccine_patch_that_s_safer_and_way_cheaper

• 정책브리핑

http://www.korea.kr/policy/societyView.do?newsId=148802094&call_

from=naver_news

• 치료용 독 DB 구축

http://stock.hankyung.com/news/app/newsview.php?aid=2015120632571

• 해독

http://terms.naver.com/entry.nhn?docId=1161899&cid=40942&categoryId=32315

• 해독작용

http://terms.naver.com/entry.nhn?docId=433804&cid=42411&categoryId=42411

• 해독제

http://ringcubic.tistory.com/297

http://www.seehint.com/word.asp?no=12244

http://www.koreadaily.com/news/read.asp?art_id=130357

http://www.newspost.kr/news/articleView.html?idxno=315

https://ko.wikipedia.org/wiki/%ED%95%B4%EB%8F%85%EC%A0%9C

• 뱀독

http://www.ks.uiuc.edu/Research/dbps/dbp6.html

http://dl.dongascience.com/magazine/view/S201204N004

• 솔라닌

http://terms.naver.com/entry.nhn?docId=1978994&cid=48180&categoryId=48248

https://nuriwiki.net/wiki/index.php?title=%EC%86%94%EB%9D%BC%EB%8B%8C&mobileaction=toggle_view_mobile

– 식물 유래

• 감자

https://namu.wiki/w/%EA%B0%90%EC%9E%90

http://businessnews.chosun.com/site/data/html_dir/2008/06/08/2008060800121.html

• 나팔꽃

http://hwife.tistory.com/239

http://webzine.life21.co.kr/zine_/view.asp?ccode=65000&category_code=65000&magazine_id=636&keyfield=&keyword=&page=6

• 은행

https://namu.wiki/w/%EC%9D%80%ED%96%89%EB%82%98%EB%AC%B4

http://businessnews.chosun.com/site/data/html_dir/2008/06/08/2008060800121.html

– 신약 개발 관련

• 달라자티드, 자가면역질환 치료제

http://www.yonhapnews.co.kr/bulletin/2015/05/08/0200000000AKR20150508073100009.HTML

http://www.yonhapnews.co.kr/bulletin/2015/05/08/0200000000AKR20150508073100009.HTML?input=1195m

• 말벌독 항암제

http://blog.daum.net/a208761/8632

http://www.mdtoday.co.kr/mdtoday/index.html?no=258622

http://www.sciencetimes.co.kr/?news=%EA%B0%9C%EB%9F%89%EC%8B%A0%EC%95%BD%EC%9C%BC%EB%A1%9C-%EC%84%B8%EA%B3%84-%EC%8B%9C%EC%9E%A5-%EA%B0%9C%EC%B2%99%ED%95%9C%EB%8B%A4

• 바이에타 치료제

http://cafe.naver.com/dangsamo/115813

http://www.bosa.co.kr/news/articleView.html?idxno=2025023

http://www.doctorsnews.co.kr/news/articleView.html?idxno=66645

http://terms.naver.com/entry.nhn?docId=2150882&cid=51000&categoryId=51000

http://news.khan.co.kr/kh_health/khan_art_view.html?artid=200907081743085&code=all

• 버섯독

http://simjeon.kr/xe/13982

https://namu.wiki/w/%EB%8F%85%EB%B2%84%EC%84%AF

https://ko.wikipedia.org/wiki/%EB%B2%84%EC%84%AF_%EC%A4%91%EB%8F%85

• 베타-아밀로이드

https://ko.wikipedia.org/wiki/%EB%B6%80%ED%8F%AC%ED%85%8C%EB%8B%8C

• Stichodactyla 독소

https://translate.google.co.kr/translate?hl=ko&sl=en&u=https://en.wikipedia.org/wiki/Stichodactyla_toxin&prev=search

• 아트로핀

http://sdic.sookmyung.ac.kr/drug_monograph/view.asp?id=103

• 지코노타이드, 프리알트

http://www.monews.co.kr/news/articleView.html?idxno=9259

• 캡사이신

http://www.zdnet.co.kr/news/news_view.asp?artice_id=20151106155117&type=det&re=

• 트레일, 차세대 항암제

http://www.newswire.co.kr/newsRead.php?no=648917

• 페니실린 발견

http://www.scienceall.com/%EC%B5%9C%EC%B4%88%EC%9D%98-%ED%95%AD%EC%83%9D%EC%A0%9C-%ED%8E%98%EB%8B%88%EC%8B%A4%EB%A6%B0-%EB%B0%9C%EA%B2%AC/

– 기타

• 복숭아 해독

http://www.hidoc.co.kr/news/healthtoday/item/C0000006884

http://www.sunchon-jungang.co.kr/Module/News/Lecture.asp?MODE=V&SRNO=4508

http://www.ndsl.kr/ndsl/search/detail/report/reportSearchResultDetail.do?cn=TRKO201100016009

– 음식 해독

• 녹두

http://baroblog.tistory.com/259

• 생강

https://namu.wiki/w/%EC%83%9D%EA%B0%95

• 녹두, 생강

http://www.goodculture.or.kr/sub0402.html?num=6&state=view&uid=6

• 흙 해독

http://m.blog.daum.net/greentea-3/602

http://hot.invil.org/index.html?menuno=4218&lnb=20103